LA

TERRE-SAINTE.

PARIS. — IMPRIMERIE DE W. REMQUET ET Cie,
rue Garancière n, 5, derrière St-Sulpice.

LA

TERRE-SAINTE

VOYAGE

DES

QUARANTE PÈLERINS

DE 1853

PAR LOUIS ÉNAULT.

Avec une carte de la Palestine et le panorama de Jérusalem.

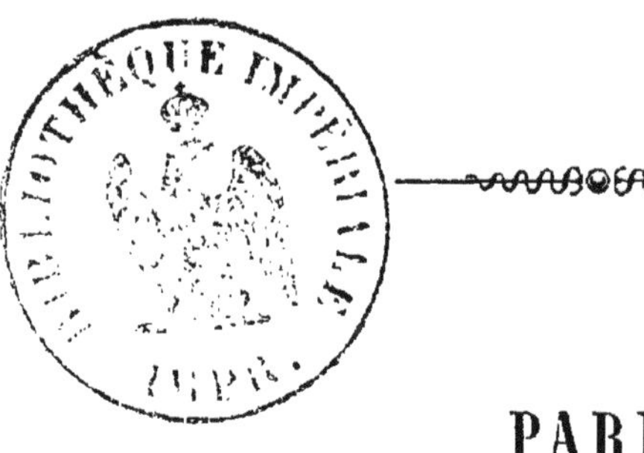

PARIS

L. MAISON, LIBRAIRE,

Éditeur des itinéraires de Richard et Ad. Joanne,

17, RUE DE TOURNON.

1854.

A S. E. MONSEIGNEUR VALERGA

PATRIARCHE DE JÉRUSALEM.

MONSEIGNEUR,

Quand j'eus l'honneur d'être reçu, il y a six mois, dans votre palais de Jérusalem, vous étiez entouré de respects et d'hommages, Pontife auguste et vénéré de la plus ancienne Église du monde, qui semblait renaître sous vos mains.

Je ne songeai point alors à vous dédier ce livre.

Aujourd'hui, vous êtes persécuté, sans asile, et, comme le FILS DE L'HOMME, *votre maître, vous n'avez pas où reposer la tête.*

C'est pourquoi, MONSEIGNEUR, *j'ai écrit votre nom sur cette page.*

Que ce livre aille donc vous chercher dans vos retraites lointaines; qu'il erre après vous du Carmel au Liban, de Jérusalem à Ghazir. Où que ce soit qu'il vous rencontre, je veux qu'il vous offre, MONSEIGNEUR, *l'expression de mon inaltérable dévouement et l'hommage d'une sympathie respectueuse, qui a grandi avec vos malheurs.*

LOUIS ÉNAULT.

La Presse française et étrangère a publié les noms des Quarante premiers Pèlerins de Jérusalem.

Nous pouvons donc, sans indiscrétion, les recueillir dans ce livre, que nous offrons à nos compagnons comme un souvenir des jours heureux passés ensemble.

Le bureau de la caravane était ainsi composé :

MM. le Baron DE GUINAUMONT, *président.*
le Comte DE THIEULLOY, *vice-président.*
HENRY BETTENCOURT, *vice-président.*
le Baron DE BOUTTEVILLE, *secrétaire.*
GEORGES WIGLEY, *trésorier.*

PÈLERINS :

MM.

AGON.
L'abbé AZAÏS (Nîmes).
AZAMBRE (Paris).
L'abbé BARGÈS (Paris).
Comte LÉON DE BIENCOURT (Paris).
BONJOUR (Lyon).
EUGÈNE BOUILLER (Laval).

MM.

L'abbé BOULLARD (Seine-Infér).
LOUIS BUNEL (Toulouse).
IRÉNÉE CALANDON (Lyon).
PUIT DE LA BASIE (Montbrison).
DOMERGUE (Gard).
DUBOIS (Valenciennes).
VICTOR DU CREST (Saône-et-Loire).

MM.

Évesque (Toulouse).

L'abbé de Geslin (Paris).

Gillès de Pélichy (Mont).

Lacheize (Nièvre).

Huet (Paris).

Philippe de Gillès (Amiens).

Charles de Guinaumont (Paris).

Baron de la Chapelle (Nièvre).

L'abbé Langénieux (Paris).

Évode le Carpentier (Seine-Inférieure).

L'abbé le Rebours (Paris).

MM.

Comte de Létourville (Paris).

Comte Camille du Merle (Amiens).

L'abbé du Mur (Paris).

Marquis de Montecler (Mayenne).

Joseph Petit (Troyes).

Retournard (Vosges).

Ernest de Saint-Just (Pas-de-Calais).

de Soulaine (Paris).

L'abbé Van Troyen (Moulins).

Louis Énault.

DE PARIS A JAFFA.

DE PARIS A JAFFA.

I

En route.

Depuis la mort du Christ, le monde chrétien eut toujours les yeux tournés vers Jérusalem : on y venait de partout, on y venait toujours. Ni les persécutions des empereurs violents, ni les profanations des débauchés ne purent refroidir le zèle des pèlerins qui voulaient s'agenouiller et prier sur un tombeau.

Leur affluence s'accrut encore quand, avec Constantin, la religion s'assit sur le trône de César, et que Jérusalem sembla renaître plus brillante et plus belle sous les mains pieuses de sainte Hélène : alors, suivant l'expression de saint Jérôme, la ville était remplie de toutes les races d'hommes. Ceux qui ne pouvaient entreprendre le voyage envoyaient leurs offrandes au Saint-Sépulcre.

Les pèlerins des premiers siècles appartenaient, pour la plupart, aux Iles-Britanniques, et surtout à l'Écosse. « L'habitude de faire des pèlerinages, dit un historien, est devenue pour les Ecossais comme une seconde nature. »

Les pèlerins des Gaules ne tardèrent pas à les suivre : ils eurent un itinéraire qui, des bords de l'Océan, les conduisait aux rivages de la mer Morte, à travers les Alpes, l'Illyrie, le Bosphore, l'Asie Mineure et la Syrie.

Mais déjà l'empire ne pouvait plus étreindre ce qu'il avait embrassé; les provinces lointaines se détachaient de la métropole, comme un fruit trop lourd tombe de la branche épuisée. Omar prit Jérusalem; le croissant remplaça la croix : Mahomet régna au lieu du Christ.

Les pèlerinages devinrent plus difficiles, souvent même ils furent périlleux; mais ni les difficultés ni les périls ne purent jamais les interrompre. L'Occident s'inquiétait de l'Orient asservi; la piété croissait avec les malheurs. Le nombre de voyageurs intrépides s'accrut d'année en année depuis la conquête jusqu'à Charlemagne. Charlemagne, qui, le premier, devina le rôle et pressentit les destinées de la France, noua des relations nombreuses et entretint des rapports actifs avec l'Asie. Les traditions de la Palestine rapportent que *Haroun-al-Raschid* voulait céder Jérusalem au puissant empereur d'Occident. Depuis cette époque, dans ses dangers comme dans ses malheurs, l'Orient tourna toujours ses yeux et ses prières vers la France. Notre protectorat date de loin : il est bon qu'on le sache. Des impôts d'argent, plus tard des impôts d'hommes furent consacrés au rachat et à la délivrance des chrétiens de la Terre-Sainte. Les chrétiens d'Orient se donnaient alors le titre de *sujets* de Charlemagne et de ses fils.

Les ravages des Sarrasins, des Normands et des Hongrois diminuèrent le nombre des pèlerinages, sans toutefois les abolir.

Un vœu prononcé dans un accès de dévotion ou dans un danger imminent, une vision, la lecture d'un passage de la Bible, que l'on considérait comme un avertissement du ciel, tels étaient le plus souvent les motifs qui décidaient un pèlerinage en Terre-Sainte. Souvent les évêques et les abbés entreprenaient le voyage d'Orient pour rapporter à leurs églises des reliques précieuses. Souvent de grands pécheurs allaient y chercher l'expiation volontaire de leurs erreurs, ou bien y accomplir la pénitence imposée à leurs crimes. Quand un homme avait tué par le fer un de ses proches parents, et qu'il s'était dévotement confessé, l'évêque, avec la matière du glaive qui avait servi au meurtre, faisait forger des chaînes : on les attachait au cou, à la ceinture et aux bras du coupable, puis on chassait le malheureux hors du pays et, pour obtenir son pardon, il devait, sans quitter ses fers, visiter Rome et Jérusalem. Souvent aussi des âmes austères et mélancoliques, amoureuses de la douleur, allaient vivre dans les larmes et attendre la mort aux lieux qui furent témoins des souffrances d'un Dieu.

Jusqu'au IXe siècle, les pèlerins qui venaient de la Gaule franchissaient les Alpes, et après s'être quelque temps reposés dans les hospices des *hauts-lieux*, gagnaient à la hâte quelque port d'Italie, où ils s'embarquaient pour l'Orient. Depuis la conversion des Hongrois on suivit de préférence, jusqu'à Constantinople, la route de terre, pleine de longueur et de fatigues, tant on redoutait la mer orageuse, *ce chemin des audacieux*, comme l'appelle le prudent Alcuin. De Constantinople on se rendait à Antioche. Là, deux routes s'offraient : la terre, par la Haute-Syrie, la vallée du Liban, la Phénicie et le Carmel; la mer, avec Chypre pour relâche et Joppé comme port de débarquement. Une fois en Asie, les pèlerins rencontraient les persécutions quelquefois, des privations souvent et des dangers toujours.

Qu'importe, on arrivait! Jérusalem joyeuse s'ouvrait devant les pas des fidèles : on se prosternait dans l'église de Sainte-Hélène et de Constantin, et le chrétien adorait son Dieu au pied même du Calvaire où son Dieu voulut mourir.

Tout changea quand les Turcs-Ortokides, conduits par un lieutenant du sultan Melek-Schah, eurent dépossédé les Fatimites de Jérusalem. Alors s'ouvrit pour les chrétiens une ère de persécutions nouvelles. La cruauté s'ajouta à l'humiliation. Ils ne purent entrer désormais dans la ville sainte qu'en payant une pièce d'or; ceux que les infidèles avaient dépouillés sur la route devaient expirer de faim et de misère devant ses portes, sans avoir la joie suprême de fixer leurs yeux mourants sur le Golgotha. Aux époques de l'année qui ramenaient les pèlerins plus nombreux, les chrétiens de la ville ne suffisaient pas à enterrer les morts. Sur mille pèlerins, dit un chroniqueur, un seul à peine pouvait suffire à ses besoins, « car ils avaient perdu en route leurs provisions de voyage et, à travers des périls et des fatigues sans nombre, n'avaient sauvé que leurs corps. »

Le danger ne cessait pas dans Jérusalem ; les chrétiens qui s'y promenaient seuls et sans précaution, étaient frappés, outragés ou mis à mort.

Aussi, dès le commencement du XIe siècle, on n'alla plus à Jérusalem que par troupes nombreuses; des princes, des évêques, des clercs, des chevaliers se joignaient aux pèlerins. On compta des caravanes de sept mille hommes. L'Europe apprenait ainsi peu à peu le chemin de l'Asie. La voix de Pierre l'Hermite et du pape Urbain l'y poussèrent plus ardemment : « *Diex el volt!* » Les croisades furent des pèlerinages armés. On portait la croix sur les cuirasses et les coquilles sur les cottes de mailles. On sait l'histoire de ces trois siècles héroïques pendant lesquels la France se montra *le soldat de Dieu :* on sait leur gloire et leurs revers. La croix tomba de nouveau. Un musulman s'assit à la porte du Saint-Sépulcre. D'autres préoccupations emportèrent le monde; et bientôt l'Islam arbora l'étendard de Mahomet sur la brèche de Constantinople, et campa en Europe.

Depuis lors, la diplomatie remplaça les armes, et les

capitulations succédèrent aux batailles : fières malgré la défaite, ces capitulations voulurent du moins sauvegarder l'honneur et garantir les droits de la civilisation chrétienne. Il y eut encore de vrais pèlerins, des princes, portant la panetière et le bourdon, se mêlèrent à la foule des chrétiens obscurs. On cite Albert IV, duc d'Autriche, Henri-le-Lion, duc de Bavière, l'empereur Frédéric III, et un Radziwill, prince de Lithuanie, riche comme un roi. Puis vinrent les siècles de doute : la foi ne s'éteignit pas, mais elle se refroidit. Les touristes succédèrent aux pèlerins, les savants aux chevaliers. On ne rapporta plus de reliques de Terre-Sainte, mais des mémoires, des notes et des collections.

Jusqu'à ces derniers temps, les longueurs, les difficultés, les embarras, et, puisqu'il faut tout dire, les dépenses d'un voyage en Orient semblaient réserver la *Terre-Sainte*, comme un privilége exclusif, aux loisirs opulents de quelques-uns. Aujourd'hui la vapeur supprime les distances et rapproche les rivages, tandis que l'association bien entendue diminue à la fois et les dangers des voyages et ces *frais de route*, qu'il faut trouver le moyen de faire entrer dans les dépenses d'un budget souvent réduit. Les voyages perdent la poésie de l'impossible. Partout les caravanes s'organisent : hommes religieux, artistes, poëtes, tous bientôt pourront accomplir cette excursion, à la fois lointaine et facile, demeurée longtemps à l'état de rêve et de désir pour tant d'imaginations ardentes.

Maintenant, en effet, tout vous invite ; le rail complaisant vous prend à votre seuil; puis tour à tour la Seine et le Rhône vous emportent avec leurs flots rapides. En deux jours vous êtes à Marseille.

L'Orient commence.

Les Levantins passent gravement devant vous, drapés dans leurs longues robes de cachemire; les Africains se roulent dans leurs beurnouss blancs; les Grecs, en fezzy rouge, ramassent autour de leurs jambes les plis flottants de leur fustanelle; çà et là, perdus dans la foule, mais aperçus et salués par l'œil de l'artiste, de fiers et nobles profils rappellent les grands traits de cette beauté antique, dont l'Orient garde toujours le type immortel, comme son plus précieux trésor. Un flot d'idées nouvelles envahit votre âme; devant vos yeux s'ouvre un horizon nouveau. A peine deux tours de roue vous ont-ils fait franchir le môle du Grand-Port, que déjà la France semble s'évanouir dans un lointain vaporeux; on donne une dernière pensée, un dernier souvenir aux chers absents regrettés, et l'on s'élance vers cette terre du passé, qui est peut-être aussi la terre de l'avenir!

Ainsi du moins faisaient quelques jeunes hommes, réunis, le 23 août dernier, à bord de l'*Alexandre*, en partance pour l'Égypte.

Ces jeunes hommes étaient, pour la plupart du moins, inconnus les uns aux autres. Ils venaient de tous les coins de la France. Quelques-uns même étaient accourus de Belgique et d'Angleterre; ils appartenaient à diverses positions sociales : il y avait parmi eux des prêtres et des artistes, des gens de loisirs et des hommes de travail. Séparés par la différence des conditions, tous se rapprochaient par la communauté du même but, les mêmes désirs et les mêmes espérances : tous voulaient voir cette terre dont fut pétri le premier homme, ce berceau de la première famille, où Adam, jeune et beau, se promenait à côté d'Ève innocente ; où éclatèrent tour à tour la colère et la tendresse de Dieu, et dont l'histoire fut longtemps l'histoire même du monde ; tous voulaient fouler ce sol où l'on découvre encore les vestiges du Très-Haut, gravir ces montagnes retentissantes de prophéties, errer dans ces solitudes peuplées de miracles, mais surtout retrouver, en l'adorant, la trace du Christ-Sauveur : Beit-Léhem, où, dans son humble crèche, vagit le Verbe fait homme; Nazareth, où l'Enfant divin essaya ses premiers pas après l'exil ; le Jourdain, consacré par son baptême ; le Thabor, illuminé de sa gloire ; Getséhmani, arrosé de sa sueur sanglante, et le Calvaire, où s'accomplit le sacrifice qui changea la face du monde.

Puis, à côté de ces pensées, d'autres, moins graves, trouvaient place encore : c'était la préoccupation du nouveau pour tous, de l'inconnu pour quelques-uns. Ces populations diverses, ces usages différents, ces vastes horizons, devinés à la lecture de la Bible, ces grands paysages, entrevus dans les tableaux des peintres, cette lumière ardente du ciel oriental, tout enfin, jusqu'à ces bruits d'armes et ces murmures de guerre, qui secouaient déjà la torpeur de l'Europe, tout donnait à ces premières heures du départ je ne sais quelle animation et quel charme, que je n'avais encore rencontrés dans aucun voyage. Jusqu'ici j'avais toujours voyagé seul, concentrant mes émotions en avare maladroit — comme sont tous les avares — et qui ne sait pas qu'on double en partageant. Mon premier essai de caravane fut heureux. Dans ceux que le hasard avait joints à moi je rencontai toujours d'aimables compagnons; un jour peut-être parmi eux je compterai des amis. Seul, j'aurais sans doute trouvé longs les quatre jours qui me séparaient de Malte, avec eux et au milieu de cet échange mutuel de sentiments et d'idées, ils passèrent comme un instant. Jusqu'à Malte, du reste, on quitte à peine la terre de vue. Après les côtes de France qui disparaissent, les rivages d'Italie, bordés de golfes et dentelés de promontoires, se dessinent à l'horizon. Bonifaccio, resserré dans des défilés de rochers, vous laisse voir une heure ou deux les côtes sévères de la Sardaigne et les flancs abruptes de la Corse hérissée; bientôt on range la Sicile violente à l'est, douce et calme au midi, et dont les villes, assises au rivage, baignent leurs pieds blancs dans la Méditerranée.

II

Malte.

A l'aube du quatrième jour, Malte sortit des flots, pâle comme une femme qui s'éveille, au milieu des blancheurs du matin. Le soleil, qui s'attardait dans les mers de la Grèce, n'avait pas encore embrasé le ciel de ses feux. La *Cité-Valette* découpait mollement sa silhouette estompée de vapeur sur un fond d'azur délicat, irisé des teintes changeantes de l'opale. Tout dormait. Les vaisseaux, sur leurs ancres immobiles, les flots, assoupis dans le port; les maisons, abaissant, comme des paupières sur leurs yeux, leurs longues jalousies vertes et leurs courtines de soie, qu'aucun souffle n'agitait. Sans le pas monotone et lent d'une sentinelle rouge, on eût cru la ville plongée dans un sommeil enchanté.

Un coup de canon parti du fort rompit tout à coup le charme : le bruit succède au silence, l'animation au repos; la vie renaît.

Vingt canots, conduits par des rameurs aux bras nus, se détachent du port, accostent le paquebot, et se disputent l'honneur de vous conduire au quai de débarquement. Vous en choisissez un : il a bien sa physionomie. Pour peu que vous soyez amateur de couleur locale, vous avez déjà remarqué son ornementation turque, ses larges bandes horizontales, alternativement rouges et vertes, et sa proue, relevée par une courbe qui cherche la grâce, comme on voit encore dans les galères et les trirèmes grecques de vieilles gravures ou des bas-reliefs antiques.

On aborde sans formalités : la terre anglaise est de libre pratique, et sa police partout tolérante pour l'étranger. C'est un bonheur; car tous les paquebots de la Méditerranée relâchent à Malte : quand on va, c'est une halte; quand on revient, c'est un *lazaret* de quarantaine.

Nous descendons sur le bas port : là, toutes les nations se coudoient, tous les types se mêlent, tous les idiômes se croisent. L'Anglais siffle, l'Italien chante, 'Africain avale ses consonnes gutturales, l'Espagnol retrouve des voyelles sonores, les Palicares scandent le grec moderne, les Français de nos provinces du Midi gasconnent la langue d'oc, tandis que les Maltais cosmopolites se font une grammaire universelle, dont la syntaxe est indulgente, et un dictionnaire encyclopédique, où tous les mots ont droit de bourgeoisie. Les matelots, les mousses surtout, sont polyglottes; et d'ailleurs, la pantomime expressive explique la locution douteuse; le geste éclaircit le mot, et l'on finit toujours par s'entendre sur le prix d'un melon ou d'une dorade. Cependant les moines, en robes de bure, passent, pieds nus et la corde au flanc, au milieu de la foule qui s'entr'ouvre, et recueillent pour leur couvent une dîme abondante et volontaire. Mais nous nous hâtons; l'escale est rapide, et deux jours sont vite passés.

Devant nous, sur une éminence, à la distance qui convient aux plus heureuses perspectives, assez loin pour que l'on puisse saisir l'ensemble, assez près pour que l'on puisse jouir des détails, s'élève la majestueuse Cité-Valette, création du grand-maître qui lui donna son nom. Les murs blancs de sa vaste enceinte resplendissent au soleil avec des miroitements qui éblouissent. Ces murs s'étendent aussi loin que le regard peut les suivre, dentelés en créneaux, renflés en bastions, étagés en terrasses, élargis en esplanades. Çà et là au-dessus des murs, des roseaux gigantesques, poussés en une saison, balancent leurs feuilles aiguës et leur ombre élégante : des plantes grimpantes insinuent dans toutes les fentes leurs racines tenaces, ou s'accrochent par leurs vrilles flexibles à toutes les aspérités et à tous les angles. On dirait un escadron de troupes légères, lancées à l'assaut d'une citadelle.

On franchit le fossé sur un pont-levis et l'on se trouve, non pas dans une rue, mais au pied d'un escalier.

Cet escalier vous conduit sur une petite place où vous attend la bande affamée des *Cicceroni*, qui se disputent votre personne, en s'adressant réciproquement, pour déterminer votre choix, les objurgations les plus véhémentes. Quand vous vous êtes prononcé, on respecte votre préférence ; chaque guide s'empare de sa proie et l'emmène; ceux qui n'ont pu attraper personne se recouchent à l'ombre, avec une humeur de tigre affamé, en attendant l'heure propice et l'occasion heureuse. Ces lazzarones aux jambes brunies ont souvent de fort belles têtes : les jeunes surtout. Ce peuple ne sait pas vieillir. L'expression est plus intelligente qu'honnête : c'est un mélange d'astuce et d'audace. Un sculpteur admirerait ces pieds de bronze, qu'aucune chaussure ne déforme, ces jambes, sèches et nerveuses, et cette désinvolture facile de toute la personne, qui annonce la souplesse et la force. On fait cette remarque en courant : les voyages vous apprennent à voir vite.

On enfile trois ou quatre *vicoli* tortueux, on grimpe deux rampes à pic, et l'on débouche tout à coup dans une rue longue et large, tenue avec la propreté rigide de *Regent-Circus*, ou de *Trafalgar-square*. Nous verrons tout cela tantôt : ce qu'il nous faut tout d'abord, c'est la cathédrale : *Saint-Jean-des-Chevaliers*, où se pressent pour nous tant de souvenirs d'héroïsme et de gloire. Nous nous hâtons : les femmes curieuses soulèvent le coin de leur mantille noire pour nous regarder passer, pendant que les soldats anglais, impassibles, le fusil au bras, ou la canne à la main, tournent à peine vers nous leur œil bleu indifférent.

Enfin nous arrivons en face du grand portail.

Le premier aspect n'est pas saisissant : l'extérieur, assez simple, accuse la fin du XVIe siècle; il n'a pour lui ni la majesté hautaine de l'architecture ogivale, ni l'ornementation abondante de la Renaissance, ni la grandeur de nos temples modernes. Un immense rideau de damas flottant sert de voile à la nef, la sépare du portail, intercepte le rayon et laisse passer la brise. On retrouve ce rideau dans toutes les églises du Midi. La veille, on a fêté saint Louis, patron couronné des Chevaliers : la myrrhe d'Ethiopie, le benjoin des Indes et l'encens d'Arabie ont laissé partout ces effluves odorants qui portent l'âme à l'adoration et à la prière.

C'est une grande et noble église cette cathédrale de Saint-Jean-des-Chevaliers ! Je ne sais où il faudrait aller pour trouver plus de souvenirs d'héroïsme et de gloire; sa décoration intérieure est splendide. Les mosaïques du pavé, revêtues de ces vives couleurs dont les maîtres italiens ont emporté le secret, représentent les chevaliers en grand costume ; la voûte, livrée à la brosse fougueuse du Calabrèse, raconte, en tableaux d'apothéose, la vie tout entière de saint Jean, patron de l'Ordre. De longues tapisseries, appendues entre les colonnes, illustrent divers épisodes de l'Evangile; derrière l'autel, un groupe monumental, dû à je ne sais quel ciseau, nous montre le précurseur donnant le baptême à Jésus-Christ, tandis qu'un des plus beaux Caravages du monde a pris pour sujet la *Décollation de saint Jean-Baptiste* et la *Vengeance d'Hérodiade.* L'autel est fort élégant ; il est isolé au milieu du chœur, à la façon byzantine, et revêtu de cette pierre dure et précieuse, le lapis-lazuli, dont la plus riche palette n'a pas encore égalé la vive fraîcheur et le doux éclat.

Des deux côtés de la nef, des chapelles sont consacrées aux huit *langues* ou nations qui composaient l'Ordre : Provence, Auvergne, France, Italie, Aragon, Allemagne, Bavière et Castille. Les Grands Maîtres sont inhumés dans les chapelles de leur nation. Dans la chapelle de France, constellée de fleurs de lis d'or, on remarque le tombeau d'un Vignacour et d'un Rohan. Celui de l'Ile-Adam a été placé sous l'autel même ; on a voulu qu'il reposât au cœur de l'église. On montre, à côté de l'autel, les clefs de la ville de Rhodes ; il vaudrait peut-être mieux ne pas les montrer ; mais les chevaliers songeaient toujours et partout à cette belle Rhodes, rose de l'archipel si vite perdue, si longtemps regrettée ; ils emportèrent avec eux les cloches de leur ancienne église, et chaque volée solennelle, chaque tintement mélancolique, leur rappelait une vieille injure, un nouveau devoir ; la blessure saignait toujours parce qu'elle n'avait point été vengée ; l'honneur ne se cicatrise jamais. Ce qui est d'un effet pittoresque et moral beaucoup moins heureux, à mon avis, c'est le trône protestant de la reine Victoria, qui étale sa souveraineté dans un temple catholique.

Autant la Malte populaire garde son type oriental, autant la Malte officielle affiche ses prétentions au caractère anglais *pur-sang*. Sur la place du Palais, la première chose qui frappe l'étranger, c'est un monument que l'Angleterre elle-même a offert à sa propre gloire : *Magnæ et invictæ Britanniæ*. *Invictæ* est peut-être hasardé, mais enfin ! L'esplanade des chevaliers, plantée de leurs arbres, ornée de leurs arcades, s'appelle le *Jardin de la Reine*, comme à Windsor ou à Balmoral.

Un gouverneur anglais tient le château du Grand Maître ; ce palais, du reste, est toujours ouvert à l'étranger. On s'arrête dans ces superbes salles, on étudie à loisir les peintures des longues galeries, on monte à la tour de Rohan, devenue un observatoire; on est admis dans la salle du Trône; on pénètre dans la sale du conseil, où nos Gobelins ont envoyé leurs plus belles tapisseries; dans la salle d'artillerie, riche en trophées, décorée d'armes superbes, et montrant encore, appendues à ses murailles, les cuirasses des chevaliers et leurs casques empanachés.

On voit à la bibliothèque plusieurs médailles phéniciennes; l'une, assez bien conservée, représente une femme voilée, avec un diadème au revers, un trépied sans feu surmonté de trois couronnes. On conserve aussi quelques souvenirs de l'art grec : une statue en marbre, Hercule portant la couronne de peuplier et la massue, et couvert de la peau du lion de Némée. Un autel sculpté offre l'emblème de la Sicile : les trois jambes traditionnelles, symbole de ses trois caps, surmontées d'une tête de Méduse; la Sicile terrifie ses ennemis!

Un *corricolo* dégénéré, qui n'est plus aujourd'hui qu'une boîte carrée suspendue sur des essieux, vous fait toucher assez promptement à ces diverses stations. Bientôt, le soleil des heures ardentes dépeuple les rues et vous enferme dans votre chambre pour goûter les délices de la sieste. Vous dormez, ou bien, accoudé à la fenêtre derrière les stores abaissés, vous regardez à l'horizon quelques voiles blanches qui passent devant vous comme un vol de goélands.

Deux ou trois lieues séparent la cité Valette de la

Citta-Vecchia, ancienne capitale de l'île, et aujourd'hui encore son chef-lieu ecclésiastique. Aller de l'une de ces villes à l'autre, c'est voir la plus grande et la meilleure partie de l'île de Malte. Un matin donc, une calèche attelée de deux chevaux barbes, aux croupes ardoisées, aux longues crinières, douces comme la soie, blanches comme l'argent, me fit rapidement franchir les trois enceintes concentriques qui défendent la ville.

Nous fîmes une station à la dernière porte dans le British-Garden, où la patience anglaise a réuni et aligné en longues allées, sans symétrie, et comme par échantillon, tous les arbres indigènes, depuis le poivrier et le cotonnier jusqu'au caroubier et au nopal. Çà et là, quelques pâles fleurs du Nord rappellent la patrie et les chers absents. J'ai vu un convolvulus enlaçant ses lianes légères au tronc d'un palmier; ses clochettes bleues, dont le soleil mordait le tissu délicat, retombaient entre les palmes avec je ne sais quelles grâces languissantes.

Il ne faut pas juger un pays seulement par les degrés de sa longitude; et Malte, quand on étudie sa nature luxuriante, semble arrachée au continent africain dans une convulsion volcanique du globe, plutôt que séparée de la Péninsule italienne. La végétation est orientale: sur les promenades étagées en terrasses, dans les fossés que la paix change en jardins — jetant des touffes de roses dans la gueule des canons, et faisant courir entre les meurtrières la fleur étoilée des jasmins du Cap — ce qui frappe tout d'abord l'Européen du Nord, c'est, au milieu des grenadiers aux pétales rouges, et des orangers, couverts à la fois de fleurs et de fruits, l'épanouissement touffu et l'efflorescence abondante des cactus épineux, des aloès centenaires et des figuiers de l'Inde inconnus à nos climats. Malte est une oasis de verdure ardente au milieu des flots bleus de la Méditerranée, une avant-garde, et comme une sentinelle avancée de l'Afrique et de l'Asie.

A force d'art, de patience invincible et de culture assidue on conserve assez longtemps cette végétation dans la ville : avec un peu de bonne volonté on peut y garder l'illusion d'un printemps éternel. L'erreur n'est plus possible dès qu'on se trouve en pleine campagne. Rien ne peut donner à des yeux français une idée juste de cette sécheresse altérée ; rien qu'à regarder cette terre fendillée et fumante, on sent qu'on a déjà soif. J'ai vu un pauvre saule pleureur, oublié au bord d'un ruisseau tari, et dont les longues branches pendaient jusqu'à terre pour trouver un peu d'eau. Il y a huit mois qu'il n'est tombé une goutte de pluie ! Çà et là pourtant, même dans la campagne, on rencontre des échappées de végétation et des touffes de verdure, et alors cette végétation est opulente, et cette verdure a une vigueur et une séve qu'on ne retrouve pas sous notre soleil pâle. Voici ce que font les bons laboureurs : ils écrasent et mettent en poudre leur sol friable et léger, puis ils vont chercher la terre sulfureuse et chaude de la Sicile. On mélange, et cet humus composite devient d'une fertilité sans égale. Souvent, entre les deux villes, on aperçoit quelque vaste *Cazal* ou château, regardant par ses larges façades les quatre points cardinaux ; il est comme percé à jour par d'innombrables fenêtres, que, suivant l'heure du jour, on ferme au soleil ou l'on ouvre à la brise ; parfois un troupeau de chèvres aux poils fins comme les laines du Thibet, se suspendent affamées au gramen rare, oublié par le soleil entre deux rochers ; ou bien ce sont de grands et beaux ânes de Gozzo, qui dorment à l'ombre des figuiers de Barbarie. Les villas assez rares se hasardent au bord de la route poudreuse ; toutes les fenêtres sont strictement closes : le balcon toujours fleuri annonce seul la présence et le goût des femmes.

Quand on a couru pendant une heure entre des champs de pastèques et des plants de cotonniers, le long des grands aqueducs en ruine, ou des murs de clôture en pierres sèches superposées, sans mortier, on arrive à la MEDINA-VECCHIA, comme dit le paysan, qui parle autant arabe qu'italien. Les ciceroni du lieu vous mènent tout d'abord à la *cathédrale de Saint-Pierre-et-Saint-Paul*, où l'on s'efforce de vous faire admirer d'assez mauvais tableaux : on fait ce qu'on peut. Mais cette église a un trésor : c'est le portrait de la Vierge par l'évangéliste saint Luc. L'art chrétien n'a pas de plus ancien ni de plus vénérable monument. Ce tableau est si mal éclairé, qu'il est bien difficile de saisir le détail des traits et de comparer cette ressemblance vraie avec les idéalisations du XVe siècle et de la Renaissance. Il serait curieux de mettre ce saint Luc à côté d'un Raphaël. Du reste, la cathédrale est riche en souvenirs de l'école byzantine, et sans parler d'un saint Paul couvert de métaux précieux et de pierreries de toute nature, nous avons vu plusieurs saints en extase dans leur cadre à fond d'or, dignes du premier corridor des *Uffizj* de Florence, ou de la vieille galerie de Sienne. Nous aurions cependant donné volontiers plusieurs de ces tableaux pour une petite vierge de Sasso-Ferrato, placée sur un autel latéral, à demi cachée par l'ombre de son voile, mais dont la bouche rose a des sourires d'une béatitude infinie, et dont les belles mains jointes prient avec une ferveur de sainte : ce sont là les prières dont il a été dit qu'elles font violence au cœur de Dieu. Un christ en ivoire, apporté de Rhodes, torse maigre, bras décharnés, tête douloureuse et expressive, couronné d'épines, et se hérissant de rayons d'argent, qui en sortent comme par effluves, montre assez ce que peut faire la foi qui s'essaie dans les arts, et la piété qui n'a pas encore de goût. Cette cathédrale est vaste et paraît vide ; elle a peu d'ornements en effet. Nous avons cependant remarqué en plus d'un lieu des revêtements d'albâtre gris richement veinés, des carrières de Gozzo, des lapis assez bleus et une composition que les gens du pays appellent *smaldo*, et dont les teintes d'azur sont très-vivement nuancées. Cette composition orne le tombeau de l'évêque actuel de Malte qui s'intitule encore archevêque de Rhodes. Qui donc oserait blâmer la piété des souvenirs ?

Ce vénérable prélat a voulu lui-même préparer sa tombe de son vivant. C'est le plus sûr moyen de l'avoir à son goût. Il faut lui rendre justice; il a bien fait les choses, et il doit être fort heureux chaque fois qu'il passe devant cette pierre élégante qui abritera un jour son dernier sommeil.

En sortant de la cathédrale je suis entré dans une toute petite église; j'y ai trouvé plus de tableaux que dans vingt cathédrales de France, et j'y ai admiré sur un tabernacle un jeune saint, beau comme une femme; la peinture suave et comme attendrie avait la morbidezza et la suavité des pastels de Latour. Des flammes s'échappaient de ses paupières blondes : la prunelle éclairait le visage, et le visage éclairait le tableau; les mains aristocratiquement fines m'ont révélé saint Louis de Gonzague, prince de la terre et prince du ciel.

Pendant que j'admirais ce tableau, un sacristain vêtu de noir s'est approché de moi, à une distance respectueuse toutefois, et, me montrant un trousseau de clefs...

— *Eccellenza!* voulez-vous voir la grotte où se fait le miracle?

— Un vrai miracle?

— Si, *Eccellenza!*

— Allons!

Nous descendons une vingtaine de degrés par une pente assez roide, et nous nous trouvons au seuil d'une grotte, taillée dans le vif du rocher.

Cette grotte a servi d'asile à saint Paul, quand il fit naufrage sur les roches de Malte païenne : on y voit une statue en marbre d'un sculpteur maltais, qui a bien compris et habilement rendu la grande et haute expression de ce saint, qui fut aussi un homme de génie.

J'attendais toujours le miracle, et, ne le voyant pas venir, je le demandai.

— *Eccolo, signore!* répondit le sacristain... Vous voyez cette grotte ?

— Oui.

— Marchez !

— C'est fait.

— Combien de pas ?

— Vingt-deux.

— *Va benè!* eh bien ! si on taille un pied de plus, ça fait vingt-trois !

— J'en conviens, mais ce n'est pas un miracle, c'est une addition...

— *No, signor, è un miracolo...* car, au bout d'un mois, la pierre repoussera toute seule et la grotte n'aura plus que vingt-deux pieds !

Je fis un geste qui exprimait un doute poli.

— *E vero! signore,* fit un autre sacristain, que je n'avais pas vu entrer... *e vero!* —

Dieu fera grâce à cette superstition naïve qui n'est que l'égarement de la foi.

Je me tus ; alors, le premier gardien, me présentant délicatement un petit morceau de cette pierre :

— Prenez! me dit-il, et quand vous aurez la colique, laissez tomber dans un verre d'eau, *ça ne fondra pas*, ensuite vous boirez l'eau, et vous serez guéri.

— Nous avons encore une grotte, poursuivit mon cicerone en recevant ma *buona mano.*

— De Saint-Paul ?

— Non, fit-il en riant, de Calypso...

Il fallait prendre une barque pour aller dans l'île d'Ogygie, que les Italiens appellent aujourd'hui Gozzo. La mer était un peu grosse. Je retournai à la Cité-Valette.

La chaleur était accablante, mes chevaux ramenaient à chaque instant leurs longues crinières sur leurs yeux, et mon cocher suait autant qu'eux. Nous entrâmes, pour laisser passer les heures torrides du *mezzo-giorno*, chez le gouverneur civil, sir William Reid, ancien président de la *Grande-Exhibition*, et dont la maison hospitalière s'ouvre à tous les étrangers. L'équipage se remisa sous un portique immense, et j'allai m'étendre à l'ombre d'un tilleul gigantesque dont les feuilles abritaient des milliers de cigales chantant au soleil une hymne notée sur des gammes aiguës.

Je rentrai le soir à la ville, et j'allai goûter le frais sur la Promenade de Castille; c'est à la fois les *Champs-Élysées* et le *Boulevard de Gand* de la Cité-Valette, avec les proportions de notre *Place Royale*. On est sûr d'y rencontrer ceux que l'on cherche, et même ceux que l'on ne cherche pas. On ne va pas ailleurs. Cette promenade est à la fois bâtie et plantée; on passe d'un berceau de verdure à un arceau de maçonnerie; un jour on ratisse, et le lendemain on blanchit à la chaux. La pierre éclatante contraste fortement avec la verdure sombre, et les trois ports et les grands horizons de la Méditerranée vous offrent des perspectives incessamment variées.

Là toutes les races se croisent, tous les intérêts se rencontrent, tous les orgueils se mesurent, toutes les vanités se coudoient, toutes les passions se concentrent.

Inutile de dire que les femmes font le plus bel ornement de la promenade de Castille. Les Anglaises les plus blondes, les plus blanches, les plus roses des trois royaumes y passent comme un rêve, vêtues de ces étoffes de l'Inde, air tissé qui caresse plutôt qu'il ne voile leurs formes délicates. A côté d'elles, à la fois languissantes et vives, souples et penchées, se cachent et se laissent voir, les Maltaises onduleuses, glissant plus qu'elles ne marchent. Comme toutes les Orientales, les femmes de Malte ont une physionomie expressive, et dans le regard je ne sais quelle flamme d'éclair noir qui vous éblouit. Elles n'ont ni la correction des traits, ni l'harmonie des proportions qui font la beauté classique : ce ne sont pas des statues grecques, mais ce sont vraiment des femmes. La grâce et l'originalité de leurs toilettes, c'est la mantille. La mantille des Maltaises, qui s'appelle *faldetta,* n'a ni la richesse ni la fantaisie de la mantille espagnole; c'est tout simplement un morceau de taffetas noir. J'ai remarqué que presque toutes les femmes la portent de travers; les femmes du peuple en retiennent le coin flottant avec leurs dents, — blanches et aiguës, — les femmes du monde avec leur main droite. Toutes la disposent et l'arrangent de mille façons : la faisant subitement remonter jusqu'au front, ou l'abaissant tout à coup jusqu'au menton, cachant ainsi, ou laissant voir à leur gré l'éclat de leur regard et la grâce de leur sourire.

Il est curieux d'étudier les Anglais partout où on les rencontre. Sous toutes les latitudes, le génie anglo-saxon, qui s'est répandu sur la face du monde, entame bravement la lutte avec la nature. Il ne demanderait pas mieux que de bâtir l'univers sur le modèle de *Regent's-Quadrant*, et de façonner la campagne à l'instar d'une ferme-modèle du Devonshire. Du reste, il faut bien en convenir, les Anglais apportent dans leur effort autant d'intelligence que d'énergie. Il suffit, pour s'en convaincre, de voir deux heures l'île de Malte et la Cité-Valette. Ils l'ont accommodée aux aisances et aux facilités de la vie européenne, tout en lui laissant l'originalité piquante de sa physionomie orientale. Les hautes maisons surplombent toujours les rues étroites pour verser un peu d'ombre sur le passant ; mais l'incurie du musulman est remplacée par une activité qui brave tous les soleils ; les immondices de Constantinople ou d'Alexandrie ne sont même plus soupçonnées sur ces larges dalles, qu'une propreté minutieuse essuie chaque matin, comme un trottoir de Piccadilly. Le *bravo* a disparu avec le *ladrone :* vous pouvez perdre votre bourse le soir en rentrant chez vous ; vous la retrouverez le lendemain à votre réveil. Le policeman, courtois et ferme, fait respecter la loi en vous entourant d'égards. Les maisons sont restées coquettes, tout en devenant commodes : elles ont gardé la grâce et reçu le confortable. Il faut le dire : cependant, Malte jouit de ces bienfaits sans reconnaissance. Les Anglais sont bons dans une certaine mesure, personne ne le sait plus que moi; mais leur bonté manque de charme, et leur philanthropie, qui est très-vraie, n'a pas trouvé à Malte plus qu'ailleurs le secret pourtant si doux de se faire aimer. Je crois que c'est injuste, mais cela est. On n'accepte d'eux que leur or. Ils le répandent sans cesse d'une main toujours pleine et toujours ouverte. On assure que la flotte, qui court maintenant des bordées de Sinope à Sébastopol, dépense à Malte près de trois millions chaque hiver. On paye les matelots chaque soir, ils passent la nuit dans les tavernes du port, en festins et en liesse; ils reviennent à bord les mains nettes: les schellings sont restés à terre.

Mais cela n'y fait rien : l'or n'achète pas les cœurs.

— Que préférez-vous, demandai-je à un insulaire, les Anglais ou les Français ?

— Les Maltais, me répondit-il.

Les Maltais, en effet, comme toutes ces familles d'hommes qui ont dans leurs veines le sang de cette race arabe, fière et à demi sauvage, n'ont pu jamais se consoler de l'indépendance perdue. Malgré leur origine, ces arrière-cousins d'Ismaël sont des catholiques fervents. Ils ont conservé pour saint Paul un souvenir qui va jusqu'au culte. *L'Apostolou Messierna San Paolo* — l'apôtre *Monsieur* Saint Paul — a des chapelles, des statues, j'allais presque dire des autels, dans tous les coins de l'île qui rappellent un épisode de son passage.

L'aristocratie, qui est pauvre, compte quelques barons, assez de comtes et plusieurs marquis. Elle vit fièrement chez elle, à part, loin du bruit et des Anglais, au fond de ses *cazals*, économe, résignée, mais hautaine, et gardant sans mésalliance sa noblesse indigente. Elle fume rarement ses terres, comme disait superbement le XVIIIe siècle. Pour elle, le monde n'a pas fait un pas depuis la bataille de Lépante.

Il faut bien le dire : Malte aujourd'hui ne vit que par les Anglais. Ce n'est pas tout à fait sa faute : cent mille hommes sur un rocher; ni culture ni commerce ! Il y a quelques pêcheurs, quelques pilotes, et beaucoup de mendiants; leur troupe hâve, étendue sous les fenêtres des palais, se lève à votre approche, et vous poursuit de ses cris lamentables, mais très-musicalement notés : *la carita ! la carita !...* Quelques-uns ont de fières tournures, et un instinct de geste qui les égale aux plus grands artistes. J'ai vu une vieille Arabe me demander l'aumône, la main sur la tête aveugle de son fils, avec une pose digne des crayons de Raphaël... Du reste, les Maltais valides restent rarement chez eux. Leur île, placée entre trois mondes, peuple les côtes de l'Europe, de l'Afrique et de l'Asie : ils promènent partout leur activité infatigable et leur industrie parfois redoutée.

La vie à Malte se passe dans les promenades, aux balcons et dans les jardins. J'ai déjà parlé des promenades. Les jardins sont charmants et d'une fraîcheur délicieuse. Le jardin le *San-Antonio* et le *Boschetto* sont les deux plus beaux. Celui-ci est planté autour d'une grotte de rochers digne d'une troupe de nymphes ; une source abondante, qui tombe à gros bouillons, est reçue dans des bassins de marbre, et se répand sous les berceaux touffus des grenadiers, des cactus, des aloès, et des orangers toujours en fleurs. L'autre symétriquement divisé par de grandes allées droites, *à la française*, encaisse entre ses larges dalles un rare et mince filet, qui vient mourir dans une vasque où s'épanouissent toutes les tribus de la Flore des eaux. Là bourdonnent et voltigent sur leurs ailes de gaze, les libellules au fin corsage, les abeilles d'or et toutes ces mouches brillantes et inconnues, topazes ailées, émeraudes vivantes, saphirs et rubis, qui vous entourent de leur vol, comme d'un tourbillon de pierreries et de feux.

Dans ces enclos réservés, où la culture exquise combine toutes les ressources d'un sol factice et d'une chaleur tropicale, la feuille arrive aux teintes les plus foncées du vert, tandis que les fleurs se revêtent d'un éclat inouï. J'ai vu des lauriers-roses gigantesques, larges et touffus comme des pommiers de Normandie et des fuchsias à couvrir un arpent! Quant aux fleurs, rien n'égale la variété de leurs tons, l'intensité de leurs couleurs ou la suavité harmonieuse de leurs nuances. Les étoffes deux fois teintes dans la pourpre de Tyr pâliraient auprès de ces cactus dont les épines défendent la fleur délicate.

Malheureusement, chaque maison n'a pas son jardin : chaque maison a du moins son balcon.

Le balcon donne son cachet, sa physionomie et sa grâce à la Cité-Valette. Ce balcon n'est pas seulement une saillie de la corniche, un renflement de la façade : c'est un salon extérieur, tout aérien, détaché des réalités vulgaires et prosaïques de l'existence, et où il semble que l'on ne doive entrer que pour vivre d'une vie immatérielle et idéale. Son architecture réunit toutes les conditions d'élégance et de légèreté d'une construction de fantaisie. Sa pierre est toute fouillée de sculptures et d'arabesques. De fines colonnettes séparent les nombreuses fenêtres, sur lesquelles retombe la *jalousie*, doublée d'une tendine aux couleurs tranchées....

Ce balcon est la partie la plus habitée de la maison. La brise qui passe à travers les tendines et les jalousies y entretient pendant le jour une température supportable. La nuit, on y goûte une fraîcheur délicieuse. Dans les rues étroites, ces balcons se regardent et ces fenêtres causent et jasent entre elles, comme des voisines familières. Dans les maisons de la plage, le balcon sert d'observatoire et découvre à l'œil enchanté les perspectives sans bornes de cette belle Méditerranée, dont les flots changeants portent tour à tour le calme et la tempête.

Parfois la sérénade ajoute un charme de plus à toute cette poésie.

La sérénade n'est pas indigène à Malte, et les Anglais sont peu troubadours de leur nature.

« Mon fils, disait lord Chesterfield, il ne faut pas faire de musique... Quand on en veut, on en achète... elle est meilleure, et c'est plus convenable! *more decent!* »

De temps en temps une troupe d'Italiens ambulants, qui fait escale, avant la saison d'Alexandrie ou de Smyrne, promène ses talents par la ville.

Un soir, dans le faubourg de la Cité-Valette, j'ai entendu un de ces concerts en plein vent. La *banda*, comme on dit, se composait de deux violons, d'une harpe, d'un cornet et d'une flûte douce. Après le morceau obligé de *Don Pasquale*,

« *Nuit parfumée,* »

qui fut médiocrement exécuté, on enleva prestement une *Tarentelle* écrite pour la danse, et des *Siciliennes* au rhythme entraînant. Les jalousies discrètes ne se relevèrent pas; mais une tendine rose s'entr'ouvrit, et une petite main, une main jeune, laissa tomber aux pieds des artistes une pluie de *schellings* et de *six-pence*.

La main disparut, la troupe s'en alla, et je retournai moi-même à mon balcon en traversant une longue rue silencieuse, dont les hautes maisons, belles comme des palais, portent encore le blason historié, la croix étoilée et les fières devises des chevaliers.

III

En mer.

L'*Alexandre* mit le cap sur l'Egypte pendant que je relisais l'histoire de cette antique *Melita*, peuplée d'abord par les Phéniciens, prise par les Grecs, possédée par les Carthaginois, colonisée par les Romains, ravagée par les Vandales et les Goths; passant tour à tour des empereurs de Constantinople aux Arabes et aux Sarrasins; normande aujourd'hui, allemande demain, angevine quelque temps, puis espagnole; abritant pendant trois siècles les malheurs et la gloire des chevaliers de Saint-Jean-de-Jérusalem, ouvrant ses portes et rendant ses clefs à Bonaparte, et n'arborant un moment les étendards de la France que pour voir bientôt à la brèche de ses murs le léopard anglais qui pose sa lourde patte sur cette fleur du monde : «*Melita, fiore del mondo!*» Je pensais encore à ce climat heureux que viennent chercher les poitrines débiles, à cet air toujours pur, à ce ciel étincelant, à ces hivers sans nuages et sans frimats, à ce vaste port dont les flancs abriteraient vingt flottes ; mais déjà la vapeur m'emportait à toute vitesse, et, disparaissant comme un décor d'opéra, Malte semblait s'engloutir dans la mer.

Je ne connais rien de charmant comme la Méditerranée pendant les beaux mois d'été; après l'Océan indien, c'est bien la plus belle des mers. Que de rivages elle baigne, que de peuples elle désaltère, que de fleuves elle reçoit, que de continents elle unit, que d'îles elle entoure de ses bras humides! Elle se parfume des orangers de Cadix et s'endort en murmurant dans le golfe de Smyrne — après avoir moissonné les fleurs de l'Archipel — posant sa tête entre les Colonnes d'Hercule et ses pieds d'argent sur les îles de la mer Egée, tandis que ses deux bras touchent l'Afrique et l'Italie. L'Ecriture l'appelle *la mer par excellence, la grande mer!* et trouve pour la peindre des images sublimes. Les Grecs lui donnèrent toutes sortes de noms harmonieux, et empruntèrent au calme de ses flots l'image la plus parfaite de la beauté du visage humain. «Calme comme le calme des mers,» disait un de leurs poëtes en parlant de cette beauté harmonieuse et sereine qui rayonne dans leurs marbres éternels. Les Romains, qui conquirent ses bords, l'appelèrent la *Mer Intérieure;* et la politique qui change à chaque instant les lignes rouges et bleues de la carte, en fera peut-être quelque jour un grand lac français. Pendant longtemps l'histoire de la Méditerranée fut presque l'histoire du vieux monde campé sur ses rivages, et ses ondes furent le théâtre flottant de tous les grands drames du passé. Elle porta tour à tour les colonies égyptiennes qui peuplèrent la Grèce et ces aventuriers grecs qui promenèrent leur audace et leur génie sur ses flots ; et ces grands exils, illustres comme des triomphes, et ces défaites qui étaient encore de la gloire ! Elle vit tour à tour Carthage, fondée pour éterniser le deuil de Didon et sa foi violée ; les Troyens, chargés de leurs dieux et des images de la patrie, et Antoine, perdant le monde pour ne pas perdre le sourire de Cléopâtre : « Je n'ai pas fui, disait-il, je l'ai suivie ! » Où trouver de pareils souvenirs ? Mais les siècles passent, une civilisation nouvelle change la face des choses ; les barques de Galilée échouent sur tous ses écueils avec leurs pêcheurs d'hommes ; les croisés plantent leur étendard sur tous ses rochers ; les galères chrétiennes se heurtent contre les barques turques ; les pirates écument l'archipel ; les Grecs modernes lui rendent un instant l'écho de Salamine, et l'attention et les regards du monde, hier encore, n'étaient-ils point invinciblement attirés sur ce mouillage de Ténédos, qui doit donner l'immortalité de l'histoire au nom de Bésika !

On pourrait faire un cours de paysage sans quitter le bord. Toutes ces côtes effleurées, toutes ces îles, aperçues ou visitées, les golfes de l'Italie, les rochers de la Corse, les montagnes de la Sardaigne, les villes de Sicile, les dentelures de Gozzo et de Malte nous présentent leurs sites sévères ou gracieux et leurs aspects changeants.

Tout le monde a vanté la transparence bleue de ce ciel sans nuage ; la mer a des nuances infinies. Sa palette liquide étale une gamme chromatique de couleurs fondues, depuis la turquoise pâle du golfe de Gênes et le saphir de Tunis jusqu'aux émeraudes légères et veinées d'or d'Alexandrie et de Rosette. Quand on approche des mers de la Grèce, les phénomènes de lumière prennent une intensité et des caractères particuliers. Le crépuscule et l'aurore sont supprimés; le jour se précipite dans la nuit; la nuit disparaît du ciel comme une tente qu'on roule. Les levers de soleil, qui ne durent qu'un instant, ont des splendeurs inouïes.

Une bande violette unit à l'horizon la mer avec le ciel. Des nuages légers, d'un lilas clair par le bas et plus foncé vers le haut, sont répandus çà et là, comme des mouchetures de tigre, sur une bande de lapis-lazuli; puis le violet se teint en pourpre; des touffes de roses semblent éclore çà et là dans le firmament; puis tout à coup, en deux bonds, le soleil, invisible jusque-là, franchit la ligne de l'horizon. On se rappelle les comparaisons des poëtes, et ce guerrier au casque d'or, dont les flèches, qui sont des rayons, chassent au loin les nuages.

C'est le jour!

Ces souvenirs et ces spectacles occupent les longues heures de calme monotone, pendant lesquelles le soleil fait le tour du bateau, mesurant les heures trop lentes au gnomon du capitaine. Trop heureux de n'avoir à noter sur notre Journal, ni le sirocco du midi ou la mousson du nord, ni la brise de mer, ni la houle du large, ni cette troisième lame dont parlent les poëtes et les marins, et qui perd les vaisseaux!

En attendant, de Marseille à Jaffa, vingt échantillons de la race humaine ont passé sous vos yeux.

Le bord du steamer est un diorama vivant. Tant que vous longez les côtes d'Italie, les Français, les Anglais, les Allemands, les Espagnols s'arrangent et se posent en groupes pittoresques à tous les coins du bateau. A partir de la Sicile et de Malte, ce sont les Grecs et les Égyptiens qui dominent. Après Alexandrie et Syra, c'est le tour de l'Orient. Le costume des Francs Levantins laisse flotter ses longs plis majestueux; les Juifs se drapent dans leurs manteaux percés; les Turcs, accroupis, fument le tchibouk en bois de coco; les Arabes étendent au soleil leurs membres souples et nus, pendant que les pèlerins qui reviennent de la Mecque et ceux qui vont à Jérusalem échangent entre eux le titre sacré d'HADJI.

On se fait assez vite à la régularité de la vie à bord, et l'on est à peu près accoutumé à son bateau... le jour où on le quitte.

Ici, loin des hommes, entre deux immensités, tout prend un caractère de grandeur calme et de simplicité auguste. Je n'oublierai pas les scènes qui m'ont frappé dans cette traversée. — Voici une des plus belles : c'était le dimanche 28 août, nous passions en vue des côtes de Tunis. Les prêtres de notre caravane et des Lazaristes du Mont-Liban qui nous accompagnaient, demandèrent à célébrer les mystères du culte; c'était aussi le vœu de l'équipage: un vieux marin n'avait pas entendu la messe depuis vingt ans. On improvisa une chapelle sur le pont. Le pavillon national, les perles héraldiques d'Autriche, le drapeau rouge d'Angleterre, écartelé des croix de Saint-Georges, de Saint-Patrick et de Saint-André, se relevaient en tentures autour du sanctuaire. Deux marins hâlés, cariatides de bronze vivant, posaient de chaque côté leurs bras nus sur l'autel, soulevé de temps en temps par la vaste houle, respiration de la mer. Les matelots, en grande tenue, s'échelonnaient par groupes le long du temple flottant. J'ai rarement vu une cérémonie plus simplement grande, une piété plus respectueuse et plus vraie. Au moment solennel où se consomme le sacrifice, une voix jeune, pure et fraîche, s'exhalant comme un soupir harmonieux, chanta nos belles hymnes catholiques, et le pain des anges devenu le pain des voyageurs. Tous les fronts s'inclinèrent; et pour qu'aucune poésie ne manquât à cette scène touchante et digne d'un autre âge, une petite colombe d'Afrique, fatiguée d'un long vol, vint se poser dans nos cordages, étendant ses ailes bleues, comme la colombe mystique qu'on voit encore au-dessus du tabernacle de nos temples.

Nous étions, le lendemain, devant la rade d'Alexandrie, qui est le dernier port de relâche entre la France et la Syrie.

IV

Alexandrie.

On n'entre point en Égypte comme on veut : les défiances réactionnaires d'Abbas-Pacha, si bien secondées, d'ailleurs, par la morne incurie de l'Orient, vous accueillent tout d'abord à l'arrivée, sans même attendre le débarquement.

Alexandrie est défendue par des *passes* impraticables pour l'étranger ; le vice-roi n'a pas permis que les *bouées* et les signaux d'usage indiquassent le danger et la route.

On ne pénètre pas chez lui sans sa permission ; en cas de guerre, les écueils du mouillage seraient sa première défense.

Nous avions quitté Malte depuis trois jours déjà, et nos matelots nous promettaient Alexandrie dans la nuit ; nous résolûmes de passer cette nuit-là sur le pont : nous ne pouvions moins faire pour le souvenir de la reine Cléopâtre.

A deux heures, nous arrivions en vue du port. Le trop modeste fanal, qui a succédé à la *septième mer-*

veille du monde, élevée jadis dans la petite île de Pharos, éclairait la mer de ses reflets rougeâtres et un peu ternes. A une lieue devant nous, Alexandrie dormait à l'abri de ses blanches murailles. La lune découpait son mince croissant sur le bleu tendre et clair d'un ciel sans nuages. On apercevait vaguement, et dans une sorte de pénombre incertaine, le dôme des coupoles et la flèche des minarets. Autour du port, au-dessus des flots et au rayon de la lune, étincelait l'enceinte éclatante des palais et des maisons neuves. Deux heures se passèrent dans cette contemplation; puis, peu à peu, le ciel pâlit, les feux de *Pharos* s'éteignirent, une bande rose, s'étendant vers l'Orient, indiqua la dernière ligne de l'horizon. Un coup de canon, parti du vaisseau amiral, annonça que le port venait d'être mis en *libre pratique*. Le pavillon français fut arboré. Celui du fort nous rendit le salut, et un *caïk* léger nous accosta et mit à notre bord un pilote égyptien; nous entrions dans le royaume des Pharaons.

Notre pilote était un grand et fort gaillard d'une quarantaine d'années: front large, nez épaté, lèvres saillantes, œil enfoncé sous le sourcil grisonnant, teint de bronze florentin. Le costume n'était pas moins caractérisé: veste blanche, turban rouge, ceinture laine et argent, vaste culotte brune, dont les larges plis s'arrêtent aux genoux, jambes nues, chaussures de cuir jaune. Ce pilote monte lestement au banc de quart, et d'un geste silencieux et précis indique la manœuvre à l'homme de la barre.

Déjà nous entrons dans le port. Nous frayons notre route au milieu de mille vaisseaux. Çà et là quelques navires en quarantaine, isolés et immobiles au milieu de cette foule et de ce mouvement, ont arboré le drapeau jaune de la peste, qui les sépare du monde. A cent pas de nous, le vaisseau amiral, qui laisse flotter à sa poupe pavoisée l'étendard turc — l'étoile et le croissant — se livre à ses manœuvres matinales.

Au coup de sifflet du maître d'équipage, les matelots, en veste blanche, s'élancent aux mâts et se perchent sur les vergues comme des troupes de mouettes. Au milieu du bassin, un ponton démâté rappelle à l'esprit l'idée et l'image de quelque corbeau gigantesque à qui on aurait coupé les ailes. Sur ce ponton, comme dans les casernes, comme à bord de l'amiral, l'accompagnement de l'exercice sont un certain tambourin et une flûte aiguë, dont l'accord produit une musique assez semblable à la mélodie sur laquelle nous notons la danse des ours. Cette musique semble particulièrement sympathique à l'oreille turque.

Mais déjà *l'Alexandre* a gagné son mouillage. On jette l'ancre. Cent barques, détachées des quais, viennent nous accoster; des drôles de toutes nuances, de toutes couleurs et de toutes langues, se disputent, à coups de rames, l'honneur de nous conduire à terre. Ils sont à moitié nus : nous admirons leurs tailles bien prises et leurs membres vigoureux; — ils conduisent avec une rare habileté leurs longues barques sans voiles.

Cependant le *kavass* d'un consul, le cimeterre au côté, la canne de tambour-major à la main, écarte les importuns avec de formidables moulinets. Les battus se retirent et paraissent fort contents ; du moins ils ne se plaignent pas.

Le temps se passe pendant ces préparatifs de débarquement. Il est six heures : une église française carillonne l'*Angelus ;* une autre sonne sa messe, comme dans un village catholique. Alexandrie est le pays de la tolérance universelle : à côté de l'église le minaret; la flèche du minaret égyptien ne s'élance pas avec la légèreté aérienne des mosquées de Constantinople ; sa blanche aiguille domine pourtant la ville tout entière. — Mais c'est l'heure de la prière des musulmans : le vieux muezzin monte à son balcon de pierre. On a eu soin de le choisir aveugle, pour que ses regards indiscrets ne s'arrêtent point sur les belles croyantes dévoilées, qui prennent le frais au sommet de leurs maisons.

Cette première prière, qui s'appelle *Sobah-Namazy,* peut se faire de sept heures à midi.

On en fait une seconde à midi ; une troisième quand le soleil est aux trois quarts de sa course ; la quatrième quand il ne fait plus assez clair, dit le proverbe arabe, pour que l'on puisse distinguer « un fil blanc d'un fil noir. » La dernière prière se fait dans la nuit.

Les musulmans, sur le bateau, accomplissent devant nous toutes les cérémonies de leurs rites. Ils se tournent d'abord vers la Mecque, élèvent les deux mains, posent le pouce sur la partie inférieure de l'oreille et récitent la prière préliminaire, le *Tekbyr ;* les deux mains passent ensuite sous la ceinture ; le front s'incline, la tête et le corps prennent la position horizontale, puis le bout du nez touche la terre; enfin le musulman s'assied sur ses talons, les mains étendues sur les cuisses, et demeure dans une sorte de contemplation extatique, à laquelle nos matelots ne prennent plus garde; de jeunes passagers seraient peut-être tentés d'en rire, mais les croyances sincères se font toujours respecter.

Cependant, tout le monde part : on déserte le pont, si animé il y a une heure à peine. Pour moi, je ne me hâte pas de descendre.

On ne voit jamais si bien une ville que quand on n'y est pas.

J'ai choisi les haubans comme poste d'observation. De là je découvre l'enceinte ou la trace des trois cités, qui forment l'Alexandrie moderne. Ici, le palais du vice-roi et ses portiques en colonnades; plus loin les jardins du harem; derrière nous s'étend la plage sans fin, une plage de sable d'or; et à l'horizon, de toute part, des moulins à vent, comme à l'entrée d'un village de la Beauce ou de Normandie.

Le port n'a plus cette belle couleur d'un bleu profond, qui s'étend comme une nappe d'azur d'Alexandrie à Marseille. Ici, la vague a des teintes glauques sans reflet, mais dont la transparence profonde laisse apercevoir, à cent pieds, les algues, les rochers, les bancs de coraux, ou des troupes de requins en maraude.

Je descends enfin.

Un *ouled*, espèce de groom, en chemise bleue — c'est son unique vêtement — m'offre ses services et son âne noir. J'accepte l'âne, et laisse mes bagages à la garde de Dieu. Un garçon d'hôtel s'en empare et me glisse sa carte dans la main. Mon âne part au galop : l'*ouled,* qui court à côté, l'excite de la voix et du geste. Mon *ouled* est un jeune Arabe, qui parle assez couramment un mauvais italien. Il veut bien me communiquer ses observations sur l'état du pays : — « *La guerra*, me dit-il à plusieurs reprises, *la guerra! cortar la testa a gli Roumi.* » La guerre, la guerre, couper le cou aux chrétiens ! C'est du reste le bruit du jour, et les rameurs qui assiégeaient *l'Alexandre* ce matin nous avaient déjà reçus dans leur port à ce même cri : — « *La guerra !* » Il paraît que ces braves gens la veulent, comme on voulait autrefois la paix... à tout prix. En attendant, ils ont commencé cette nuit à piller quelques boutiques de joailliers italiens... uniquement pour se faire la main.

On voit trois villes pour une quand on visite Alexandrie. La ville des Francs ou Européens, la ville des musulmans et la vieille cité d'Alexandre. Ici, tous les Européens sont des Francs, *Frangi.* On ne nous demande pas de quel *royaume* nous sommes, mais de quelle *province.* Nos empires, nos royaumes et nos républiques d'Europe ne forment qu'un grand tout qui s'appelle le *Frangistan.* Les Russes seuls ne sont pas compris dans cette vaste communauté. Ces anciens vaincus des Tartares ne sont pour les Turcs que des *Rayas.*

L'Alexandrie franque est un vrai quartier européen, qui se groupe autour d'une large place, sur laquelle s'élèvent de grands hôtels et les vastes demeures des consuls, surmontées de leurs pavillons. Tous les types de l'Afrique, de l'Europe et de l'Asie se pressent dans ce vaste entrepôt des trois mondes. On y parle italien le matin : c'est le langage des affaires; et français le soir : c'est la langue des relations sociales et des plaisirs élégants. Des troupes d'acteurs, en congé illimité, représentent, sur un petit théâtre assez fréquenté, les vaudevilles de la place de la Bourse et du passage des Panoramas : rare et précieux échantillon de la civilisation européenne!

La ville turque présente un tout autre caractère. Ici, les hautes maisons se penchent sur les rues étroites. Des *moucharabis*, sorte de balcons étroits, se suspendent à chaque façade; leur grillage à mailles étroites finement sculptées, permet aux femmes de voir sans être vues. Elles peuvent ainsi accomplir la loi et satisfaire leur curiosité : la coquetterie ne trouverait pas son compte à ce système, mais la coquetterie n'est pas orientale : c'est une *vertu* française. De vastes jardins s'étendent derrière les maisons. Ces jardins réunissent toutes les cultures; des palmiers y balancent gracieusement leurs longs régimes, au-dessus des rosiers du Bengale, qui fleurissent quatre fois l'an. Les géraniums luxuriants s'y marient à l'aloès épineux. Dans les rues, dès le soir, les troupes de chiens errants et affamés donnent la chasse aux mollets chrétiens ou musulmans, les portes se verrouillent, les fenêtres se ferment, et la vie se retire dans le harem intérieur.

La troisième ville, la ville d'Alexandre, la véritable Alexandrie, est maintenant complétement abandonnée. Cette capitale éclatante de la première renaissance du monde antique, n'a plus même aujourd'hui la majesté de ses ruines. Les Arabes, les Cophtes, les Fellahs et les Turcs enlèvent chaque jour les pierres de taille de ses palais, les sculptures et les colonnes de ses temples; le sable couvre le reste. Quand on s'y promène le soir, on fait lever de chaque buisson quelque chacal glapissant. Le matin la scène est plus riante : les ibis, blancs comme la neige, voltigent familièrement au-dessus de votre tête, et les flamants roses décrivent autour de vous des orbes capricieux. Le spectacle change quand on s'avance un peu dans les terres et qu'on visite les villages des Fellahs.

Les Fellahs, ou Cophtes cultivateurs, sont les descendants des vieux Égyptiens, les maîtres du Nil, les fondateurs de Thèbes aux cent portes, les rois de Memphis, les possesseurs d'Alexandrie. Rien ne peut donner une idée de la misère où ils sont aujourd'hui tombés. Ils ont le pied des Turcs sur le cou; ils ne se relèveront pas de si tôt.

A cent pas d'un village, on n'en soupçonne pas l'existence. Les maisons sont des tanières, creusées bien plus que bâties. Des branchages recouverts de boue qui se dessèche et se fend au soleil, servent de toits à ces huttes. Une botte de roseaux au lieu de siége et de lit; deux pierres rapprochées forment le foyer. Devant le trou qui sert d'entrée à ces maisons, des troupeaux d'enfants végètent, fourmillent et pullulent dans la poussière, malingres et souffreteux, à demi dévorés par la vermine qu'engendre la misère. J'avais cru, en parcourant les Hébrides, atteindre le dernier degré du malheur humain : je n'avais pas vu les Fellahs. Dans les Hébrides, du moins, de beaux enfants gardent le trésor du sang pur et cette fleur de beauté qui s'épanouit sur le jeune visage; et quand ce doux visage leur sourit, les mères sont consolées. Mais il n'y a pas de consolation pour le Fellah, à qui Mahomet lui-même n'oserait pas dire le grand mot de sa religion : *Résigne-toi!*

A côté d'un de ces villages, j'ai remarqué un petit cimetière musulman d'un assez triste aspect, mais qui ne manque pourtant pas de caractère. A chaque extrémité de la tombe de sable sans gazon, on a planté deux pierres sans inscription; seulement, la pierre de la tête sculpte le turban du mort, et indique ainsi à l'éternité le rang du défunt et ses honneurs dans la vie d'un jour. Au milieu de la tombe, s'élève un tronc d'aloès pour chasser le mauvais œil et assurer au mort des sommeils sans rêves.

Tout près de ce petit cimetière, mon *ouled* m'a fait voir les aiguilles de Cléopâtre.

Jamais les mains mignonnes de cette belle reine du Nil ne brodèrent le chiffre d'Antoine avec ces crochets de granit rose de soixante pieds de long. L'une des deux aiguilles est renversée; on l'a donnée aux Anglais, qui ne se sont pas encore senti la force de l'emporter.

Je ne parlerai point de la colonne de Pompée, ainsi nommée sans doute parce qu'elle a été taillée pour Alexandre, et érigée en l'honneur de Dioclétien, avant qu'il ne cultivât ses légumes.

Abbas-Pacha a quitté Alexandrie.

Les consuls généraux, qui sont en Orient de véritables diplomates, l'ont suivi au Caire; Alexandrie a perdu ainsi toute son importance politique, ce n'est plus qu'un *entrepôt* et un *comptoir*, où nous n'avons pas le temps de nous arrêter.

Après un repos de deux jours, nous partons pour Jaffa, sur le *Tancrède*, un nom qui se souvient des croisades, et qui, sur les côtes de Syrie, ne manque certes pas de couleur locale. Son rôle d'équipage nous offre des échantillons ethnologiques assez curieux. On y rencontre à peu près tous les types de l'Afrique, depuis l'Éthiopien massif et lippu, jusqu'au Fellah d'Égypte, aux traits fins et à la taille élégante. Tout cela obéit fort docilement au sifflet d'un contre-maître qui rit peu et dont le geste commande. La moindre résistance serait immédiatement brisée : on le sait et cela suffit. Cet équipage, assez bien stylé du reste, n'accompagne pas sa manœuvre de l'*onomatopée* expressive des matelots de France ou d'Angleterre; seulement, à l'instant du rude labeur et du pénible effort, on entend une petite chanson douce et plaintive, dont l'accent traînant rappelle certaines cantilènes du Midi. C'est une sorte d'hymne, entonnée par le chef de file, et répétée à l'unisson par le chœur. En voici une traduction que je *retraduis* de l'italien. Dieu me garde du contre-sens!

Nous allons vers Ascalon :
— Ascalon!
Souhaitez-nous un bon voyage;
— Ah! oh! oh!

Nous allons vers Ascalon,
— Ascalon !
La vie est courte, elle est dure
Pour le matelot ;
L'homme n'a pas à choisir !
— A choisir !

Sans quoi le sable vaudrait mieux
Mieux que la mer.
Quel navire de l'Océan a jamais valu
Le chameau ?
Le chameau, navire du désert !
— Allons, oh !
Souhaitez-nous un bon voyage,
— Ah ! oh ! oh !

Cette chanson, entremêlée d'interjections gutturales, et répétée pendant deux heures, avec des intonations de psalmodie nasale, finit par devenir insupportable; mais le chant console et le rhythme soutient... Qui donc aurait le courage d'interrompre ces pauvres diables ? ils n'ont que leurs chansons pour eux ! je me trompe, ils ont aussi leur gaieté et leur insouciance : à peine la manœuvre finie et le beau temps revenu, ils jouent sur le pont comme de grands enfants.

La *main chaude* est un de leurs divertissements favoris; seulement ici la main est remplacée par le pied. Le patient se couche la face contre terre, les genoux pliés ; on frappe la *plante* au lieu de frapper la *paume*, et ces longs pieds, souples et fins, ont une perception si subtile, et, si j'ose dire, un tact si sûr, qu'ils devinent presque toujours qui les a touchés.

Le soir venu, les contes succèdent aux chansons; on s'assied en rond, les mains entrelacées et les pieds opposés par la plante, d'un côté du cercle à l'autre. Aux endroits pathétiques, chacun se touche le front, la poitrine et l'épaule gauche. Chaque équipage a son conteur, fort en vénération parmi les hommes du bord; parfois ce conteur est poëte, et, dans cette belle langue arabe, facile au rhythme et docile aux lois du vers, il improvise des stances familières que l'auditoire accompagne d'une sorte d'applaudissement frappé en cadence. Puis bientôt, à la lueur des étoiles, la danse commence, entremêlée de *salam-alecks;* c'est une danse d'inspiration dont Saint-Léon n'a pas réglé les pas : ni la Cerrito, ni la Guy-Stéphan, ni l'impétueuse Pétra-Camara, ne sortiraient jamais des entrelacs fantastiques, que dessinent en se jouant ces jarrets infatigables. Ce n'est plus la chorégraphie savante et correcte de nos académies; c'est la frénésie de la danse, c'est le vertige du mouvement, c'est le délire de la rotation. Je ne suis pas très-amateur de la danse des hommes; et si parfois quelque matelot, encore jeune, nous fait admirer la grâce de ses poses et l'élégance de ses mouvements, il entremêle sa mimique de grimaces, et ce *delirium tremens* qui déshonore le calme et la majesté du visage oriental, m'afflige beaucoup plus qu'il ne me réjouit; mais enfin tout est spectacle quand tout est nouveau : je dois dire tout ce que je vois et voir tout ce que je puis.

DE JAFFA A JÉRUSALEM.

DE JAFFA A JÉRUSALEM.

I

Jaffa.

Comme Malte, comme Alexandrie, Jaffa nous apparut au matin, sortant à l'horizon des doubles voiles de la mer et de la nuit. Jaffa, c'était l'Asie, la terre désirée, c'était presque le but du voyage.

Pourquoi ne pas l'avouer? ce n'est pas sans émotion que je touche le sol sacré de cette antique Asie, mère du monde, patrie des vieilles civilisations, terre féconde et mortelle, où les parfums naissent à côté des poisons! terre voluptueuse et cruelle, qui inventa les raffinements les plus exquis des plaisirs et des tortures; terre religieuse et sacrilége, qui tua un Dieu et qui créa des dieux; terre sublime, où l'argile devint homme, et dont l'histoire est plus merveilleuse que la fable même de ses poëtes. L'Asie se révèle dès qu'on la touche : la nature elle-même s'empreint des mollesses du monde oriental. Ses collines ont des courbes plus assouplies, ses vallées ondulent avec une *morbidezza* plus gracieuse. Le ciel, moins dur qu'en Afrique, se fond en plus de nuances; quelques nuages, légers, lumineux, que le vent d'ouest amène de la Méditerranée, passent comme des flèches au-dessus de nos têtes.

Vue du bateau et d'un peu loin, la ville de Jaffa offre un coup d'œil charmant : elle est assise sur une colline aux pentes douces, les pieds dans la mer, et portant au front, comme une couronne de fleurs et de verdure, ses terrasses toutes couvertes de jardins : ajoutez la coupole étincelante de ses maisons qui s'arrondit, ou la pointe aiguë de ses minarets qui pyramident dans la lumière chaude et pure.

On approche : les difficultés commencent. Jaffa est le port de Jérusalem; mais ce port est un écueil. Son golfe, hérissé de rochers, ne laisse point approcher les navires; c'est à peine si les caïks légers peuvent se hasader dans ces défilés impraticables. Un faux mouvement de la rame vous chavire, un reflux trop brusque vous brise contre un récif. Enfin nous abordons. Le bruit de notre venue nous a précédés : une foule nombreuse se presse sur la marge étroite du quai; c'est à peine si on nous laisse poser un pied sur le sol. Des hommes, aux traits fiers et à la tournure mâle, des enfants, d'une incomparable beauté, des femmes, impunément curieuses sous le masque de crin noir, se pressent autour de nous, touchent nos vêtements et nos armes, murmurent le nom de France et de pèlerin, nous suivent de l'œil et nous montrent du doigt. Nous débouchons sur une petite place où se tient un marché de denrées rurales : c'est un avant-goût de l'Orient. Les acheteurs se disputent des tranches de pastèques fondantes, des raisins énormes, de petites figues bleues, et des grenades entr'ouvertes, dont le grain rose a des lueurs humides à faire pâlir le corail. Nous frayons notre route à travers cette foule qui se laisse assez patiemment écarter du coude, et nous arrivons au couvent des *Pères de Terre-Sainte,* succursale de la Maison de Jérusalem.

Autrefois, quand les pèlerinages des Latins se faisaient à des époques fixes et régulières, le Père-gardien du Sépulcre — c'est le titre que prend le Supérieur des *Franciscains* de Palestine — venait recevoir lui-même les pèlerins au rivage. Jaffa était regardé alors comme la porte de Jérusalem. On a un peu changé tout cela; cependant le Patriarche latin, Monseigneur Valerga, nous envoie son chancelier avec des paroles de bien-venue. De leur côté, les Pères, qui sont tous espagnols, s'empressent à nous faire un accueil aimable. Nous remplissons de bruit cette demeure du calme et du silence. Les bons Pères sont un peu étonnés... Des Français! disent-ils à voix basse; la *furia francese!* Nous cependant, nous nous répandons à travers le couvent. Les uns franchissent les larges volées d'un escalier monumental; les autres, à moitié Turcs déjà, vont s'asseoir gravement sur les terrasses qui dominent la mer; d'autres cherchent un refuge dans le parloir aux murs épais, où la brise marine apporte un peu de fraîcheur : ce couvent serait beau partout; à Jaffa, au milieu des maisons turques, il semble magnifique : c'est un palais et une forteresse. Il est nécessaire ic qu'un couvent puisse soutenir un siége. On n'entre qu'en se baissant sous sa porte voûtée; un long corridor, étroit, tortueux, et que deux hommes résolus pourraient défendre contre une petite armée, vous conduit à l'intérieur, pauvre et nu, qui n'a d'autre luxe que son exquise propreté. Ce couvent, assez irrégulièrement bâti, laisse percer à chaque instant les préoccupations de l'attaque et le soin de la défense. Il rappelle à l'esprit l'idée de ces anciens Ordres à la fois religieux et militaires, et l'on est moins étonné de lui voir arborer un drapeau sur ses créneaux. Ce drapeau est blanc, aux armes de Jérusalem, à *la croix de gueules*, *potencée et cantonnée de quatre.*

C'était un dimanche : l'heure de la messe nous réunit dans la chapelle. Cette chapelle n'a pas sans doute un caractère monumental, mais elle a été bâtie avec les pierres du palais d'Hérode, apportées de Césarée. Des lampes sans nombre, offrandes de l'Europe, *ex-voto* des pèlerins, descendent de la voûte par de longues chaînes, qui enferment dans les replis de leurs anneaux des globes de verre et des œufs d'autruche, décoration chère à l'Orient. Cette voûte est peinte en bleu et semée d'étoiles, comme la voûte même du ciel.

Ces étoiles ont presque toutes des queues comme les comètes : l'imitation n'en est que plus fidèle; car dans la splendeur étincelante des nuits orientales beaucoup d'étoiles semblent avoir des chevelures de rayons.

La solennité du jour et le bruit de notre arrivée avaient attiré dans la chapelle toute la population chrétienne de Jaffa. Jamais, ni en Belgique, ni en Italie, ni en Sicile, je n'avais vu une piété plus démonstrative : on ne s'agenouille pas, on se prosterne; on ne prie pas, on supplie. A chaque moment on touche le sol du front. Avant de faire les nombreux signes de croix de la liturgie catholique, la main des fidèles cherche d'abord un peu de poussière en signe d'abaissement et d'humiliation volontaire.

Après la messe, les Pères nous conduisirent au réfectoire : ils voulurent nous servir eux-mêmes. Le déjeuner abondant fut arrosé de vin de Chypre, et bientôt, malgré la chaleur accablante, nous commençâmes une course dans la ville et hors la ville.

Les villes d'Orient n'ont pas de rues : on bâtit comme l'on peut et où l'on veut; aucun édile ne songe à vous imposer les lois sévères de l'alignement : aussi, quand il s'agit d'aller d'un point à un autre, la ligne droite n'est jamais le plus court chemin. Il faut frayer sa route à travers un pâté de maisons qui grimpent les unes par-dessus les autres. Ces maisons sont bien les plus tristes du monde : une porte basse et sans ornements, voûtée, lourde, chargée de clous et de ferrailles, gémissant sur ses gonds rouillés, une porte qui ne semble pas faite pour qu'on l'ouvre — une continuation du mur — pas de fenêtres extérieures, seulement, de temps en temps, au bord du toit plat, un soupirail grillé, qui laisse entrer l'air, mais non le regard du passant; de longues tentures, jetées d'une maison à l'autre, interceptent le rayon et la lumière, et plongent la ville dans une demi-obscurité. Personne dans les rues — un passant attardé — un fantôme — un voile qui marche — l'ombre d'une femme. Après quelques centaines de pas faits au hasard et sans guide, j'arrivai à la porte d'une mosquée à ciel ouvert, dont les murs n'avaient pour toute décoration que de larges bandes de couleur alternativement rouges et blanches. Au milieu de l'édifice, à l'ombre rare d'un palmier, un bassin de marbre offre l'eau abondante aux ablutions des croyants. L'eau est la fortune de Jaffa; il faut vivre en Orient pour savoir le prix de cette fortune. Chaque maison a son puits : la ville a plusieurs fontaines publiques; celle qu'on trouve à la *Porte de Jérusalem* rappelle, par l'élégance de son architecture et la beauté de son ornementation, les fontaines mauresques du midi de l'Espagne, fouillées et ciselées comme des bijoux d'ivoire. Jaffa est entourée de jardins qui pressent, comme une verte ceinture, ses flancs hérissés de tours. Des machines, appelées *norias*, inventées et arrangées par des ingénieurs primitifs, distribuent, au moyen d'une roue, d'un sceau et d'un cheval, l'eau des puits et des fontaines à ces jardins qui vous enchantent par leur fraîcheur éternelle. Nulle part je n'ai vu de plus beaux arbres : ici l'orange d'or rit dans son feuillage sombre, là c'est la grenade qui s'entr'ouvre et qui montre, à travers sa peau rugueuse, l'éclat humide de ses pepins roses. Les fleurs se mêlent aux fruits, et toutes les saisons se rencontrent sur un même arbre.

Le Jaffa d'aujourd'hui date peut-être de cent cinquante ans; mais par l'histoire et la tradition, il se rattache à la plus ancienne ville du monde, bâtie sur son emplacement par Japhet, fils de Noé. Tous les souvenirs de la religion, de l'histoire et de la poésie se pressent sur ce petit coin de terre. La critique sépare l'ivraie du bon grain. C'est au pied de cette montagne que Noé construisit l'arche; c'est sur ce rocher que la vengeance des Néréides attacha Andromède. Une des fontaines de Jaffa roule des eaux presque rouges : c'est le sang du combat! C'est ainsi qu'aujourd'hui encore le sang d'Adonis teignant le fleuve de Biblos, épouvante le Phénicien de la couleur de ses flots. Joppé était la limite extrême de la tribu de Dan, et le seul point par lequel la Judée, dans les temps anciens, communiquât avec la mer. C'est là qu'abordaient les flottes d'Hiram, chargées des cèdres du Liban, c'est de là que partaient, c'est là que revenaient les vaisseaux de Salomon, après avoir parcouru les îles de la Méditerranée; c'est là que Jonas prit la mer quand il fuyait devant la face du Seigneur, déposant, comme un poids trop lourd, sa mission de prophète. Simon et Judas Machabées prirent Joppé sur les Syriens; Judas le brûla en partie avec les vaisseaux de son port, pour venger le massacre de deux cents Juifs réfugiés dans ses murs.

Joppé reçut avec joie la bonne nouvelle de l'Évangile. Saint Pierre y accomplit un de ses premiers miracles.

« Il y avait parmi les disciples une femme nommée Tabithe, ou Dorcas en langue grecque. Ses mains étaient pleines de bonnes œuvres, et des aumônes qu'elle avait faites. Or, un jour elle tomba malade, et puis mourut, et après l'avoir lavée, on la plaça dans une chambre haute. Mais les disciples, ayant appris que Pierre se trouvait à Lydda, qui n'est pas loin de Joppé, envoyèrent vers lui deux hommes avec cette prière : Ne tardez pas de venir chez nous. Et Pierre aussitôt partit avec eux. A son arrivée, on le conduisit dans la chambre haute, et toutes les veuves se réunirent autour de lui et montrèrent, en pleurant, les tuniques et les vêtements que leur faisait Dorcas. Pierre, ayant fait sortir la foule, se mit à genoux et pria; puis, se tournant vers le cadavre, il dit : *Tabithe*, levez-vous; et elle ouvrit les yeux, et voyant Pierre, elle s'assit. Alors Pierre lui tendit la main et l'aida à se lever, et, ayant appelé les fidèles et les veuves, il la leur rendit vivante. Ce miracle fut connu de toute la ville de Joppé, et plusieurs crurent au Seigneur. »

Ce style si simple me paraît grand comme le miracle lui-même.

Saint Pierre demeura plusieurs jours à Joppé dans la maison de Simon le corroyeur, où lui fut révélée la vocation des Gentils. J'ai voulu visiter cette maison. On ne m'a montré que la place où elle était, au bord de la mer, regardant à la fois l'Europe et l'Afrique. Tout près de cette maison on éleva une église à saint

Pierre : il ne reste plus aujourd'hui de cette église que la base d'un pilier, un fragment de voûte et quelques pierres éparses. Souvent, hélas ! des sanctuaires les plus vénérés c'est à peine si l'on retrouve une faible trace ! Les Romains rasèrent et brûlèrent deux fois Joppé. Au moyen âge et pendant les croisades, il partagea la fortune changeante des églises d'Orient. Au XVIe siècle, ce n'était qu'une ruine, au XVIIe qu'un château et trois cavernes. Le château consistait en deux vieilles tours reliées par un mur : une troupe d'Arabes en guenilles montait la garde autour de six canons rouillés ! Le Jaffa moderne est né de ces ruines. A toutes les époques, nous avons écrit notre nom avec des victoires sur ce coin du monde. Saint Louis y planta l'oriflamme, et Bonaparte le drapeau tricolore. On sait comment la peste y suivit le massacre des prisonniers. Il semble que de ses ennemis l'Orient ne garde que les morts. Les Anglais entrèrent dans Jaffa quand nous en fûmes sortis : ils y élevèrent, au sud-est de la place, un bastion que l'on voit encore; Jaffa, depuis le commencement de ce siècle, a été pris trois ou quatre fois. Aujourd'hui les Turcs s'en croient les maîtres.

Comme je rentrais au couvent, assez satisfait du résultat de mes premières courses, je rencontrai, tout près des murs, un assez long cortége.

C'était un grand personnage du pays que l'on portait en terre. Je suivis le convoi. C'était ce que l'on appellerait à Paris un enterrement de *première classe.*

Deux kavass, le sabre au côté, et faisant résonner leur canne à pommeau d'argent, ouvraient solennellement la marche. Huit ou dix hommes portaient un lit de parade sur leurs épaules.

Le mort était étendu sur ce lit, le visage découvert, comme dans le nord de l'Italie, comme dans les îles de l'archipel Grec. On avait semé des fleurs autour du corps. Un cortége d'amis, au maintien austère, au front pensif, suivaient en causant entre eux. Plus loin venait une troupe déguenillée, escortant des femmes vêtues de blanc, qui devaient être payées bien cher, car elles pleuraient bien fort. Les mendiants reprenaient les lamentations à l'unisson ; tout cela se déroulant le long des rues sombres et poudreuses, au milieu de cette population si nouvelle et si étrange à mes yeux, ne laissait pas que d'avoir un caractère de bizarrerie saisissante.

Je me mêlai à la foule, qui eut le bon goût de ne pas prendre garde à moi.

Le cortége sortit par la Porte de Jérusalem, et passant au milieu d'un petit bois de cactus et de nopals, arriva bientôt au cimetière de Jaffa, situé à quelques centaines de pas de la ville, et vers le nord.

C'est un emplacement bien choisi, d'un aspect doux et mélancolique; d'un côté, la mer, de l'autre, des collines aux croupes onduleuses; en face, la ville de Jaffa avec ses amphithéâtres de maisons blanches.

La police municipale s'occupe peu des cimetières : chacun s'enterre comme il peut, ou comme il veut.

Cependant le mort était déjà descendu dans sa tombe : les pierres, le sable et les fascines de bois sec étaient retombés sur lui... Je croyais tout fini ; deux hommes en robes bleues se penchaient vers lui, l'oreille collée contre terre : c'étaient deux prêtres du pays — deux *imans.*

— Que font-ils? demandai-je à un Maltais descendu à terre avec moi.

— Ils écoutent, me répondit-il, l'examen que les anges font passer au mort... Ils iront ce soir annoncer le résultat à la famille!... La famille paye suivant la *boule* qu'ont donnée au candidat les terribles examinateurs. Cependant les amis vinrent s'asseoir et fumer sur la tombe refermée. Un peu plus loin, et sur d'autres tombes, à l'abri de nattes de jonc suspendues à quatre bâtons, des femmes voilées de bleu, c'est la couleur du deuil, et le *borghot* noir sur le visage, allaient converser avec des morts aimés.

J'aime cette familiarité pieuse, et c'est, à mes yeux, un des mérites de l'Orient, de ne pas oublier les absents et de chercher ainsi à retrouver ceux qui ne sont plus.

Le soir venu, j'allai me promener dans les jardins qui s'ouvrent assez facilement pour l'étranger. J'y rencontrai peu de monde, les Arabes ne se promènent pas, mais je fus assez étonné de voir au pied d'un grand cédrat — le *Hadar* ancien, ce bel arbre dont parle Moïse au Lévitique — trois ou quatre lanternes en papier de couleur, qui avaient un faux air d'illumination.

J'interrogeai.

Le cédrat, me répondit-on, est l'arbre de Mahomet. Il y avait des cédrats dans le Paradis terrestre. Quelquefois, la nuit, Mahomet descend du ciel, il se repose dans un cédrat... il pourrait venir dans celui-ci... et il faut bien qu'il voie clair.

Je n'ai rien à dire de la précaution en elle-même, mais il faut convenir que, pour cette nuit-là du moins, elle était complétement inutile, car, à chaque instant, les étoiles de septembre, se détachant de la voûte bleue, traversaient l'espace, si ardentes et si lumineuses, qu'elles laissaient leur trace embrasée dans le ciel!

II

La route.

Nous quittâmes Jaffa et le couvent des Franciscains, après avoir goûté, pendant deux jours, leur hospitalité aimable. Quinze ou vingt lieues nous séparaient de Jérusalem. En Europe, ce serait un trajet de quelques heures : ici, c'est un voyage de deux bonnes journées, à travers des fatigues toujours, des dangers quelquefois.

On ne sait pas en Orient ce que c'est qu'une *route :* le chemin vicinal y reste à l'état de mythe irréalisable. Il n'y a peut-être pas une voiture dans toute la Syrie; le cheval arabe n'a pas encore subi la honte du collier.

On s'organise en caravane pour aller d'une ville à l'autre; ainsi fîmes-nous en partant de Jaffa pour Jérusalem.

Escorte, guides, voyageurs et mouckres (les Anglais prononcent *groom*), nous formions une troupe d'à peu près cent personnes.

On mit, pour nous monter, tous les villages voisins en réquisition. Nous avons pu juger, par échantillon, toutes les races et toutes les espèces de chevaux, d'ânes et de chameaux qui se rencontrent dans la Syrie; depuis le fier cheval du *Nedj*, qu'on nomme *kuel*, et qui est, dit-on, le plus beau cheval du monde, jusqu'aux petits *Béguirs*, qui ressemblent assez à nos chevaux de montagne, bas sur jambes, courts de reins, mais pied sûr, tête obstinée et du feu dans l'œil! Les caravanes adoptent un ordre de marche assez guerrier : les mulets, les ânes, les chameaux sont placés au centre; on détache les cavaliers en tête et en queue, ou on les flanque sur les ailes.

On imagine assez aisément le coup d'œil varié d'une troupe où se rencontrent des hommes de tous les pays et des costumes de tous les siècles; ici, un habit noir attardé et tout honteux — c'est un professeur émérite de l'Université; plus loin une veste de chasse fringante — c'est un gentilhomme campagnard — à côté d'une soutane qui s'embarrasse dans le large étrier d'un Arabe; le *machlah* rayé d'un chamelier ou le cafetan brun d'un Turc, auprès de la jaquette en coutil blanc d'un Anglais. On se presse, bêtes et gens, dans la rue étroite qui borde le couvent, c'est un fouillis de couleurs à réjouir l'œil d'un peintre et un charivari de sons gutturaux à désespérer l'oreille d'un musicien. On se menace d'abord, puis le coup arrive bientôt après l'injure; c'est une mêlée générale. Enfin, peu à peu, la paix se fait et le calme se rétablit. Chacun choisit son cheval et l'équipe à sa guise; les chameaux patients plient le genou et reçoivent leurs fardeaux. Nous chargeons nos fusils dans la rue : il est bon que tout le monde soit averti. Un jeune abbé tire de ses fontes une paire de pistolets magnifiques, de la poudre et des balles; malheureusement, il ne sait pas trop si c'est le plomb ou la poudre qu'on met d'abord.

Enfin, on donne le signal du départ : à cheval, messieurs ! s'écrie d'une voix vibrante le grand maître de la cavalerie. On se met assez prestement en selle, et l'on sort en bon ordre par la porte de Jérusalem.

Déjà la caravane déroule ses longues files interminables à travers les allées sinueuses et sablonneuses d'un bois de cactus et de figuiers de Barbarie, mêlés aux oliviers, aux nopals, aux sycomores et aux nabkas; de temps en temps, un tamarin au feuillage bleuâtre et délicat me rappelle mes rivages normands et la patrie absente. Çà et là, dans les éclaircies du bois, de grands carrés de terres fécondes et cultivées, arrosées par les *norias*, où s'attèlent des buffles et des chevaux aveugles, nous montrent toutes sortes de légumes plantureux ou de fruits exquis, les aubergines de mille formes et de mille couleurs; des pastèques qui dorment sur leur ventre rebondi, des régimes de bananes, des figues, bleues ou rouges, et surtout des grappes de raisins dorés que les pampres amoureux laissent pendre aux branches de tous les arbres.

Jaffa est le jardin de la Palestine.

Bientôt nous sortons de ces jardins et de ces bois. Une plaine immense s'étend devant nous, tout embrasée des feux du couchant; plaine fertile, où les épis oubliés nous révèlent des moissons abondantes de froment, d'orge et de dourah.

C'est la plaine de Sarons, qui s'étend depuis Gaza jusqu'au Mont-Carmel, depuis la Méditerranée jusqu'aux collines de la Judée et de la Samarie.

Plus d'une fois, l'Écriture a loué sa beauté : « Au désert sera donnée la grâce du Carmel et de la plaine de Sarons. » « Je suis le narcisse de Sarons et le lis des vallées, » dit la fiancée du Cantique. Maintenant encore, le printemps y sème à pleine main le lis, la rose, l'anémone, les tulipes, les giroflées et l'immortelle. La plaine n'est point unie, elle se soulève, au contraire, par un mouvement d'ondulation lent et doux. — Ces renflements parallèles semblent être comme le contrefort des montagnes de l'Est, qui vont ainsi s'abaissant jusqu'à la mer. Nous avons à notre droite le pays des Philistins. Nous retrouvons partout les grands souvenirs bibliques. Cette terre a tremblé sous les pas du fort Samson ; c'est ici qu'il attacha des flambeaux à la queue des chacals, pour incendier les blés mûrs; c'est ici qu'il rencontra Dalilah, cette vengeance d'un peuple opprimé, qui l'enivra d'amour, l'endormit dans ses bras caressants, et fit tomber sa force en livrant aux ciseaux les cheveux qu'elle avait parfumés des roses de Sarons.

Un léger détour sur la gauche nous amène à la citerne de Sainte-Hélène, à la tour des Quarante Martyrs et aux ruines de Lydda. Trente marches conduisent, par des degrés rompus, au fond de la citerne, maintenant sans eau; vingt-quatre arcades, d'une maçonnerie encore intacte, attestent le travail d'une main romaine : le temps et l'humidité ont fait disparaître presque complétement les peintures qui les ornaient.

La tour des Quarante Martyrs fut autrefois le clocher d'un couvent, c'est aujourd'hui le minaret d'une mosquée rustique. On n'est pas d'accord sur l'identité des quarante martyrs; les uns voulant que ce soient des chrétiens du pays, immolés pour la foi; d'autres soutenant que ce sont les quarante soldats de la XIIe légion, exposés sur l'étang glacé de Sébaste, et dont on apporta en Palestine les restes, devenus des reliques. Quoi qu'il en soit, les musulmans ont aussi revendiqué les martyrs pour leur compte. La Tour est devenue un lieu de pèlerinage pour eux comme pour nous : Dieu reconnaîtra les siens. Lydda n'est plus qu'une ruine; les Arabes l'appellent Louddo : c'est là que saint Pierre guérit le paralytique Enée, enchaîné depuis huit ans sur son lit : « Enée, le Seigneur Jésus-Christ vous guérit, levez-vous, et faites votre lit vous-même. » Enée se leva; il était guéri. Saint Georges mourut à Lydda, où il est également honoré par les Grecs, à qui, bien involontairement, j'en suis sûr, il rappelle Mars, le guerrier au casque d'or, et par les Arabes, qui le nomment *le Cavalier au cheval blanc.* Plus d'une fois nous verrons les deux cultes se rencontrer dans un même souvenir et dans une vénération commune.

Mais le soir vient : la nuit tombe du ciel ; le soleil disparaît comme une lampe qu'on éteint. Pendant que les étoiles s'allument lentement, sept ou huit Bédouins sortent d'un bouquet de nopals, et s'élancent vers nous, le fusil à la main. L'alerte est donnée : « Sentinelles, prenez garde à vous ! » on se rassemble, on s'aligne; c'est presque un ordre de bataille. Nous en sommes quittes pour une émotion, je ne veux pas dire pour la peur.

Les Arabes reprennent au galop le chemin des nopals. Nos éclaireurs nous signalent les premiers feux du village de Ramlah. Voilà une journée finie sans aventure ou à peu près.

Mais c'est surtout ici que les jours se suivent et ne se ressemblent pas.

La veille de notre passage, Ramlah a été attaqué par les Arabes-Bédouins, qui ont fait une descente à main armée dans le village.

Ils pénètrent facilement par la brèche de ces murailles délabrées; ils montent sur les toits, descendent dans les cours intérieures, où la fusillade s'engage à bout portant. Plusieurs hommes ont perdu la vie dans ce coup de main. On a enlevé quelques sacs de blé, c'était l'occasion et la cause de la rixe, puis on a pénétré dans le couvent où nous sommes maintenant; plusieurs de ces pauvres frères espagnols qui nous servent avec une bonne grâce si empressée, ont reçu d'indignes traitements. Le prieur a été laissé pour mort sur la place. Que dire d'un pays où de pareilles scènes se renouvellent tous les jours? L'autorité impuissante gémit de tout et n'empêche rien. Les Turcs des villes et des villages sont d'honnêtes gens assez peureux. Les Arabes des campagnes sont de vrais bandits qui vous coupent le cou pour une demi-piastre. Quand il leur prend fantaisie d'entrer dans une ville, les Turcs ne peuvent pas les en empêcher : une fois entrés, ils font la loi. Plusieurs maisons européennes ont été pillées..., d'autres sont désignées pour une prochaine expédition.

A Jaffa, une des maisons ainsi marquées de la *main rouge* appartenait au médecin sanitaire de la quarantaine. Sa jeune femme, récemment arrivée de France, et peu familière avec ces mœurs sauvages, a été saisie d'un si vif effroi, qu'elle est devenue folle... Aujourd'hui elle est morte : cela vaut peut-être mieux!...

Ramlah est l'ancienne patrie de Nicodème, que les enfants de tous les pays s'obstinent à voir encore dans la lune : les contes de ma nourrice me le représentaient toujours courbé sous le poids d'un fagot gigantesque... J'ai retrouvé la même tradition à Ramlah; mais la lune était couchée. Ramlah fut aussi la maison de campagne de Joseph d'Arimathie qui, sur le mont Calvaire, oignit de parfums et arrosa de larmes le corps du divin Crucifié, et lui tailla un tombeau dans le vif de son rocher.

Je veux signaler les traces de l'art partout où je les rencontre; j'ai trouvé dans la chapelle de Ramlah un assez joli tableau sans signature, mais appartenant à l'école du Corrège ; il n'en a pas sans doute la touche harmonieuse et le coloris suave, mais l'air de la tête, la pose du personnage et le galbe des mains révèlent une filiation directe avec ce maître des blondes élégances.

Dans le réfectoire du même couvent, au-dessus de la table des Pères, on a placé une assez belle copie de la fresque immortelle de Léonard de Vinci, *la Cène*, qui orne maintenant à Milan... le grenier à foin d'une caserne autrichienne!

Dans cette Judée immobile, le pain qu'on mange aujourd'hui a la même forme qu'au temps de la dernière pâque du Christ.

Sur la table où l'on nous sert et dans le tableau que j'examine, ce sont encore les mêmes plats et les mêmes vases. Est-ce hasard ou tradition? Je n'examine pas, je constate.

Nous ne fîmes à Ramlah qu'une courte halte. Notre caravane se remit en route vers minuit. Après avoir assez longtemps cheminé à la lueur des étoiles, nous arrivâmes avec le jour aux montagnes de la Judée.

De loin ces montagnes ressemblent à des mamelons isolés. Quand on approche, on reconnaît un vaste système, une chaîne immense dont les anneaux se soudent avec des rochers. Ici toute trace de route disparaît. En été on passe dans le lit desséché des ravins, en hiver on ne passe pas; des pierres, des quartiers de roches, des fondrières, des arbustes épineux, sont semés comme autant d'obstacles sur cette voie impraticable dont les Bédouins sont encore aujourd'hui les maîtres absolus.

Ibrahim, dans sa guerre de Syrie, si habilement conduite d'ailleurs, a laissé onze mille hommes dans ces défilés, onze mille hommes de ses meilleures troupes. Nous aurions pu y rester tous, pourvu qu'on l'eût voulu un peu sérieusement.

De temps en temps les montagnes s'écartent, et dans l'enceinte des collines s'entr'ouvre une petite plaine dont la culture s'empare. Çà et là se groupent en village les huttes des laboureurs. Devant chaque porte on répand les gerbes déliées que dépiquent de petits bœufs noirs. Les enfants et les femmes enlèvent l'épi vide; on entasse le grain, et, pour vanner, on le jette en l'air avec de larges pelles; le vent emporte la poussière, le lourd froment retombe.

Un de ces villages, *Latroun*, qui n'est plus maintenant qu'une ruine, passe pour avoir été la patrie du bon larron. On rattache une légende pieuse au miracle de cette conversion, la première qu'ait obtenue le sang du Crucifié!

C'était au moment de la *fuite en Égypte*. La caravane que suivaient Joseph et Marie s'était remise en route après le repos de midi, au bord de la fontaine, à l'ombre des mûriers et des térébinthes. L'Enfant Jésus s'était endormi sur les genoux de sa Mère et la Vierge, respectait ce divin sommeil. Tout à coup deux voleurs s'élançant des broussailles parurent devant eux; la Vierge leur montra l'Enfant endormi, et l'un des deux voleurs fut touché jusqu'au fond de l'âme, et au lieu d'attaquer il défendit. Trente ans s'écoulèrent : Jésus passa à travers le monde en faisant le bien, l'histoire ne dit pas ce que fit le larron; mais un jour trois croix se dressèrent au sommet du Golgotha : le Fils de l'homme était attaché entre deux voleurs. L'un d'eux blasphémait, mais l'autre disait : « Celui-ci n'a fait aucun mal, » et, se tournant vers Jésus : « Seigneur, disait-il encore, souvenez-vous de moi lorsque vous serez arrivé en votre royaume. »

Jésus lui répondit : « Je te le dis en vérité, aujourd'hui tu seras avec moi dans le paradis. »

Or, celui-là même à qui le Christ parlait ainsi, c'était le bon larron qui avait sauvé l'Enfant Jésus.

Les montagnes se succèdent avec une invariable monotonie. Chaque hauteur franchie nous fait voir une hauteur nouvelle ; c'est une succession d'horizons pareils se déroulant à la suite l'un de l'autre, sans qu'on puisse en deviner la fin ; c'est aussi partout le même caractère : une grandeur sauvage, une tristesse hautaine, et je ne sais quoi de fier sous le poids même de l'anathème écrasant.

Quand on arrive au dernier anneau de la chaîne de ces montagnes, on découvre à ses pieds la vallée de Saint-Jérémie. Un village de cinquante maisons se répand dans la plaine déjà moins triste et plus fertile. Çà et là des bosquets de figuiers, de nopals et de cactus reposent doucement la vue fatiguée de la réverbération ardente des rochers. Un sycomore gigantesque protége de ses rameaux et couvre de son ombre un khan de pierres sèches, où le voyageur se repose un instant, non loin d'une source murmurante. C'est dans ce village que la tradition, qui n'est pas toujours d'accord avec la critique, place le berceau du prophète Jérémie ; c'est là que pour la première fois, âgé de quatorze ans à peine, il aurait entendu la voix du Seigneur lui ordonnant de prophétiser aux nations...
« Je t'établis sur les nations pour arracher et détruire,

pour perdre et dissiper, pour édifier et planter. Je t'affermis comme une ville forte, une colonne de fer, un mur d'airain contre les rois de Juda, ses princes, ses prêtres et son peuple ! » Au-dessus de la source on voit les restes assez bien conservés d'une église du XIIe siècle. Au dehors, c'est un carré long; au dedans, trois absides correspondent à trois nefs. Ces absides, tournées vers l'Orient, sont bâties dans l'épaisseur du mur, de telle sorte qu'on n'en voit pas de traces extérieures. On aperçoit sur les parois de ces trois absides des vestiges d'anciennes peintures : le dessin a disparu à peu près partout, la couleur a demeuré en quelques places. Nous remarquons une singularité architecturale : la porte n'est pas à l'ouest et en face de l'autel, elle est latérale et s'ouvre vers le nord. Cette église, jusqu'au XVIIe siècle, fut desservie par les Pères de Terre-Sainte, puis un jour, sans prétexte, en pleine paix, les Arabes mirent le feu au couvent, pillèrent l'église et massacrèrent les religieux; ils s'éloignèrent alors des ruines qu'ils avaient faites... Plus tard l'église fut convertie en mosquée... Aujourd'hui c'est une étable où l'on enferme, le soir, les troupeaux d'Abou-Gosh.

Le village de Saint-Jérémie et ses environs, la plaine et la montagne appartiennent à cette puissante tribu d'Abou-Gosh.

Le cheikh actuel est le neveu de cet Abou-Gosh, prince des voleurs, comme l'appelaient les Arabes, avec qui M. de Chateaubriand échangea des présents, et que M. de Lamartine enchanta par sa belle parole :

Dictus ob hoc lenire tigres !

Nous n'avions, hélas! ni ces présents royaux ni cette langue charmeresse... nous nous contentâmes d'envoyer un janissaire demander une permission qui nous fut gracieusement accordée.

En sortant des défilés, nous rencontrâmes le cheikh lui-même; il est grand et beau, et peut avoir quarante-cinq ans. Il montait un cheval de race, noir comme la nuit, et dont la crinière balayait le sol de ses flots soyeux. Je marchais en tête de la caravane : le sentier était trop étroit pour deux; un bond de côté, très-vigoureusement enlevé, le plaça à quelques pieds au-dessus de moi; je le saluai en portant la main à ma poitrine et à mon front.

Il me rendit mon salut avec le sourire ouvert des gens qui ont de belles dents.

— J'ai donné des ordres pour qu'on te laissât passer; sois sans crainte!

— Je suis sans crainte, et je te remercie, lui répondis-je.

Nous nous saluâmes une seconde fois, et chacun continua sa route.

Un défilé moins inaccessible conduit de la vallée de Saint-Jérémie à la vallée des Térébinthes. Le voyageur laisse à sa droite une montagne où gisent encore les ruines de l'antique Modin, la ville des Machabées.

Les Machabées font grande figure dans l'histoire du peuple juif. Précurseurs des croisés, ils combattirent et moururent pour leur foi et la liberté de leur pays. Longtemps on vit sur la montagne un grand édifice et des pyramides funèbres entourées de colonnes qui portaient des trophées et des victoires : c'était le monument funèbre des Machabées. On a pris ses pierres pour bâtir la forteresse d'Abou-Gosh : le tombeau des héros est devenu la maison d'un voleur.

Chaque pas ici réveille un écho, chaque site rappelle à l'âme un immortel souvenir. Presqu'en face de Modin voici Ramatha, patrie de Samuel, juge de sa nation, plus puissant qu'un roi; voici Gabaon, qui vit Josué prolonger le jour pour achever sa victoire : « Soleil, arrête-toi sur Gabaon, et toi, Lune, ne descends pas encore dans la vallée d'Acalon! »

C'est la gloire de David que l'on retrouve tout d'abord dans la vallée des Térébinthes, sa première gloire, cette gloire de la jeunesse si pleine d'enivrement et de charmes!

« *Gratior et pulchro veniens in corpore virtus.* »

On traverse avec je ne sais quelle émotion sympathique le lit maintenant séché du torrent où le jeune berger vint choisir les cinq pierres polies qu'il mit dans sa panetière. Plus d'un pèlerin, qui ne combattra jamais Goliath, ramassa, comme David, cinq cailloux dans le torrent.

La vallée des Térébinthes est étroite, sinueuse et profonde; les montagnes qui l'encaissent ont quelque chose d'âpre et de tourmenté. Le Térébinthe, qui lui donne son nom, est un arbre biblique : c'est sous un térébinthe qu'Abraham vivait dans la vallée d'Hébron. Les teintes sombres de son feuillage contribuent encore à donner à cette vallée un caractère d'austérité mélancolique. L'antique village de Colonia, bâti sur le lieu même de la victoire, et qui reçut plus tard ce nom romain, n'est plus aujourd'hui qu'une ruine, habitée par quelques pâtres arabes; on remarque en passant les fortes assises d'un monument hébraïque, et l'on s'engage pour la dernière fois dans un défilé de monticules nus et tristes.

Après une heure de marche à travers des buissons, des pierres et des rochers couverts de mousse et de lichens, on arrive sur un plateau inégal, semé de pierres rougeâtres, et, tout à coup, brusquement, derrière un pli de terrain, se dressent à vos yeux les blanches murailles de Jérusalem.

JÉRUSALEM.

PLAN DE JÉRUSALEM.

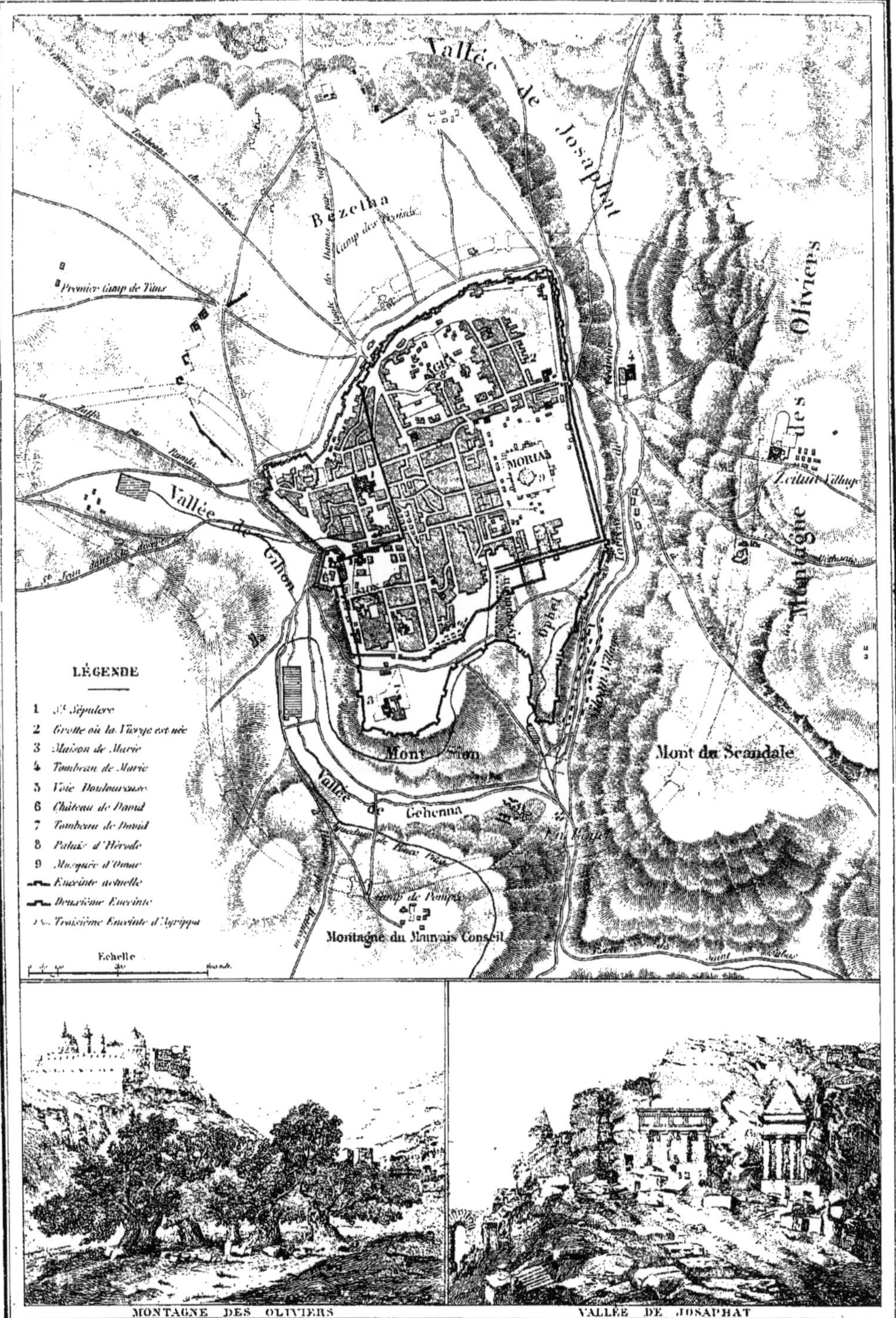

MONTAGNE DES OLIVIERS

VALLÉE DE JOSAPHAT

Gravé par Bequire et Dourdet, S. Paul Ste Marie, à Paris — Lith. de Gratia.

JÉRUSALEM.

I

Les lieux saints.

On a beaucoup parlé des désolations et des épouvantements de la mort que semble respirer encore le désert de Juda. Chacun sent à sa manière; pour moi, je l'avoue, ce qui m'a frappé tout d'abord, c'est une idée de beauté, beauté grave et mélancolique, comme il convient à une reine dans les fers, esclave, mais reine encore. Jérusalem est toujours belle, et je comprends l'espèce de fascination qu'elle exerce sur les Arabes-Bédouins; ils ne parlent d'elle qu'en la nommant *la Sainte*, « *el Cods !* »

Autour de la ville pas un champ cultivé, pas un jardin, pas un arbre : le désert partout. Jérusalem s'isole dans une solitude éclatante. Rien ne distrait le regard de ses contemplations; rien ne détourne l'âme de ses souvenirs. De hautes murailles crénelées, flanquées de tours massives et carrées, délimitent nettement l'enceinte de la ville et découpent leur silhouette aux vives arêtes sur le fond tranché et cru d'un azur implacable que déchire la flèche aiguë des minarets. Par une belle journée d'été, cette première vue, sous la réverbération ardente des rochers, vous donne les éblouissements du vertige.

Arrivée sur ce plateau, notre petite troupe s'arrêta quelques instants : chacun voulut se recueillir et se retrouver seul avec soi-même.

Quelque symbole que l'on récite et quelque foi que l'on proclame, tous ne reconnaissent-ils pas que ces murs ont vu s'accomplir la plus grande des choses divines et humaines; que l'histoire de cette ville est l'histoire du ciel et de la terre, et que, du haut de ce Golgotha, dominant Jérusalem, le Christ laissa tomber, avec le sang et l'eau de son côté, les semences de cette moisson d'amour et de charité, mûrie sous le feu des persécutions, qui nourrit encore le monde ?

Cependant le père-gardien du Saint-Sépulcre, informé de notre arrivée, daigna s'avancer hors des murs à notre rencontre, avec quelques prêtres du clergé de Jérusalem et un assez grand nombre de chrétiens qui voulaient nous faire honneur et grossir notre cortége. On était bien aise de donner à notre présence la portée d'une manifestation religieuse et politique :

en toute autre circonstance, nous nous y serions refusés, mais il y a des moments où il n'est pas permis de cacher son drapeau.

On sait qu'autrefois les *Francs* — c'est ici le nom générique des Européens — ne pouvaient entrer à cheval à Jérusalem ; ils étaient obligés de mettre pied à terre aux portes de la ville. Notre influence reconquise et les mœurs adoucies nous affranchissaient de cette honte. Nous venions en amis, non en vaincus : nous entrâmes à cheval par la porte appelée *Bab-el-Khalid*, la porte des Bien-Aimés, située à l'ouest de la ville, et que l'on nomme aussi la porte des Pèlerins et la porte de Jaffa. Les soldats turcs, pantalon blanc, veste bleue, fez rouge, qui gardaient cette porte, nous laissèrent bénignement passer, tandis que des groupes d'Arabes indolents, assis sur leurs talons, le chibouck à la main, ne tournaient même pas la tête pour nous voir. Nous laissâmes à notre droite la Tour de David, et, par une rue étroite, grimpant, comme un sentier de chèvre, à travers deux allées de maisons sans fenêtres, nous arrivâmes à l'hospice de *Casa-Nuova*, bâti et desservi par les religieux Franciscains.

Les hôtels sont à peu près inconnus dans la Palestine : l'hospitalité s'y donne. Les couvents de presque toutes les communions s'ouvrent généreusement pour les étrangers ; on vous offre tout à l'arrivée, on ne vous demande rien au départ.

La première chose qui attire le pèlerin arrivant à

Jérusalem, c'est l'église du Saint-Sépulcre. Cette église est comme un abrégé de la Ville-Sainte; on y trouve, réunis et comme rassemblés à dessein, les plus grands sanctuaires du christianisme : le Calvaire, le Saint-Sépulcre, la pierre de l'Onction, sur laquelle on déposa le corps du Crucifié, une des prisons du Christ, la Colonne de Flagellation, puis les divers théâtres des grandes scènes de la Passion : les chapelles du *Dépouillement*, du *Crucifiement*, de l'*Apparition* du Christ à sa Mère et à Marie-Madeleine. C'est donc là qu'on doit aller, et c'est là aussi que l'on va tout d'abord.

Chaque jour, à l'issue de leurs vêpres, les pères Franciscains vont eux-mêmes en procession solennelle, la corde aux reins et le cierge à la main, s'agenouiller et prier dans chacun de ces sanctuaires.

Il est d'usage que, le lendemain de leur arrivée, le Père-gardien invite les pèlerins à se joindre aux moines. La musique des chants sacrés, la grande voix de l'orgue, l'odeur de l'encens, emportent l'âme dans les sphères ardentes de l'exaltation religieuse et la prédisposent aux sentiments qu'elle doit éprouver en présence de ces lieux vénérés.

Suivons cette procession quelques instants : pour visiter le Saint-Sépulcre, nous ne saurions avoir un meilleur guide.

En quittant le chœur de leur chapelle, les Pères se dirigent tout d'abord vers la *Colonne de la Flagellation*.

Cette colonne, dont une partie seulement se trouve maintenant à Jérusalem (l'autre fut transportée à Rome) est presque entièrement cachée par un revêtement de métal : on a cru être plus respectueux, mais, à coup sûr, on a diminué l'impression religieuse.

La seconde station nous arrête devant la *Prison* de Jésus-Christ; cette prison n'est autre chose qu'un enfoncement de quatre ou cinq pas sous le rocher. Là, dit la tradition, le Christ fut déposé quelques instants pendant que l'on achevait les préparatifs de son supplice. On s'arrête ensuite à la place même où s'accomplit cette parole des prophéties : « Ils ont divisé entre eux mes vêtements et ils ont tiré ma robe au sort. »

Les deux stations suivantes se font dans les chapelles de Sainte-Hélène et de l'Invention de la Croix. Ces chapelles, dont le nom fait assez connaître l'origine et l'appropriation, sont situées sur le rocher du Calvaire; des degrés hauts et larges y conduisent : l'une était l'oratoire de Sainte-Hélène ; la croix fut trouvée dans l'autre. Non loin de là est un tronçon de colonne, que l'on appelle la *Colonne de l'Outrage*, et sur lequel on fit asseoir le Christ pendant que l'on posait sur sa tête la couronne d'épines, et entre ses bras le roseau, sceptre ironique de sa royauté bafouée.

La procession monte ensuite au Calvaire, en chantant cette grande et belle hymne de la Passion :

Vexilla regis prodeunt !

Les étendards du roi s'avancent !

Elle est belle et saisissante cette hymne, chantée par des voix attendries, accompagnées des soupirs de l'orgue, selon les rites de la liturgie en deuil de notre grande semaine, celle qui s'appelle la *Semaine-Sainte.* Mais combien me parut-elle plus belle encore et plus éloquente, murmurée à demi-voix par la longue procession des moines, aux lieux mêmes où s'accomplirent les mystères qu'elle célèbre !

« *Ici,* son côté fut blessé par la pointe d'une lance; *ici,* pour nous laver de nos crimes, le sang coula avec l'eau. — O arbre de la croix, bel arbre, arbre brillant, paré de la pourpre des rois, *ici,* tu portas, croix heureuse, le corps d'un dieu; *ici,* comme une balance, tu pesas la rançon du monde racheté... *Ici,* reprend encore la voix des prêtres, après un moment de silence, ils ont percé mes mains et mes pieds; *ici,* ils ont compté mes os... »

Ces lamentations et ces plaintes empruntent à la présence des lieux où se consomma le sacrifice, je ne sais quelle réalité poignante qui vous trouble.

Mais déjà nous voici à la place où se dressa la croix: c'est le sommet du Golgotha; deux gros pilastres soutiennent la voûte et partagent la chapelle en formant deux arcades : la croix fut plantée dans l'arcade à gauche. On a cru convenable de *décorer* le mur du fond de riches ornements; ici des tables de marbre, là des candélabres, des lampes d'argent. Une lame mobile, également en argent, large de douze ou quinze centimètres, recouvre la fente du rocher qui s'entr'ouvrit au moment où le Fils de l'homme rendit le dernier soupir.

Quand on soulève cette lame et qu'on plonge le regard à travers la fente, on pénètre jusque dans l'intérieur de la chapelle d'*Adam*, vide et nue. La tradition raconte que notre premier père fut enseveli sur le Golgotha, à l'endroit où plus tard devait s'élever la croix du Sauveur. Quand le rocher éclata, au dernier soupir de Dieu, le sang rédempteur coulant dans la terre lava les vieux os du plus antique pécheur, et de même que nous avions tous été perdus dans Adam, nous fûmes tous purifiés et rachetés en lui.

En descendant du Calvaire, la procession se dirige vers la pierre de l'*Onction*, sur laquelle on plaça le corps de Jésus, déposé de la croix, et où il fut oint et enseveli par Nicodème et Joseph d'Arimathie. Il faut bien le dire : on ne voit pas la vraie pierre de l'Onction, qui n'était autre chose que la surface plane et unie du rocher. La piété des gardiens a cru devoir la recouvrir d'une plaque de marbre jaune. On sait que la pierre est derrière le marbre : cela doit suffire.

La procession suit toujours sa voie douloureuse, et elle arrive enfin au Saint-Sépulcre, qui donne son nom à l'église. On remarque dans ce trajet, indiquée par une plaque de marbre, la place où se tenaient la Vierge et les saintes femmes, pendant que les deux amis rendaient au mort ces devoirs suprêmes.

Le tombeau est placé au milieu de la grande circonférence décrite par le temple. C'était une simple grotte, creusée dans le rocher vif; on en a fait une sorte de monument, en taillant le rocher tout autour; on lui a donné un revêtement de marbre blanc, avec galerie et corniches, sculpture et colonnettes; on a mesuré exactement sa dimension : treize pas de long, neuf pas de large, douze pieds de haut. On a placé devant l'entrée quatre magnifiques candélabres, et, au-dessus de la porte, quatorze petites lampes en argent d'un travail délicat. Le Sépulcre est divisé intérieurement en deux compartiments : le premier, qui sert à l'autre comme de vestibule, renferme un bloc de marbre de près de quatre pieds de haut, indiquant la place où s'était assis l'ange qui accueillit les saintes femmes à leur arrivée au tombeau, et qui leur dit : « Ne craignez rien : je sais que vous cherchez Jésus qui a été crucifié : il n'est point ici : il est ressuscité comme il vous l'avait dit. »

Quinze lampes sont suspendues à la voûte et allumées chaque jour.

La chambre intérieure de la grotte est longue d'environ sept pieds. A droite, sur la saillie large du rocher, on avait déposé le corps du Christ; ici encore la pierre a été revêtue de marbre blanc. Quarante-cinq lampes, en or, en vermeil et en argent brûlent sans jamais s'éteindre, au milieu de cierges sans nombre, dans ce tombeau, devenu le plus grand sanctuaire du monde chrétien. Là, sans cesse, s'exhale je ne sais quelle odeur de parfum mystique qui rappelle à l'âme la myrrhe, le cinnamome et l'aloès de Joseph et de Nicodème.

Entre ces deux chambres, aujourd'hui séparées par une simple porte, on avait jadis roulé la vaste pierre scellée du sceau des princes des prêtres. « Qui donc enlevera la pierre ? » disaient entre elles les femmes marchant vers le Sépulcre; et, quand elles arrivèrent, elles virent la pierre enlevée, Jésus absent, et l'ange, vêtu de blanc, qui annonçait la résurrection.

A l'extrémité du Saint-Sépulcre, et adossée à la paroi extérieure du monument, s'élève, humble et petite, la chapelle des Cophtes et des Abyssins. Vis-à-vis de cette chapelle, les Syriens ont un modeste sanctuaire, placé entre deux des piliers qui soutiennent la coupole.

Enfin, la procession rentre au chœur par les deux chapelles des apparitions à Marie-Madeleine et à la Vierge-Mère.

L'apparition à Madeleine eut lieu à quelques pas seulement du Sépulcre; c'est à peine si Marie-Madeleine avait pu quitter un instant le Sépulcre qui renfermait les restes de son Dieu; puis elle était revenue, noyée dans ses larmes, perdue dans sa douleur, languissante d'amour.

Christi amore languida.

Elle vit Jésus tout près d'elle, mais sans savoir que c'était Jésus... « Femme, lui dit-il, pourquoi pleurez-vous? que cherchez-vous? » Mais, pensant que c'était le jardinier, elle lui dit : « Seigneur, si c'est vous qui l'avez enlevé, dites-moi où vous l'avez mis, et je l'emporterai. » Jésus l'appela : « Marie ! » et elle, se retournant, et le reconnaissant au seul accent de cette voix qui prononçait son nom, « Mon maître ! » s'écria-t-elle, et déjà elle s'élançait vers lui. « Ne me touchez pas, lui dit Jésus, *noli me tangere !* car je ne suis pas encore remonté vers mon Père. » Ainsi, la pécheresse convertie eut la première visite du Ressuscité, et le Fils de l'Éternel oublia les splendeurs du ciel, pour se ressouvenir du cœur qui l'avait aimé.

Un peu plus loin, le Christ apparut à sa Mère; une chapelle a consacré cette tradition pieuse qui n'est point relatée dans l'Évangile : c'est la dernière station du jour, on y chante les dernières hymnes, on y murmure les dernières prières, et, pour quelques heures du moins, l'église redevient solitude et silence.

Tel qu'il nous apparaît maintenant, le monument du Saint-Sépulcre est moins *une* église qu'une *réunion* d'églises. On y reconnaît la main de plusieurs siècles. Sa forme générale est celle d'une croix romaine, avec une nef circulaire à l'ouest; un transept du nord au sud, et à l'est, une sorte de chœur terminé par une abside.

Ajoutez une aile à l'extrémité, et à l'est et à l'ouest de chaque transept; enfin, une autre aile courant autour de l'abside, avec des chapelles rayonnant à l'entour. La rotonde ne présente que des arches en plein cintre; la partie orientale est à ogives entremêlées de fenêtres rondes.

Le Saint-Sépulcre occupe le centre de la rotonde.

Seize colonnes de marbre ornent le pourtour de cette rotonde, et dix-sept arcades qui soutiennent une galerie supérieure, également composée de seize colonnes, et de dix-sept arcades plus petites; des niches, qui correspondent à ces petites arcades, s'élèvent au-dessus de la frise de la galerie et sur l'arc de ces niches.

A aucune époque de l'histoire, les chrétiens n'abandonnèrent les Lieux Saints; chassés de Jérusalem par la main violente de Titus, le même que l'on appela *les délices du genre humain,* ils y revinrent avant même que la dixième légion n'eût quitté les décombres fumants de Jérusalem. Treize évêques, en trente ans, passèrent sur le siége de cette ville : ce furent presque autant de martyrs.

De nouvelles persécutions, dirigées cette fois contre les juifs plutôt que contre les chrétiens, firent bientôt une solitude de la Judée. Adrien défendit aux juifs d'entrer dans Jérusalem : une colonie païenne vint l'habiter, et elle s'appela désormais *Ælia capitolina.* Son nom même fut aboli. L'empereur posa un pourceau de marbre sur la porte que regarde Beit-Léhem, une idole de Jupiter sur le rocher du Golgotha, et une Vénus au Calvaire.

Ceci dura deux siècles.

On sait la piété de Constantin et de sainte Hélène. Constantin fit disparaître les édifices païens, et retrouva le tombeau du Christ : sainte Hélène retrouva sa croix.

L'empereur donna l'ordre de bâtir une magnifique église : on n'épargna rien, ni le marbre, ni le cèdre, ni l'or, ni le travail des plus excellents artistes; l'église fut bâtie en six ans, et dédiée avec toute la pompe du luxe oriental. On ne l'appelait pas alors l'église du Saint-Sépulcre, mais « le témoignage de la résurrection » *martyrium resurrectionis.*

Cette gloire de Jérusalem renaissante dura trois siècles environ, puis un lieutenant de Kosroës ravagea la ville, renversa l'église et enleva la vraie croix.

Le torrent s'écoula et les ruines se relevèrent.

Quelques années plus tard, Omar, fils d'Hittab, entrait en vainqueur dans Jérusalem, mais il laissait aux chrétiens leurs temples et leurs reliques.

Les Fatimites furent moins cléments : Hakem ravagea l'édifice de Constantin, qui fut à peu près rebâti sous son successeur. Les destructions ne furent jamais complètes ; les mains ennemies se hâtent et défigurent un monument plutôt qu'elles ne le renversent : la rotonde qui entoure aujourd'hui le Saint-Sépulcre, est sur le plan même de Constantin, les murs extérieurs sont peut-être les siens.

Les sanctuaires du crucifiement, de l'érection de la croix et de l'onction, furent réunis au Saint-Sépulcre par les croisés. Le récit d'un chroniqueur contemporain, Guillaume de Tyr, ne laisse pas de doute à ce sujet.

« Avant l'entrée de nos Latins dans Jérusalem, dit le chroniqueur, le lieu de la Passion de Notre-Seigneur, appelé *Calvaire* ou *Golgotha*, et le lieu de l'invention de la croix rédemptrice, et, enfin, le lieu où le corps fut descendu, embaumé et enveloppé dans de beaux voiles, n'étaient que de tout petits sanctuaires, situés hors de la grande église; mais après que, par l'assistance divine, les nôtres eurent obtenu la possession de la ville, ladite église leur parut trop petite, l'ayant donc augmentée par un ouvrage solide et élégant, réunissant le nouveau à l'ancien, ils réussirent merveilleusement à renfermer dans une même enceinte tous les sanctuaires vénérés. »

Les caractères architectoniques du temple confirment cette citation de Guillaume de Tyr, et ne permettent pas d'attribuer, comme on le fait souvent, toute l'église à Constantin. Où donc trouve-t-on l'ogive dans la pure architecture byzantine ?

Il faut reconnaître ici l'alliance de trois styles : l'art roman, que les croisés apportaient d'Europe ; l'art arabe, qu'ils trouvaient à chaque pas en Orient et qui se révèle dans l'ogive ; enfin, d'incontestables réminiscences de l'art grec antique, que Byzance n'avait pu corrompre tout à fait : ainsi, dans la belle façade de l'église, des corniches qui sont grecques par leur profil comme par leur ornementation.

Depuis les croisés jusqu'au XIXe siècle, à travers toutes les vicissitudes de la victoire et de la défaite, de la persécution et du triomphe, l'église du Saint-Sépulcre resta la même : l'entrée en fut plus ou moins facilement accordée aux chrétiens, mais on ne remua point une seule de ses pierres.

Le feu du 12 octobre 1808 fut plus cruel que les Perses et les Turcs.

Un Italien écrivait, avec la pompe de langage particulière à sa nation : « La journée du 12 octobre fut affreuse : le souvenir de ce jour malheureux arrache un cri de douleur aux cœurs les plus indifférents. Les catholiques, les schismatiques, les hérétiques sont dans l'affliction ; les Orientaux, les Occidentaux pleurent ; les juifs mêmes versent des larmes. »

Le feu prit pendant la nuit du 11 au 12 octobre, dans la chapelle des Arméniens, située sur la terrasse de la grande église. Tous les secours furent inutiles. Bientôt le feu gagna le dôme, les orgues, les chapelles ; les poutres du Liban jettent une flamme éclatante ; les métaux précieux qui se fondent, retombent en feu liquide ; les pavés craquent, les colonnes se fendent. Au bout de deux heures, le dôme s'écroula au-dessus du Saint-Sépulcre, entraînant les galeries, une partie des murs, et écrasant les colonnes et les chapelles qui l'entouraient. L'incendie épargna la façade : elle resta telle qu'on la voit aujourd'hui; il épargna également la pierre de l'onction et le Saint-Sépulcre, mais il s'étendit sur la moitié du Calvaire.

On attribua cet incendie à la malveillance : on soupçonna les Arméniens, on nomma les Grecs ; c'était l'application de l'ancien adage : « *Is fecit cui prodest.* »

En 1808, l'Europe avait des préoccupations de plus d'une sorte : son attention n'était point tournée de ce côté. Les Franciscains, sans ressources, sans argent, sans crédit, pleuraient en face de leurs ruines. Le couvent grec, instrument habile d'une main puissante, obtint de la Porte la permission de rebâtir un temple qui ne lui avait jamais appartenu. Comme œuvre d'art, la restauration fut incomplète et grossière, mais elle prépara la revendication des Grecs en remplaçant les inscriptions latines par des inscriptions grecques, qui, aux yeux des juges superficiels, font foi aujourd'hui de leur propriété antique.

L'église du Saint-Sépulcre, qui n'a point été bâtie sur un plan uniforme, d'après une pensée architecturale mûre et raisonnée, ne présente point à l'œil ces grandes et nobles lignes que nous admirons dans les monuments religieux du Nord et de l'Occident. Elle n'a point de décoration extérieure ; on la voit mal : son double dôme est masqué de toutes parts par des constructions bâtardes et parasites. Une de ses deux entrées a été murée par les Turcs, comme si on eût voulu ajouter un déshonneur à une mutilation.

Mais qu'importe ! ce n'est point une admiration architecturale que l'on vient chercher ici, c'est un souvenir et une émotion. Ce souvenir, les pierres mêmes le rendent à votre âme ; cette émotion, tout contribue à la faire naître : le nombre et la disposition des sanctuaires, le demi-jour mystérieux des voûtes, cette ornementation byzantine, dont le goût n'est pas toujours pur, mais étrange et saisissante pour nous, avec l'éclat chatoyant de ses étoffes soyeuses et tissées d'argent, le rayonnement de ses riches métaux et ses pierreries étincelantes ; ajoutez cette atmosphère ardente des lampes éternelles, cette vapeur d'encens, qui flotte comme un nuage entre le ciel et la terre, puis à l'intérieur cette foule nombreuse et diverse, assise, debout, accroupie, agenouillée, prosternée, suivant la liturgie de son culte. Les Franciscains en robe de bure, et les reins ceints d'une corde, les Caloyers grecs à la barbe brune, au pâle et fier visage, au regard hautain, à la mine insolente et froide ; les Arméniens en robes flottantes, les Cophtes bronzés, es Abyssins, luisants comme l'ébène, puis les pèlerins, accourus de tous les bouts du monde, les pèlerins de toute condition, de tout rang, de tout sexe et de tout âge, hâlés par la bise, brûlés par le soleil, déchirés par la route, amaigris par les privations, exténués par le jeûne, la besace au dos, le bourdon à la main, errant dans l'église et portant d'une station à l'autre la poudre de leurs sandales.

Cependant à la porte, l'Arabe immobile, ou le Turc indolent, couché sur ses tapis, vous regarde passer, et fait, lui, infidèle, la police du sanctuaire chrétien. Hélas! cette charge de police n'est pas une sinécure !

Il n'y a pas longtemps qu'un *samedi saint*, le pacha de Jérusalem fut obligé de se poster debout, le sabre au poing, à côté de l'autel du Calvaire, pour tenir en respect le couvent grec, qui voulait empêcher le couvent latin de célébrer. Il est fâcheux d'avoir des maîtres, j'en conviens; mais on pourrait plus mal tomber qu'entre les mains des Turcs. Les catholiques ne s'y trompent pas et jusqu'au jour de leur émancipation complète, ils n'échangeraient pas volontiers ce joug mahométan contre la domination soi-disant chrétienne, du schisme *gréco-russe ;* je le sais de bonne part.

Sans aucun doute, cinq cents ans de domination sont bien faits pour augmenter l'arrogance de la victoire, et cette hauteur de dédain que le dogme de l'*Islam* a développée si puissamment dans le cœur des musulmans ; mais un sentiment profond abaisse cette superbe et tempère cette dureté : c'est le sentiment religieux. Les Turcs deviennent de jour en jour plus tolérants : ils ne vous demandent pas comment vous adorez Dieu, il leur suffit de savoir que vous l'adorez. Ils honorent presque tous nos sanctuaires, et, si pour eux le Christ n'est pas le Fils de Dieu, il est du moins un de ses plus grands prophètes.

Le koran, tout en ordonnant de combattre les infidèles avec l'épée, est tolérant pour les religions. Il a exempté de l'impôt de la capitation les patriarches, les moines et leurs serviteurs. Mahomet défendit à ses soldats de tuer les moines, « parce que ce sont *les hommes de la prière.* »

Ce que je dis de cette tolérance ne doit toutefois s'entendre qu'avec une certaine réserve et ne s'applique point aux prêtres turcs, fanatiques par état et intolérants par conscience. J'en ai connu un à Jérusalem qui ne passait jamais devant le Saint-Sépulcre sans s'écrier en levant les mains au ciel : « Ceci est le temple des chiens de chrétiens, puisse Allah les confondre ! »

Depuis Omar jusqu'à nos jours, l'entrée du Saint-Sépulcre ne fut permise que moyennant une redevance plus ou moins forte, selon le temps. Les chrétiens eux-mêmes, pendant la courte période de leur domination, avaient maintenu cette taxe qui vexait le pèlerin, sans grossir de beaucoup le revenu du trésor. Tout récemment, on ne payait plus qu'un para — à peine un centime. Ibrahim-Pacha abolit le tribut par une de ces boutades qui lui étaient familières : il avait pris Jérusalem, et il voulait visiter le Saint-Sépulcre.

Le Saint-Sépulcre attire, comme un aimant, tous les conquérants de la ville sainte.

— Seigneur, dit le Turc en ôtant de sa bouche le tuyau de jasmin de son tchibouk, c'est un para! — Et il tendit la main au pacha...

Le pacha se retourne et ne trouve pas le moindre para dans sa poche.

S'adressant alors à quelqu'un de ses officiers :

— Et toi, dit-il, as-tu un para?

— Non, excellence...

— Eh bien! dit le Turc, entre sans payer... pour cette fois Allah ne dira rien.

Ibrahim entra, puis se retournant vers les gardiens:

— Où j'ai passé, dit-il, tout le monde passera : où je n'ai pas payé, que personne ne paye : le tribut est aboli.

L'entrée est libre aujourd'hui; on ouvre les portes aux heures réglementaires ou sur la demande d'un couvent chrétien : les Turcs sont donc, en fait, moins les gardiens que les concierges du Saint-Sépulcre.

Les souvenirs de la première croisade revivent, jeunes et glorieux, dans toute cette église du Saint-Sépulcre.

Avant l'incendie de 1808, au-dessous de la chapelle de la Croix, non loin de la pierre de l'Onction, on voyait deux tombeaux : c'étaient les sépultures de Godefroy de Bouillon et de son frère Baudouin. On lisait sur leurs tombes ces deux inscriptions écrites en langue latine :

Ici repose l'illustre duc Godefroy de Bouillon,
lequel conquit toute cette terre à la religion chrétienne. Que son
âme règne avec le Christ. Ainsi soit-il.

Le roi Baudoin, autre Judas Machabée, espoir de la patrie,
appui de l'Église, vaillant soutien de l'une et de l'autre, devant
lequel tremblaient, en leur payant tribut, César et l'Égypte,
Dan et l'homicide Damas, est enfermé dans cette
étroite tombe.

Les Grecs ont détruit ces inscriptions qui étaient aux yeux du monde comme le témoignage de notre sang.

A côté du tombeau de Baudoin, les Grecs en vénéraient un autre d'une bien plus haute antiquité : je veux dire le tombeau de Melchisédech, l'ancien roi de Salem et l'ami d'Abraham. Il ne reste plus trace aujourd'hui de ce tombeau.

Non loin de là, dans une chapelle des Latins, on garde pieusement l'épée de fer de Godefroy et ses éperons dorés. On sait que Godefroy n'avait point voulu porter la couronne d'or aux lieux où le Christ avait porté la couronne d'épines : le premier diadème des rois de Jérusalem fut un diadème de fer. La cérémonie toujours solennelle du couronnement avait lieu près du Saint-Sépulcre, et le roi alors, couronne en tête, et l'épée au flanc, s'avançait vers le Calvaire sur lequel il déposait les insignes de sa royauté nouvelle.

L'église du Saint-Sépulcre est sanctifiée par une adoration éternelle. La prière y succède aux cantiques, et la méditation à la prière; mais la louange de Dieu n'y cesse jamais.

Les portes extérieures ne s'ouvrent qu'à cinq ou six heures du matin; mais les diverses communions ont toutes des cloîtres qui communiquent avec l'église, et par lesquels on peut entrer à chaque moment. Les offices commencent à minuit, et se succèdent à des heures réglées, suivant la diversité des rites. Ici la psalmodie lente et grave de la liturgie latine; plus loin les trois notes suraiguës et nasales du chant grec; tantôt les gémissements des prêtres arméniens, ou bien encore la clochette des Cophtes, ou les cymbales abyssiniennes répondant aux grandes voix de l'orgue latin. Je ne sais, mais puisque d'ici longtemps peut-être nous n'aurons le bonheur de faire ensemble une seule famille, n'ayant plus qu'une foi, une loi, un cœur et une âme, il est peut-être bien que cette église reste la propriété de tous, et que chacun, selon son culte, en sa langue, et à son heure, puisse venir à ce tombeau vide, qui est le gage de nos communes espérances.

Chaque communion veut être incessamment représentée aux pieds du Saint-Sépulcre : chaque couvent veut avoir des gardiens auprès de ses sanctuaires; mais la place est étroite et les rangs sont pressés.

Les Franciscains ont toujours dix de leurs Pères enfermés dans leur petit cloître attenant à l'église : veiller sur la propriété des Latins, desservir le chœur, entendre les pèlerins en confession, tel est le triple devoir de ces sentinelles détachées que l'on ne relève que tous les trois mois. Pendant ces trois mois, ils ne sortent pas de l'église, ou du petit cloître obscur, humide et malsain, situé derrière leur chapelle. Au bout de ces trois mois, ce ne sont plus des hommes, ce sont des fantômes errants, des spectres qui marchent. Ni les plombs de Venise, ni les cachots du Spielberg n'ont de pareilles rigueurs; mais ces rigueurs volontaires sont adoucies par la foi, et rendues aimables par la charité.

On montre dans ce petit cloître une chambre occupée jadis par sainte Hélène, et depuis par Chateaubriand, qui paya son hospitalité avec de la gloire.

L'état primitif des lieux, *l'état de nature*, ne se reconnaît guère dans l'église du Saint-Sépulcre : la piété sincère, mais peu éclairée des premiers siècles y apporta de regrettables altérations. Le Calvaire était un immense bloc de rocher; il a été tellement réduit, qu'à son point culminant il ne présente plus qu'une surface plane d'environ quatre mètres de long sur trois mètres de large. C'est un calcaire compacte, blanc, mais nuancé de teintes rosées; il est d'une extrême dureté. La pierre de *l'Onction* appartient à la même masse; elle tient au bloc de calcaire du Golgotha, mais elle change de teinte, les nuances verdâtres remplacent les nuances roses du Calvaire. La cavité dans laquelle la croix fut plantée resta béante jusqu'au XVIe siècle; on la recouvrit alors d'une plaque d'argent ciselée avec des bas-reliefs représentant *le crucifiement, la descente de croix, la résurrection, les saintes femmes au tombeau.* On remarquait, entre de gracieuses arabesques, les glands, les raisins et autres emblèmes empruntés à la Flore symbolique du moyen âge. Longtemps on n'osa pas placer d'autels sur la cime du rocher où la victime volontaire s'était elle-même immolée : — une terreur sainte en éloignait les pontifes les plus saints. — Un jour les Grecs ont brisé le rocher et placé un autel de marbre au lieu où la croix fut dressée. Le fragment enlevé était destiné à Constantinople : on l'embarqua au port de Jaffa; le navire fit naufrage, et Constantinople n'a pas gagné ce que Jérusalem a perdu.

On peut apercevoir à peu près deux mètres de la déchirure du Calvaire, elle est verticale et forme comme une ligne ondulée, se dirigeant de l'est à l'ouest.

II

La voie douloureuse.

Au point de vue historique comme au point de vue religieux, la *Passion* du Christ est le plus grand fait dont Jérusalem ait jamais été le témoin; aussi, pèlerins ou voyageurs, tous recherchent soigneusement le théâtre des moindres scènes de ce drame divin.

Après l'église du Saint-Sépulcre, qui en a vu le dénoûment suprême, les premiers pas de l'étranger le portent sur cette *Voie douloureuse*, par laquelle Jésus s'avança de chez Pilate jusqu'au Calvaire, et que les chrétiens, qui la parcourent depuis tant de siècles, appellent encore le *Chemin de la Croix.*

La maison de Pilate est la première station de la Voie douloureuse.

Cette maison, qui servit longtemps de demeure aux Pachas de Jérusalem, n'est plus maintenant qu'une ruine, dont la date originelle m'a semblé douteuse. Cependant, on nous a fait voir, encadrée dans un pan de muraille qui tombe, la fenêtre d'où Pilate, montrant aux juifs le Christ battu de verges, couronné d'épines et vêtu d'écarlate, prononça ces paroles qui retentissent encore à travers les siècles : *Ecce homo!* Voilà l'homme. Les Romains appelaient ce lieu *lithostrotos*, le siége de pierre. Jésus, pour entrer dans le prétoire de Pilate, monta sur les vingt-huit degrés de l'escalier de marbre, que l'on connaît aujourd'hui sous le nom de *Scala-Santa*, près de la basilique constantinienne de Saint-Jean de Latran. Les fidèles l'ont usé sous les genoux de la prière.

La seconde station nous arrête à quelque distance de la fenêtre de l'*Ecce homo*, dans une des cours du prétoire, à l'endroit même où Jésus fut chargé de sa croix.

« Et, portant sa croix, il sortit, » dit saint Jean.

A deux cents pas de là, à l'angle de deux rues — la place est marquée par un fût de colonne renversée — Jésus tomba sous le poids de cette croix; le prophète l'avait dit: « Ma force s'est desséchée comme l'argile. » C'est la troisième station.

La quatrième eut lieu cinquante pas plus loin. Jésus rencontre sa mère. N'est-ce point le cas de s'écrier avec Jérémie : O fille de Jérusalem, à qui vous comparer? votre douleur est vaste comme la mer! La Vierge tomba comme morte, et ne put prononcer une parole : le Christ ne lui dit que ces seuls mots : O Mère, je vous salue. *Salve, Mater.*

On mesure encore cinquante pas, et l'on trouve une large entaille dans un vieux mur, marquant la place où Simon le Cyrénéen aida Jésus à porter sa croix. « Ils rencontrèrent un homme de Cyrène qu'ils contraignirent de porter la croix avec lui. »

Ici, le chemin fait un coude, passe de l'ouest au nord, et le cortége laisse sur sa droite la pierre de Lazare le Pauvre; sur sa gauche, les ruines de ce qui fut la maison de Nabal le mauvais riche.

« Il y avait un homme riche, vêtu de pourpre et de lin, et qui se traitait magnifiquement tous les jours.

« Il y avait aussi un pauvre appelé Lazare, tout couvert d'ulcères, couché à sa porte, qui eût bien voulu se rassasier des miettes qui tombaient de la table du riche, mais personne ne lui en donnait; et les chiens venaient lécher ses plaies.

« Or, il arriva que le pauvre mourut, et fut emporté par les Anges dans le sein d'Abraham. Le riche mourut aussi, et eut l'enfer pour sépulcre. »

La sixième station consacre et perpétue la piété de Bérénice, celle que nous appelons aujourd'hui Véronique. Jésus montait péniblement au Calvaire, tel qu'Isaïe l'avait *vu* huit siècles auparavant. « Il n'a ni apparence ni beauté... il nous a paru un objet de mépris et le dernier des hommes. La splendeur de son visage était cachée. » Bérénice, cependant, reconnut et adora son maître. Elle se jeta au-devant de ses pas, et, bravant les bourreaux, essuya sa face souillée de sueur et de sang. On rapporte que la ressemblance divine s'imprima sur les trois plis du voile, et que depuis lors, Bérénice s'appela *Véronique*, la vraie image. On montre encore aujourd'hui une porte basse, que l'on dit être celle de sa maison.

Un peu plus loin, une seconde entaille dans le mur indique le lieu où le Christ tomba pour la deuxième fois.

Nous trouvons, au bout de cette rue, la porte judiciaire : la ville autrefois s'arrêtait là. Les condamnés sortaient par cette porte dont on voit encore la trace et les ruines, pour se rendre au lieu même de leur supplice, hors de la ville.

Après avoir passé la maison de Nabal, la route reprend, vers la droite, la direction de l'ouest. A l'entrée de la rue qui monte au Calvaire, le Christ rencontra ce groupe pieux de femmes qui pleuraient. C'est alors que, se tournant vers elles et oubliant sa douleur, il leur dit : « Filles de Jérusalem, ne pleurez pas sur moi, pleurez sur vous-mêmes et sur vos enfants ! »

Une colonne renversée, tout près des murs de l'église du Saint-Sépulcre, indique l'emplacement de la neuvième station où Jésus tomba pour la troisième fois.

Les cinq autres stations sont maintenant renfermées dans l'église, et nous les avons déjà visitées comme sanctuaires.

Les Turcs aujourd'hui vous laissent, sans persécution et sans avanie, parcourir les mille ou douze cents pas de la *Voie douloureuse.*

Il n'y a point en ce monde une route plus mélancolique. L'aspect lugubre des lieux que l'on traverse ajoute encore les tristesses du présent au deuil du passé : partout, la désolation et la ruine ; la trace du fer et du feu ; le souvenir du sang ou des larmes : partout une image de mort :

Plurima mortis imago !

III

David et Salomon.

Aperçue de loin, derrière ses murailles féodales, les tours aux flancs, les créneaux au front, couronnée de ses mosquées et de ses minarets, avec le panache ondoyant des palmiers, Jérusalem fait encore illusion; on se laisse prendre à cette belle et noble apparence: la vieille reine farde sa pâleur et dissimule ses rides.

Quand on approche, on ne voit que trop les ravages du temps et des hommes : la main implacable et les mains violentes!

Les rues obscures, tortueuses, effondrées, interrompues, se traînent entre des décombres ou des masures hideuses. De temps en temps, un pan de muraille où l'on reconnaît l'architecture romaine, où l'on devine l'art hébraïque, redouble par le contraste d'une idée de force, de grandeur et de beauté, ce qu'il y a de poignant et d'amer dans l'abaissement et la dégradation qui nous entourent. Et l'on se demande alors: Qu'est donc devenue cette splendeur ou cet éclat, dont Dieu avait orné la ville de son choix?

Quelle suite inouïe de revers et de prospérités, dans

laquelle Dieu fut toujours trouvé fidèle à ses promesses et à ses menaces!

Où donc est le temps où le prophète s'écriait : « Je me suis réjoui lorsqu'on m'a dit : Nous irons dans la maison du Seigneur. Déjà mes pieds se sont arrêtés dans tes parvis, ô Jérusalem ! »

La Jérusalem de l'histoire commence avec David. C'est lui qui donna son importance à la ville, et ce n'est pas sans raison, qu'aujourd'hui encore on l'appelle la cité de David.

La Jérusalem de David et du Christ est-elle la *Salem* antique où régnait Melchisédech, prince et prêtre, qui vint saluer et bénir Abraham au retour de son expédition contre les rois de la Pentapole? C'est un problème que la critique n'a point encore résolu; on a cru plus qu'on n'a prouvé : les traditions ont placé l'Eden dans la Palestine, le sépulcre d'Adam sur le Calvaire, la résurrection de la chair et le Jugement dernier dans la vallée de Josaphat.

Jérusalem est donc le théâtre de toutes les grandes scènes du drame religieux, et Jacques de Vitry n'avait pas tort, quand il disait, au livre III de ses histoires, qu'elle était le *vray centre du monde.*

Quand Josué, sous les ordres de Dieu, envahit la Palestine, Jérusalem s'appelait Jébus. Son roi, Adonibeseck, fut vaincu à la journée de Gabaon, avec ses alliés : les enfants de Juda mirent le siége devant Jérusalem, et s'emparèrent de la partie basse de la ville. La citadelle, assise sur le mont Sion, resta aux Jébuséens.

David, roi, s'en rendit maître, agrandit la ville et recula ses murailles qui alors entourèrent les trois collines d'Acra, de Sion et de Moriah.

C'est sur le mont Sion que David bâtit son palais éclatant; où trouver un horizon plus poétique et plus grandiose? Ici, le torrent de Cédron, plus d'une fois traversé par la suite du roi, « *De torrente in via bibit;* » là, les flots murmurants et inspirateurs de Siloé, maintenant taris; plus loin la vallée de Josaphat, et à travers le flanc déchiré des montagnes, le cours du Jourdain, ombragé de sycomores, et les plaines de sable où dorment les flots de la mer Morte.

Sous la main de David, Jérusalem devint belle entre toutes les villes; il acheva l'œuvre de la conquête, assit la nation dans la paix d'une possession incontestée, et ramena dans la ville l'Arche sainte, exilée, depuis cent cinquante ans, dans une obscure bourgade de la tribu de Juda.

Plus grand, peut-être, par son successeur que par lui-même, David prépara le règne brillant de Salomon : il fut pour son fils ce que fut, chez nous, Pépin pour Charlemagne, ce magnifique Salomon de l'Occident.

Depuis la sortie d'Egypte, les juifs avaient toujours la pensée et le désir d'élever un temple à Jehovah, qui n'avait eu jusque-là que des tentes flottantes et des tabernacles errants.

David rassembla tous les trésors de l'Orient; il amassa l'or et l'argent, le fer et l'airain, les bois précieux et les marbres rares ; il entassa auprès du mont Sion les dépouilles opimes de l'Idumée, de la Phénicie, de la Syrie, de Moab et d'Ammon; mais, parce qu'il avait versé trop de sang, Dieu ne lui permit pas d'élever son temple : le sacrifice que Dieu aime, c'est avant tout le sacrifice de mains pures.

Salomon recueillit dans la paix tous les fruits de la conquête. Diplomate plus que guerrier, où son père avait combattu il négocia. Ses vaisseaux visitèrent l'Egypte, nourrice du vieux monde, les côtes de l'Asie Mineure et les îles de l'archipel Grec : ses longues caravanes couraient des bords de l'Euphrate aux rivages de la mer Rouge; il tendait une main à l'Arabie et l'autre aux Indes; il bâtissait Palmyre comme un vaste entrepôt de Babylone à Jérusalem, et amenait dans les comptoirs d'Asiongaber les trésors du monde oriental.

Hiram, fidèle ami de David, ne se contenta pas de lui envoyer les cèdres incorruptibles du Liban, il y joignit les ouvriers sidoniens les plus habiles à tailler le bois, à ciseler la pierre, à polir le métal. Les chiffres seuls ont assez d'éloquence pour donner une juste idée de cette incroyable activité. Je ne parle pas des ouvriers juifs; mais soixante-dix mille étrangers portaient les fardeaux, quatre-vingt mille façonnaient les matières brutes d'après le plan de l'architecte, et leur travail fut tellement précis que, dans la construction du Temple, on n'entendit pas un coup de marteau ou le grincement d'une scie.

Le Temple fut commencé la quatrième année du règne de Salomon : il devait former comme une ville sur le mont Moriah. Le marbre et le porphyre ne furent pas trop précieux pour ses fondements. On environna le Temple d'une triple enceinte : la première était réservée aux gentils, ou étrangers, la seconde aux Israélites — au peuple — la troisième aux lévites et aux prêtres. Le Temple lui-même s'élevait au milieu de la dernière enceinte et renfermait l'Arche d'alliance; ses lambris de cèdre étaient recouverts de lames d'or; on avait sculpté et moulé des figures sur toutes ses murailles ; les mosaïques étincelaient sur les pavés éblouissants.

Le Temple fut achevé en sept années, et Salomon résolut d'en faire la dédicace avec une magnificence qui étonnât le monde. Ce fut une fête nationale; Israël accourut; les anciens du peuple, les chefs des tribus, les princes des familles se pressaient autour de l'Arche, qui fut transportée de la citadelle de Sion dans le sanctuaire du Temple. Le roi ouvrait la marche, suivi de sa cour; les lévites, divisés en chœurs alternants, chantaient les Cantiques de David; d'autres pinçaient d'un doigt diligent les cordes du kinnor et du nébel, ou remplissaient d'un souffle vaillant le schophar, l'ougab et le néhila ; d'autres enfin faisaient retentir le toph et le celcelim éclatant. Salomon, réunissant pour un jour les attributs du roi et du prêtre, comme Melchisédech, adressa à Dieu une de ces prières où la grandeur du style semble s'égaler à la majesté de celui qu'on veut louer. Soudain le tabernacle se remplit d'une nuée lumineuse; une flamme ardente descendit du ciel, dévora la victime, illumina le Temple, et le peuple, qui crut voir comme une ombre de Dieu, tomba le visage contre terre.

Depuis ce jour, ce fut un usage consacré par la liturgie hébraïque de ne prononcer qu'une fois l'an, dans le sanctuaire le plus intime, le nom de Jéhovah; et à l'instant même où il sortait de la bouche du grand-prêtre, le bruit des instruments et des voix, déchaîné comme une tempête, empêchait que ces syllabes redoutées n'arrivassent jusqu'aux oreilles du peuple.

Après avoir élevé le temple de Dieu, Salomon voulut se bâtir un palais. Nous n'en redirons point ici les splendeurs : elles brillent encore dans les souvenirs de l'Orient; ni le temps, ni le malheur n'a pu les éteindre. Les Hébreux jurent encore par le trône de Salomon, ce trône d'ivoire, enrichi d'or, que deux lions soutenaient de leurs vastes reins.

Jérusalem atteignit en quelques années l'apogée de sa gloire et de sa prospérité. On adorait le bruit de son nom et le monde craignait ses armes : elle avait assuré la paix par la guerre, et maintenant le commerce, comme un fleuve, y roulait ses flots d'or. La reine de Saba ne fut que l'interprète de l'univers quand elle dit à Salomon :

« Ce qu'on avait publié dans mon royaume touchant vos discours et votre sagesse est bien vrai... J'ai vu de mes yeux, et j'ai constaté qu'on ne m'avait dit qu'une moitié de la vérité; votre sagesse et vos actes dépassent la renommée. Heureux ceux qui sont à vous! Heureux vos serviteurs, qui jouissent de votre présence et entendent vos paroles! Gloire au Seigneur votre Dieu, qui a mis en vous son affection, et vous a fait asseoir sur le trône d'Israël! »

Il n'y a point de solstice dans la prospérité des nations : leur soleil ne reste jamais immobile au zénith du ciel ; il monte ou il descend. Le déclin commença du vivant même de Salomon, et aujourd'hui de toutes les œuvres de ses mains il ne reste plus qu'une citerne vide !

Le schisme des dix tribus fut le premier coup porté à la puissance de Jérusalem : ce ne fut plus la capitale d'un grand peuple ; ce fut la ville d'une tribu. Bientôt Sésac, roi d'Egypte, la prit et la pilla : il enleva les trésors du Temple et du palais, et ces lances d'or, et ces boucliers suspendus aux lambris de cèdre de Salomon. La jeunesse de Joas répara les malheurs du Temple ; les Israélites, par des offrandes volontaires, secondèrent la piété du roi ; mais le sang d'Achab ne put longtemps se démentir : les tabernacles du vrai Dieu furent abandonnés, et la foule, se tournant vers les hauts lieux, adora les idoles muettes.

« Que le Seigneur me voie et qu'il me venge ! » s'écria en tombant le fils de Joiada.

Et le Seigneur le vit et le vengea.

Les Syriens envahirent la Judée, et mirent le siége devant Jérusalem. Le roi, pour acheter la retraite de ses ennemis, dépouilla de nouveau le Temple et les palais de Jérusalem. Un an plus tard, le roi d'Israël entra dans Jérusalem prise d'assaut par une brèche de quatre cents coudées. Quelques années prospères du roi Osias ne pouvaient effacer tant de malheurs ; la trêve passagère était toujours suivie d'une guerre plus cruelle et d'un ravage plus complet.

On n'écoutait cependant ni la menace des prophètes ni leur prière. La cithare et la harpe, la flûte et les tambours avec le vin et l'allégresse, étaient aux festins de Juda, pendant que l'ennemi marchait contre lui. Appelé comme défenseur et comme ami, le roi d'Assyrie reste en vainqueur et s'impose en maître : la ville est ensanglantée par les cruautés de Manassès, le Temple souillé de ses idolâtries : les Assyriens, vengeurs de Dieu, reviennent alors et l'emmènent avec son peuple en captivité. Les juifs vont suspendre leurs harpes détendues aux saules de l'Euphrate, et les prophètes racontent, à l'avance, la série de leurs malheurs avec des gémissements plus douloureux que ces malheurs mêmes.

Après les soixante-dix ans de captivité, Zorobabel rebâtit un second temple sur les ruines du premier. Ce temple, qui n'était qu'une ombre de l'autre, ne fut achevé qu'au bout de vingt ans; la ville en mit quatre-vingts à sortir de ses ruines.

Il y a des ruines que l'on relève plus difficilement encore : ce sont les ruines de l'âme, de la moralité détruite et de la probité perdue. La captivité corrompit les juifs; ils prirent des dieux étrangers et des femmes étrangères.

Ils perdirent jusqu'à leur langue! l'hébreu, chez les Hébreux mêmes, ne fut plus qu'une langue savante : Daniel prophétise en syriaque pour être compris des siens, les lettres du Pentateuque sont inconnues des enfants qui n'épellent plus que l'alphabet chaldéen. Il y eut encore cependant comme une paix de Dieu; la prospérité sembla renaître, et chacun, comme aux anciens jours, put se reposer sous sa vigne et sous son figuier : Dieu ne pouvait se détacher tout d'un coup du peuple qu'il avait tant aimé.

Jérusalem fléchit Alexandre : le génie grec connut toujours la clémence.

Le conquérant devant qui déjà la terre se taisait, faisait alors le siége de Tyr, antique alliée de Jérusalem. Il envoya demander la soumission des juifs et des subsides. Le grand-prêtre Jaddus allégua la fidélité due aux Perses, et le souvenir des bienfaits des Grecs. Pour Alexandre, ce n'était pas là une raison suffisante; il prend Tyr, entre en Palestine, renverse tout sur son passage, et se présente devant la ville.

Cependant, voilà que le grand-prêtre, vêtu de blanc, couronné de fleurs, entouré de ses prêtres et suivi du peuple, fait ouvrir les portes et s'avance vers l'armée victorieuse.

Dès qu'Alexandre aperçut le pontife, la tiare sur la tête et portant au front la lame d'or, où rayonnait le nom de Jéhovah, il quitta ses rangs et vint se prosterner devant Jaddus. « Ce n'est pas, dit-il, un homme que j'adore ainsi, c'est Dieu même. » Il fut ensuite introduit dans la ville, visita le temple et offrit des sacrifices au Très-Haut, en se conformant aux rites judaïques. Il partit, après avoir accordé aux juifs force immunités et priviléges. Mais, pour une nation, les priviléges qu'elle reçoit ne valent pas la liberté qu'elle se donne.

Alexandre mort, les juifs passèrent d'un maître à

l'autre. Ce n'était déjà plus un peuple dans la grande et noble acception du mot. Le lion de Juda eut, du moins, la gloire d'un réveil héroïque dans son trépas même, et les Machabées lui préparèrent de spendides funérailles.

Les Romains n'eurent pas la peine de vaincre; avec eux, ce fut la fin de tout; ils imposèrent aux juifs un roi étranger, Hérode l'Iduméen.

Hérode fut un tyran magnifique; il remplit la ville de palais et de jardins, releva ses murailles, les fortifia de tours imprenables, et bâtit un temple, supérieur en étendue, égal en magnificence au Temple de Salomon lui-même.

Le Christ naquit au milieu de ces malheurs, pleura sur Jérusalem, l'arrosa de ses larmes, de sa sueur et de son sang, et lui laissa l'ineffaçable malédiction de sa mort.

La révolte des juifs contre les Romains fut le signal de leur perte. On sait les horreurs du siége de Titus et cet assaut, le plus terrible que l'histoire ait enregistré dans les annales sanglantes de la guerre. Le feu, le fer, la famine et la peste se conjuraient pour la ruine d'un peuple. En deux mois et demi plus de cent mille morts sortirent par une seule porte. Un brandon est lancé contre le temple; — l'incendie, le massacre et le pillage passèrent sur la ville, et Titus entra par la brèche dans Jérusalem, qui déjà n'était plus qu'un amas de ruines; chaque soldat de la dixième légion reçut, comme récompense et comme souvenir, une médaille qui représentait une femme pleurant sous un palmier : c'était l'image de la Judée captive.

On passa la charrue sur les ruines. Titus ne fit respecter que trois tours, comme témoignage de l'antique puissance que venait d'abattre la valeur romaine. Il fit aussi conserver les portes du mur d'enceinte qui couvrait la ville à l'occident, pour qu'elle pût servir de défense à sa garnison. Il emporta le trésor du temple, les rideaux de pourpre du sanctuaire, les vases sacrés, la table de cèdre revêtue de lames d'or et le chandelier à sept branches, sculpté aujourd'hui sur l'arc-de-triomphe qui éternise sa victoire.

Les juifs furent dispersés à travers les nations. La Jérusalem que nous verrons sortir de ces ruines ne sera plus la ville des juifs : ce sera la ville du monde chrétien, et les juifs y seront plus étrangers que nous-mêmes.

Depuis ce moment, la véritable histoire de Jérusalem fut l'histoire du Saint-Sépulcre ; nous l'avons écrite ailleurs.

Quand on entre à Jérusalem par la porte de Jaffa, on se trouve tout d'abord dans la ville du roi David, et l'on gravit le mont Sion. Nous avons la citadelle à droite, *el Kal'ah* — c'est une tour carrée assez forte, entourée de fossés et protégée par de hautes murailles. — Cette tour s'appelait autrefois la tour de David ; le moyen âge la nomma tour des Pisans. — Elle s'élève au lieu même où Hérode avait bâti la tour Hippicus. Il paraît que l'emplacement était bon; les habiles prétendent reconnaître les traces de ces diverses architectures, tandis que de plus habiles encore affirment que c'est la Tour même de David que nous voyons aujourd'hui. — C'est sur le mont Sion que le roi avait bâti son palais; c'est là qu'il reçut l'Arche d'alliance dans le tabernacle dressé pour elle; c'est là qu'il vit et aima celle qui fut l'épouse d'Urie et la mère de Salomon; c'est là qu'il écrivit dans les larmes ces Psaumes encore murmurés par tant de bouches pénitentes. — Salomon, à son tour, bâtit son palais de cèdre sur le mont Sion; il y rendit le jugement qui porte encore son nom et y reçut, au milieu des splendeurs de sa cour, la jeune reine de Saba. C'était aussi sur le mont Sion qu'Hérode avait placé son palais, dont il ne reste plus le moindre vestige aujourd'hui.

L'Église vénère comme des sanctuaires les diverses constructions situées à l'extrémité méridionale du mont Sion. Elles nous rappellent les plus grands souvenirs du monde chrétien. Ici, Jésus institua l'Eucharistie et lava les pieds de ses disciples; là, il leur apparut le jour même de sa résurrection, et huit jours après, quand il fit voir et toucher ses plaies à l'apôtre incrédule; là, enfin, quand les cinquante jours après la pâque furent accomplis, le Saint-Esprit, sous la forme d'une colombe, descendit sur les apôtres, qui se dispersèrent pour aller prêcher par toute la terre la bonne nouvelle de l'Évangile.

Le Cénacle est aujourd'hui converti en mosquée.

On montre, adossée à cette mosquée même, la maison où la sainte Vierge, après la mort de son Fils, vécut ses dernières années dans le recueillement et la prière. — On dit qu'elle y mourut; je n'ose me prononcer dans l'incertitude où me jettent des traditions également vénérables. Antioche réclame aussi pour elle les derniers jours de la Mère de Dieu. On dit encore à Jérusalem que les tombeaux de David et de Salomon étaient situés sur cette montagne....... c'est du moins dans une des cavernes de Sion que le gouverneur fait déposer chaque année les présents que le sultan, suivant l'ancien usage, envoie de Constantinople au tombeau du roi-prophète.

Dans la partie orientale de la ville, de l'autre côté de la vallée de Josaphat, s'élève une autre montagne non moins fameuse, le mont Moriah, dont le nom hébreu signifie : *domination du Seigneur.*

Cette montagne fut l'autel d'un sacrifice à jamais célèbre. Pendant qu'Abraham était à Bersabée, Dieu lui dit : « Prends ton fils, ton unique, que tu chéris, Isaac; va dans la terre de Moriah, et offre-le en sacrifice sur une des montagnes que je te dirai. »

C'est sur le mont Moriah que se trouvait l'aire où les fils d'Aran le Jébuséen battaient le blé, quand le prophète Gad ordonna à David d'y bâtir un autel et d'offrir des hosties pacifiques à Jéhovah, dont l'ange exterminateur dévorait Israël... Plus tard, à cette même place, s'éleva le temple de Salomon, où s'élève aujourd'hui la mosquée des Khalifes — une des merveilles de la Jérusalem moderne.

IV

Omar et Saladin.

Lorsque le khalife Omar, après la victoire de ses lieutenants, vint recevoir la soumission de la ville conquise, il entra dans Jérusalem en donnant toutes les marques extérieures de l'humilité, et vêtu par dévotion d'un vieux cilice de poils de chameau.

Il visita les lieux saints et demanda au patriarche Sophronius, qui l'accompagnait, une place où il pût faire sa prière. C'était l'heure de midi, et tous deux se trouvaient alors dans l'église du Saint-Sépulcre.

« Commandeur des croyants, dit le patriarche, fais ta prière. »

Omar refusa et sortit de l'église.

Une fois dehors, il étendit son manteau par terre et pria.

Quant il eut terminé : « Je n'ai pas voulu prier dans ton église, dit-il au patriarche, parce que partout où le khalife a prié les musulmans élèvent une mosquée, et ils se seraient emparés de ce lieu que je te laisse. »

Omar recueillit avidement les traditions relatives aux patriarches de l'ancienne loi, et demanda ce qu'était devenue la pierre sur laquelle Jacob avait reposé sa tête la nuit où il eut cette vision fameuse des anges montant de la terre au ciel par une échelle sans fin. On lui indiqua l'emplacement du temple : il s'y rendit et témoigna son indignation de le trouver rempli d'immondices. Il en prit tout ce que pouvait contenir le pan de sa robe et les porta au loin. Tout vainqueur a ses courtisans; les courtisans d'Omar firent comme lui.

Bientôt Omar résolut de bâtir sur ce lieu même une mosquée digne, par sa magnificence, de rappeler les temples d'Hérode et de Salomon. -- Omar commença cette mosquée, mais elle ne fut achevée que par ses successeurs.

On la découvre assez bien des terrasses de la maison de Pilate, aujourd'hui convertie en caserne, et dont un mot du gouverneur vous ouvre facilement la porte.

Le parvis de la mosquée a cinq cent vingt pas de long et trois cent soixante-dix de large. Les murs de la ville lui servent de limites à l'est et au midi. A l'ouest, il est borné par les médresès ou écoles publiques des enfants turcs, et par des oratoires particuliers. On y pénètre de ce côté par quatre portiques. Au nord, le parvis est fermé par des maisons et par un mur percé de portes. Quatre minarets, d'une légère et gracieuse architecture, s'élèvent sur les côtés de cette enceinte. Çà et là, rares et clair-semés, croissent quelques cyprès, moins pour donner de l'ombre que pour montrer qu'on n'en a pas.

La mosquée s'élève au centre du parvis; elle est

couronnée d'un dôme sphérique surmonté d'un croissant doré dont les cornes semblent se rejoindre. La forme générale de la mosquée est celle d'un octogone régulier : elle est bâtie sur une plate-forme élevée, à laquelle conduit un escalier de six marches larges et faciles. On entre par quatre portes qui regardent les quatre points cardinaux ; la porte du nord est décorée d'un superbe portique s'appuyant sur huit colonnes de marbre d'ordre corinthien; les trois autres portes n'ont qu'un petit porche en bois, mais d'un travail élégant et fin. Les quatre côtés qui n'ont pas de portes s'ouvrent par huit fenêtres; les quatre autres en ont cinq seulement. Toutes ces fenêtres ont des verres de couleur. L'intérieur du parvis est pavé de marbre blanc. Le bas des murs est extérieurement revêtu de marbre blanc et bleu. La frise et la partie supérieure des murs sont recouvertes de petits carreaux en émail de couleur, où le bleu domine ; ces petits carreaux sont entremêlés d'arabesques et de versets du Koran : le tout forme une mosaïque à la fois étrange et gracieuse; au milieu des caprices les plus inattendus de la forme, l'Orient garde toujours le sentiment juste de la couleur et l'instinct vrai de la nuance. Le toit, recouvert de plomb, s'élève par une inclinaison douce jusqu'à la lanterne placée au-dessus du dôme ; les arêtes de cette lanterne sont également recouvertes de carreaux aux nuances vives et aux brillantes couleurs.

L'ensemble de cette architecture donne l'idée de l'élégance et de la légèreté bien plus que de la grandeur et de la force.

Les musulmans défendent avec un soin jaloux l'entrée de leur mosquée : y pénétrer, c'est pour un chrétien un crime toujours puni de mort. Quand vous errez trop près de ses murs, on vous court *sus* comme à une bête malfaisante. J'en demandais la raison à un Turc tolérant.

— Que voulez-vous, me répondit-il, on se défend comme on peut. Le peuple est persuadé qu'Allah ne pourrait rien refuser à un chrétien qui le prierait dans la mosquée d'El Sachrah..... Cela pourrait êre dangereux pour nous, si vous lui demandiez Jérusalem ou Constantinople.

On ne connaît donc l'intérieur du temple que par les récits de quelques voyageurs téméraires ou par les indiscrétions d'un Turc sceptique à l'endroit de Mahomet. L'espèce en est rare.

Voici ce que nous avons recueilli un peu de toutes mains et sur la foi des témoignages (1).

Les parois intérieures de la mosquée sont revêtues de marbre blanc : les dalles du pavé sont de grandes tables de marbre de diverses couleurs. — Trente-deux colonnes de marbre gris ornent le pourtour ; seize soutiennent la première voûte : les seize autres, appuyées sur le chapiteau des premières, supportent le dôme lui-même. Tout autour de ces colonnes on remarque de beaux ouvrages de cuivre et de fer doré,

(1) Nous devons la plupart de ces renseignements aux communications obligeantes de M. le comte d'Escayrac de Lauture, un des Européens les plus familiers avec la vie et les mystères de l'Orient.

ciselés artistement. Ce fer et ce cuivre, façonnés en chandeliers gigantesques, peuvent porter jusqu'à sept mille lampes, qu'on allume toutes à la fois pendant les cérémonies du Rhamadan.

La *nimbah*, ou chaire du *kaled*, est une petite tour de marbre qui s'élève au milieu de la mosquée. On y monte par dix-huit degrés. — Tout près de la porte de l'occident on montre aux pèlerins musulmans deux colonnes assez rapprochées. Si le pèlerin passe librement dans l'intervalle, c'est un signe infaillible de prédestination; il peut engraisser sans crainte le reste de sa vie. Si, au contraire, c'était un chrétien qui tentât l'épreuve, les deux colonnes, poussées par la main puissante d'Allah, se rapprocheraient violemment et le briseraient dans leur étreinte. Les Turcs doués d'embonpoint ne tentent pas non plus l'épreuve.

Mais la principale relique de cette mosquée, c'est la pierre même qu'on appelle Sachrah, et qui occupe le centre du parvis, formant, dans l'espace laissé libre par le péristyle des colonnes, une saillie abrupte et violente : c'est le rocher avec ses aspérités, que ni le ciseau ni le marteau n'ont touchés. Le rocher était jadis à fleur du sol, mais quand le pied glorieux de Mahomet quitta la terre pour les cieux, la terre se souleva pour le suivre, et le rocher jaillit.

On voit, dans la petite galerie qui circule autour de la roche Sachrah, l'endroit où se tenait *Éblis* — c'est le diable musulman — pendant qu'il tentait le prophète.

Un escalier intérieur vous fait pénétrer dans une grotte étroite et obscure située sous la roche Sachrah.

Cinq objets y doivent attirer tout d'abord l'attention du croyant : c'est d'abord la pierre sur laquelle priait Salomon, puis les *Mehrabs*, espèces d'oratoires où demeurent éternellement présents, quoique invisibles aux hommes, les quatre anges supérieurs que le Koran admet comme l'Evangile : Asraïb, Israïb, Gabraïl et Michaïl.

Parmi les curiosités de la mosquée, il faut citer encore une pierre noire, d'un mètre carré, que l'on voit auprès des deux colonnes et qui fait saillie dans le pavé. Cette pierre, percée de vingt-trois trous, est en grande vénération chez les musulmans. Elle servait, disent-ils, de marchepied aux prophètes quand ils descendaient de cheval pour entrer dans le temple. — C'est sur elle aussi que descendit Mahomet quand il fit le voyage du paradis sur sa jument « El Borach, » pour traiter d'affaires avec Dieu.

On rapporte que le patriarche Sophronius ne put supporter la vue de cet édifice consacré au culte des infidèles et qu'il mourut de désespoir..... Par combien de malheurs nos patriarches ont-ils appris depuis ce temps-là la patience et la résignation !

Enfin, signalons encore une autre pierre qui ne serait autre que celle sur laquelle le Christ aurait posé le pied droit en montant au ciel.

Pendant l'occupation qui suivit la première croisade la mosquée d'Omar fut convertie en église chrétienne, et un légat d'Innocent II en fit la dédicace vers le milieu du XIIe siècle.

Quand Jérusalem retomba aux mains des infidèles,

la mosquée suivit le sort de la ville et redevint musulmane. Telles sont les fortunes de la guerre.

Les premiers soins de Saladin s'appliquèrent à restaurer la célèbre mosquée. — Il fournit en abondance des marbres et des métaux. Son neveu, comme jadis Omar, se rendit à la *Sachrah*, nettoya le sol de toute immondice, fit disparaître jusqu'au moindre vestige des images chrétiennes, lava les murs et les lambris à plusieurs reprises et les parfuma d'eau de rose. — Sur la coupole de la Sachrah, les chrétiens avaient planté une grande croix d'or. Quand la ville se fut rendue, plusieurs musulmans s'élancèrent pour l'abattre : elle tomba aux cris de joie des uns, aux cris de désespoir des autres, et pour emprunter les paroles naïves du chroniqueur, « le bruit fut tel qu'on eût cru que le monde allait s'abîmer. »

Jamais, depuis ce jour, la croix n'a plus brillé sur le dôme de la Sachrah.

Non loin du temple d'Omar, on nous a montré la petite mosquée d'*El-Ashab*, — mosquée des disciples, qui ne cherche point à dissimuler sa forme d'église chrétienne. C'était autrefois l'église de la Présentation, dédiée à la Vierge, qui en ce lieu même fut consacrée au Seigneur dès l'âge de trois ans. Jusqu'à l'époque de ses fiançailles, elle fut élevée à l'ombre du sanctuaire, avec les jeunes *halmah*, attachées ainsi qu'elle au service du Seigneur et qui figuraient dans les solennités religieuses des Hébreux. Sur l'autre flanc de la montagne, en inclinant vers la vallée de Tyropéon, abandonnée aux Africains, on trouve la mosquée d'*El-Mu-*

ghanileh, ou mosquée des Maugrabins. Les musulmans ont coutume de montrer au sud du mont Moriah l'éminence où se tiendra Mahomet au dernier jour, quand il jugera les hommes.

Le mont Moriah vit aussi le martyre de saint Jacques, qui fut lapidé pour n'avoir pas voulu renoncer à la foi du Christ.

On a tellement entassé les ruines sur cette montagne, que pour retrouver le sol il faut maintenant creuser à une profondeur de 50 pieds.

Il y a beaucoup d'autres ruines à Jérusalem, et toutes ces ruines sont des souvenirs.

Nous mentionnerons d'abord, tout près du Saint-Sépulcre, la prison de saint Pierre. On sait le miracle de cette délivrance et l'ange déliant les liens de l'apôtre, promis à un plus glorieux martyre. Une fois délivré, saint Pierre se rendit à la maison de Marie, mère de Jean, occupée aujourd'hui par l'église des Syriens. Les Actes font un récit d'une naïveté aimable.

« Pierre frappa à la porte, et une jeune fille, nommée Rhode (Rose) vint pour écouter. Dès qu'elle eut reconnu la voix de Pierre, dans sa joie elle n'ouvrit pas, mais elle courut annoncer que Pierre était à la porte. On lui dit : Vous avez perdu l'esprit, mais elle persistait, assurant que c'était lui. Alors on lui dit : *C'est son ange.* Cependant Pierre continuait à frapper, et lorsqu'ils eurent ouvert, ils le virent et furent dans la stupeur. »

Cette église, devenue aujourd'hui l'église épiscopale des Syriens, fut la première église des Grecs.

Un peu plus loin, vers le nord, le pèlerin rencontre sur sa route une église sous l'invocation de saint Jean, qui appartient encore aux Grecs. C'était autrefois la maison de l'Évangéliste et de son père Zébédée.

Tout à côté, et toujours dans la direction du nord, d'assez belles ruines ogivales, au milieu d'un vaste enclos, qui tente vainement de devenir un jardin, attestent la puissance des hospitaliers de Saint-Jean, qui furent plus tard les chevaliers de Rhodes, et, plus tard encore, les chevaliers de Malte.

On va voir au bout de la rue des *Paumes*, où l'on distribuait jadis aux pèlerins les palmes de Jéricho, quelques décombres gisant dans la puanteur d'une tannerie turque : c'est tout ce qui reste des deux couvents de Sainte-Marie-Majeure et de Sainte-Marie-Latine.

V

Hors des murs.

La partie extérieure de Jérusalem n'offre pas moins d'intérêt. — Une promenade hors des murs est féconde en souvenirs. — Partout les témoignages de la grandeur évanouie et de la misère présents. Ici une piscine desséchée; plus loin un aqueduc rompu, auprès d'une tour qui penche ou d'une muraille qui tombe; puis le camp des grands siéges qui ruinèrent tant de fois Jérusalem; — le camp des Assyriens, au lieu même où Isaïe prédit que le Christ naîtrait d'une vierge. « Voilà que la vierge concevra et enfantera un fils, et elle l'appellera Emmanuel; » le camp de Titus, et le camp des croisés qui, avant eux, fut celui de Sennachérib et de Nabuchodonosor, et après eux celui des Sarrasins.

De grands tombeaux, que l'on découvre à chaque pas, semblent l'ornement naturel de cette promenade mélancolique. — C'est d'abord celui d'Hérode Agrippa, dévoré par les vers à Césarée, à l'instant même où ses adorateurs venaient de le proclamer Dieu; les ruines du tombeau d'Hélène et de son fils Isate. Quand on pousse l'excursion jusqu'à une demi-lieue de la ville,

8

on arrive à d'autres tombes, qui ont une grande célébrité dans les antiquités juives, je veux parler des tombeaux des juges. Il n'y manque absolument que les juges. La plupart, on le sait, furent ensevelis dans leurs tribus. Quelques-uns ont prétendu que ces tombeaux étaient destinés aux membres du Sanhédrin.

Quand on n'a pas visité l'Orient, on ne se fait point une juste idée d'un tombeau juif : le même mot, en passant d'une civilisation dans une autre, ne doit pas toujours réveiller la même idée.

Presque tous les tombeaux juifs sont taillés dans des rochers. Une porte, perpendiculaire au rocher, ordinairement petite et sans ornements, s'ouvre sur une ou plusieurs chambres, de niveau avec la porte, et dont les parois sont grossièrement taillées dans la pierre. Pour obtenir cette coupe perpendiculaire de la porte, on coupait souvent le rocher à angle droit, une tombe correspondant à chaque angle. Souvent, au contraire, on pratiquait une excavation carrée dans le roc, et on creusait le sépulcre dans trois de ses côtés.

Les dispositions intérieures n'étaient pas toujours les mêmes. Une porte basse donnait toujours entrée à un petit vestibule; en face de cette porte, une seconde, toute pareille, conduisait à la chambre sépulcrale. Voici où se trouve la différence : dans quelques-uns de ces tombeaux, les niches étaient disposées perpendiculairement à l'ouverture. On pouvait ainsi placer dix ou douze corps dans un tombeau comparativement petit. Dans les autres, au contraire, les niches sont disposées parallèlement à la section architecturale, et on plaçait dans le sens de la longueur, sur une surface unie et plane, le cadavre ou le sarcophage. En face de la porte, on ménageait presque toujours une petite niche propre à recevoir le corps d'un enfant ou une lampe funéraire.

Cette disposition, que nous retrouvons dans les monuments désignés sous le nom de *tombe des rois*, était réservée aux riches et aux grands.

C'est celle que nous retrouvons aussi dans le sépulcre du Christ, qui était destiné à ne recevoir qu'un seul corps. Les Juifs placent ordinairement dans la tombe les corps enveloppés de linges et d'aromates, mais sans recourir aux procédés d'embaumement compliqués des Égyptiens, et sans les enfermer dans des bières hermétiques. Souvent on creusait un peu la pierre, pour qu'elle pût recevoir le corps, comme fait une couche souple et molle; on laissait, au contraire, une élévation de quelques centimètres pour porter, comme un coussin, la tête penchée dans le sommeil éternel. Nous avons pu observer la même disposition dans des tombes étrusques ou grecques et dans quelques sépulcres de l'Asie Mineure. Parfois encore, on a creusé le sarcophage dans la pierre vive, et un couvercle, posé à plat sur ses bords, le referme comme nos cercueils.

On peut voir un exemple de ce mode particulier de sépulture dans une tombe syrienne près du *khan de Kesrassan*, entre Tyr et Sidon.

Le monument qu'on appelle le tombeau des juges appartient à cette classe, mais il est construit dans des proportions beaucoup plus considérables. Ce n'est plus une simple chambre et un petit vestibule, c'est toute une complication d'appartements, séparés par des corridors, divisés en étages et reliés par de vastes escaliers. La façade a des ornements qui appartiennent au style grec avec un certain mélange de goût égyptien qui en rend l'âge assez problématique.

L'entrée des tombes est tournée vers l'ouest et regarde ainsi notre Europe. Le vestibule a 4 mètres 33 centimètres de long sur 3 mètres de large. La porte n'a d'autre ornement qu'une simple architrave, avec un fronton grec et des acrotères au milieu et aux extrémités.

La première chambre, à peu près carrée, a 6 mètres 66 centimètres de long, 6 mètres 33 centimètres de large, 3 mètres de haut.

En entrant dans cette chambre, le visiteur trouve, à sa gauche, deux étages de ces niches mortuaires que les Romains appelèrent plus tard *loculi*. On en compte sept au premier étage : de niveau avec le sol, et perpendiculaire à la section de la chambre, chacune d'elles a 2 mètres 33 centimètres de long, 91 centimètres de haut, 55 centimètres de large.

Le second étage est à 1 mètre 25 centimètres au-dessus du sol de la chambre; il comprend six niches réunies deux à deux par une arche cintrée. Outre les *loculi* contenus dans ces arches, une surface plane a été ménagée sur le devant de l'arche, de manière à recevoir soit un corps, soit un sarcophage.

A sa droite et en face de lui le visiteur aperçoit deux

chambres; chacune d'elles contient trois arches sur chacun de ses trois côtés, le côte de la porte n'en ayant jamais.

Un escalier placé à l'angle *nord-est* de la grande chambre d'entrée conduit à un petit vestibule voûté, dont les parois, fouillées de petites niches et ornées d'arches cintrées, trop petites pour rien recevoir, témoignent seulement d'une prétention à l'ornement assez étrange, vu la place qu'il occupe.

Ce vestibule communique au nord et au sud avec une niche droite et profonde. A l'est, il débouche par une porte de 83 centimètres de haut sur une chambre sépulcrale plus basse que le vestibule, et dans laquelle on ne rencontre qu'un seul rang de niches. Cette chambre, d'une dimension de 2 mètres 92 centimètres carrés sur une hauteur de 2 mètres 5 centimètres, présente sur chacun de ses trois côtés une sorte de voûte cintrée formant elle-même un *loculus* élevé de 81 centimètres au-dessus du sol de la chambre. Au fond de ces *loculi* on trouve trois ou quatre niches étroites et profondes.

Cette chambre semble former à elle seule une sépulture particulière et complète. Elle a son propre vestibule : l'escalier, placé sur la diagonale, à l'autre angle de la grande chambre d'entrée, conduit à une excavation qui n'a jamais été terminée.

En revenant vers Jérusalem, à l'extrémité septentrionale de Bethséda, tout près de la vallée de Josaphat, on trouve les *Grottes royales* dont parle l'historien Josèphe, et que l'on appelle plus communément le *Tombeau des Rois :* c'est un vrai monument, à mon sens.

On pénètre par une vaste cour, au fond de laquelle est une citerne antique.

On descend à cette cour par une vaste rampe en glacis ; la cour est séparée de cette rampe par un mur naturel, d'une grande épaisseur, et percé d'une porte en plein cintre. On trouve dans la paroi occidentale un large vestibule, creusé dans le roc, soutenu jadis par deux colonnes également taillées dans le roc, et dont on ne voit plus aujourd'hui que les arrachements. Au-dessus des colonnes, un vaste entablement a été sculpté dans le rocher. A gauche du vestibule, une porte étroite et basse s'ouvre sur les chambres sépulcrales. Cette fermeture était de celles que nous appelons maintenant *à secret.* Un disque de pierre, roulant dans une rainure profonde, venait se placer devant la porte qu'il couvrait tout entière. Au-dessus du disque, une pierre plate s'emboîtait hermétiquement dans le roc, cachant le disque, la porte et la rainure. Quand on arrivait par le vestibule, on trouvait devant soi la paroi unie du disque, qu'il était impossible d'enlever : extérieurement, si l'on voulait pénétrer par la partie supérieure, on ne rencontrait qu'une pierre faisant corps avec le rocher. Pour trouver la véritable entrée du corridor, il fallait desceller une autre pierre dans la paroi latérale d'un large puits.

Malgré ces précautions ingénieuses et ces fortes défenses dont s'entourait la mort, les tombes ont été violées. Le Louvre possède aujourd'hui le couvercle de la plus somptueuse, rapporté en France par M. de Saulcy.

La première salle ne contient aucun sarcophage : trois autres chambres sont percées de niches vides aujourd'hui. On remarque de petits réduits carrés, cachettes à trésor, dont l'ouverture était masquée par la tête du sarcophage. Ces trois chambres ouvraient sur le corridor par de belles portes en marbre d'une seule pièce.

Deux caveaux, plus profonds que les trois chambres, formaient comme des sépultures d'honneur. Un sarcophage déguisait l'escalier par lequel on descendait à ces caveaux.

On a hésité longtemps, en présence de leurs caractères architectoniques, sur l'époque qu'il fallait attribuer à ces monuments.

On avait cru d'abord — et Chateaubriand a partagé cette erreur — qu'ils dataient de la basse époque de l'art grec.

Un examen plus attentif les a restitués à la période salomonienne. On avait cru d'abord découvrir, dans les détails de l'architecture, la volute ionique, les triglyphes, et des métopes décorées de boucliers qu'on avait prises pour des patères grecques ; mais on rencontre ces détails dans l'architecture d'Assyrie et d'Égypte, antérieure aux migrations de l'art oriental en Grèce.

La façade du tombeau des rois ne présente pas une simple frise, mais un ordre complet d'architecture. La frise et la corniche ne couvrent pas toute l'ouverture ; elles font un retrait considérable. On ne rencontre pas ici l'architrave des ordres grecs, mais un large encadrement faisant retour d'équerre et entourant la baie tout entière. Dans le listel qui fait saillie, dans la guirlande qui le décore, on a sculpté en relief l'acanthe, l'olivier, le palmier, la grenade, le gland, la feuille de vigne et la pomme de pin.

Aux deux extrémités de la frise, on distingue quatre triglyphes et quatre métopes portant un bouclier. Au centre, la grappe de raisin, entourée de deux couronnes de laurier aux feuilles imbriquées. On sait que la grappe de raisin fut quelque temps la marque de la monnaie juive. Les couronnes sont séparées des deux parties latérales de la frise, par un faisceau de trois palmes. La corniche ne fait pas saillie au-dessus des premières moulures qui couvrent le tailloir des triglyphes, comme il arrive toujours dans la corniche des ordres grecs. Les moulures, au contraire, s'étagent un peu lourdement, les unes au-dessus des autres. Le *faire* de ces ornements n'a pas non plus la fermeté précise et la correction élégante du ciseau grec : mais on y sent la liberté, le caprice et la force d'un art créateur et spontané.

Les débris de toute nature vous laissent difficilement pénétrer dans l'intérieur des tombes, où l'on découvre de vastes sarcophages en pierre, des colonnes brisées et des portes en pierre, comme les sarcophages. Qui reposa jadis dans ces grottes, et quels ossements ont découverts les voyageurs qui nous ont précédé ? Nul ne le sait, et les conjectures s'échangent en face d'un tombeau vide.

Citons encore, pour terminer cette nomenclature funèbre, le tombeau de Simon le Juste, qui porte, comme Atlas, le rocher affaissé sur son couronnement ; celui d'Alexandre le Tueur, tyran détesté. « Voyons, demandait-il aux juifs, pour vous contenter, que faut-il donc faire ? » Mourir, lui répondit-on. Enfin, le tombeau d'Absalon, non loin de ce torrent de Cédron que traversa, pleurant, pieds nus et la face voilée, David qui fuyait devant son fils. Aujourd'hui encore, les femmes juives ou arabes qui traversent la vallée prennent une pierre dans le torrent et la jettent contre le tombeau du maudit.

Le tombeau d'Absalon appartient à un autre ordre de sépulcres ; c'est une tombe isolée. Elle est située dans la partie la plus étroite de la vallée de Josaphat, à l'endroit où le banc de rochers qui s'étend vers l'est se termine par un escarpement perpendiculaire, juste au-dessus du torrent : cette tombe est carrée. Toute la partie inférieure est malheureusement engloutie sous une masse de débris. C'était un bloc compact de roc d'environ 7 mètres carrés, complétement isolé par des sections verticales. Cette masse carrée a un pilastre à chaque angle, avec un quart de colonne adhérent, et deux demi-colonnes sur chaque face. Ces pilastres semblent appartenir à l'architecture grecque, et les colonnes ont des chapiteaux ioniens. Leurs bases se perdent dans les buissons, elles supportent un entablement d'un caractère mixte : la frise et l'architrave sont doriques, avec des triglyphes et des gouttes : la métope est occupée par un disque circulaire ; mais au lieu d'une corniche régulière, c'est une sorte de corniche égyptienne.

Enfin il y a encore au-dessus une attique carrée de plus de 2 mètres de haut, surmontée d'une corniche simple. Une nouvelle attique, circulaire, est couronnée d'un toit pointu. — Au-dessus de la corniche égyptienne, c'est de la maçonnerie; au-dessous, c'est le roc même. Les quatre côtés sont les mêmes ; mais celui qui regarde la ville est d'une exécution plus soignée. On a ménagé une chambre dans le rocher; elle est tellement encombrée de débris de toute nature, que l'on n'en peut déterminer ni la profondeur ni les dispositions. Elle n'a pas tout à fait 3 mètres carrés, et se rapproche de la partie sud du rocher, ce qui a permis de pratiquer des niches construites au nord et à l'ouest. Il n'y a pas de porte, mais un plafond à compartiments assez ornés, avec une moulure grecque en forme de corniche. La seule entrée *présentement* visible est fort étroite et placée presque au sommet du monument. Il est hors de doute qu'il y en avait une autre, plus large et située plus bas, conduisant à des chambres que nous ne retrouvons plus.

Nous ne saurions déterminer l'âge précis de cette tombe sur laquelle le nom d'Absalon ne nous fait pas la moindre illusion, mais elle est incontestablement antérieure à Constantin. On trouve dans l'Asie Mineure quelques spécimens de ces tombes monolithes; elles sont assez nombreuses dans la nécropole de Pétra.

Un escalier de cinquante marches conduit dans une église souterraine bâtie sur une grotte également taillée dans le rocher, où l'on dit que la Vierge dormit du sommeil de la mort jusqu'au jour de son assomption glorieuse. — Du reste, toutes les montagnes qui environnent Jérusalem sont fouillées, creusées, percées dans tous les sens, comme si elles s'attendaient à recevoir un jour dans leurs flancs de pierre les dépouilles du monde.

On associe volontiers à ces images lugubres le nom de la vallée de Josaphat, tribunal suprême ou le Christ tiendra les Grandes-Assises du monde.

La vallée de Josaphat s'étend du nord au sud, entre la ville de Jérusalem et la montagne des Oliviers. Le site est âpre et sauvage. Le lit desséché du torrent laisse voir de toutes parts un sable aride, mêlé de terre... Les pentes sont dépouillées et creusées en ravins par le passage des torrents; çà et là les rochers, ossements gigantesques du globe, percent le tuf aride, et dressent leurs pointes aiguës, tandis qu'un palmier tourmenté étend ses longs bras maigres à côté d'un cyprès dont les rameaux n'ont pas d'ombre.

Ai-je besoin de dire quelles pensées viennent naturellement vous assaillir en ces lieux, dans ce silence et cette solitude? Les graves pensées de la mort, les évocations du jugement suprême et de ce dernier jour où le Fils de l'homme, entouré d'une gloire terrible, descendra sur un nuage et viendra juger les pâles générations pressées dans Josaphat trop étroit.

La vallée de Josaphat a toujours été regardée comme un cimetière béni; c'est le champ du repos par excellence : les cendres qu'il garde se réveilleront les premières au son de la trompette fatale. — Chaque année, pour avoir une poignée de cette terre sur leurs vieux os, des juifs misérables — et avares — quittent les pays lointains, bravent la mer, affrontent les Arabes, heureux de s'endormir et de reposer à jamais entre ses roches arides... — Au moyen âge le monde chrétien partageait cette préférence superstitieuse. Nous avons retrouvé la *terre* de Josaphat dans plusieurs cimetières d'Italie. Ce fut presque une révolution à Pise quand on ferma le *Campo-Santo*, si célèbre dans toute l'Europe; ce que le peuple regrettait, ce n'étaient point les peintures d'Orcagna, de Cimabué, et des deux Memmi, c'était la terre de Jérusalem et la poussière de Josaphat, rapportées par des caravanes de pèlerins.

Je comprends ces attractions mystérieuses et puissantes : elles tiennent à la nature même de l'homme, qui frémit au bord de sa tombe, et qui se rattache, dans la mort même, aux espérances de l'immortalité. J'ai rencontré dans les Orcades et dans les Hébrides de pauvres matelots, et des paysans inconnus faisant jurer à leurs enfants qu'ils les porteraient un jour dans l'île sainte d'Iona, et il y a quelques mois à peine, un de ces Turcs dévots qui se croient seulement campés en Europe, méprisant la nécropole d'Éyoub, et les cercueils de cèdres drapés de cachemires de la Soleymanieh, m'assurait qu'à ses yeux—et il parlait comme beaucoup d'autres — le plus grand des malheurs qui pût lui arriver, ce serait de ne point repasser le Bosphore dans le caïk bleu des défunts, pour aller dormir à l'ombre éternelle des cyprès de Scutari.

Le cimetière des juifs est à gauche, dans la vallée ; celui des musulmans est à droite. Un auteur grave ajoute en manière de réflexions : « Ils ont pris la droite au cimetière pour l'avoir au jugement dernier. »

Le mont des Oliviers, si célèbre dans les souvenirs chrétiens, borde à l'orient la vallée de Josaphat : cette vallée et le torrent de Cédron le séparent de Jérusalem. Du pied des murs au sommet de la montagne il peut y avoir une demi-lieue environ. La montagne présente à l'œil trois cimes bien distinctes : elle a été dépouillée en partie des oliviers qui lui donnaient son nom. Sa base est pierreuse et son sommet aride ; mais on trouve à mi-côte divers arbustes : des caroubiers, des citronniers, des vignes, des amandiers et des figuiers.

Du temps de David, les *Jardins du Roi* étaient situés sur la montagne élargie en terrasse : il n'en reste plus de traces aujourd'hui; c'est un autre jardin qui attire les pas et l'attention du voyageur.

Ai-je besoin de nommer le Jardin des Oliviers ? Ce Jardin est situé sur le bord même du torrent, non loin du village en ruine de Gethsémani dont il a souvent porté le nom. Le Jardin appartient aujourd'hui aux Pères Franciscains, qui l'ont acheté et entouré d'un mur. On entre par une porte basse et tout en fer. Le Jardin peut avoir soixante-dix pas de long et cinquante de large. On y vénère huit oliviers, sous lesquels, dit la tradition, Jésus est venu souvent méditer et prier. Ces oliviers auraient aujourd'hui dix-neuf cents ans; il n'y a là rien d'impossible... l'olivier est, pour ainsi dire, immortel, parce qu'il renaît de sa souche; le vieux tronc se creuse, on le remplit de pierres et de terre pour qu'il puisse résister au vent : chaque année on amoncelle autour de lui l'humus végétal, la cime monte encore, l'écorce rejette, et le vieil arbre noueux se pare de verdure et se couvre de fruits. — Chaque olivier est moins un arbre qu'un amas d'arbres : on dirait un faisceau de colonnes tordues et violemment réunies : les tiges nombreuses s'agglomèrent sous la même écorce, et s'incorporent à la tige maternelle comme pour assurer l'éternité de l'individu avec la perpétuité renaissante de ses membres. J'ai vu, je crois, les plus beaux oliviers du monde au Carmel, en Galilée et dans la Samarie, en un mot, dans tous les sites où les plus heureuses circonstances favorisent sa croissance : je n'en ai vu nulle part qui présentassent un caractère de vétusté plus frappant que ceux de Gethsémani, plantés entre les rochers arides.

Le Jardin des Oliviers vit comme le prologue du grand drame de la Passion. Jésus y fit sa dernière prière, et y ressentit à l'avance les angoisses suprêmes et les affres du trépas... « Mon âme est triste jusqu'à la mort ! » et se retournant vers ses apôtres, « demeurez ici, leur dit-il, et veillez avec moi. »

Et il s'éloigna d'eux, dit saint Matthieu, à la distance d'un jet de pierre.

Or, à cette distance d'un jet de pierre, il y a une grotte, que l'on appelle encore la grotte de l'agonie !

Cette grotte est dans le rocher; on y descend par sept degrés; elle est de forme presque ronde, soutenue par trois gros pilastres bruts ébauchés dans le roc. La grotte est éclairée par une ouverture, pratiquée dans le cœur même de la roche, et qui laisse tomber d'aplomb la lumière du ciel. La grotte a quinze pas de diamètre. On a placé un autel en face de l'entrée, et deux autres de chaque côté. L'autel central indique la place traditionnelle où Jésus sua le sang de l'agonie. On a posé cette inscription simple et touchante, dont les paroles sont empruntées au texte même de l'Évangile : « *Ici* lui vint une sueur comme du sang, dont les gouttes découlaient jusqu'à terre ; » ici, pour parler comme l'Écriture, les torrents de l'iniquité l'ont bouleversé et les douleurs de la mort l'ont environné.

Le temps a fait disparaître des peintures dont on avait *embelli* les parois des rochers ; un jour peut-être en fera-t-il autant d'un certain *chemin de croix* en faïence jaune, que l'on a incrusté dans le mur du Jardin. Aujourd'hui le *Jardin des Oliviers* est *bien tenu ;* sur le devant on cultive un parterre : il y a de jolies corbeilles de fleurs à quelques pas du lieu où l'Iscariote vint trahir son maître par un baiser.

Le théâtre de l'abaissement fut aussi celui de la gloire : au bas de la montagne, la grotte de l'agonie ; au sommet, la pierre de l'ascension.

Le quarantième jour après sa Résurrection, le Christ prit avec lui les apôtres et les disciples ; ils allèrent ensemble jusqu'à Béthanie, puis regagnèrent le mont des Oliviers, et là, ayant élevé les mains, il les bénit, et il arriva que, les bénissant, il se sépara d'eux et s'éleva au ciel où il est assis à la droite de Dieu, « laissant, dit la tradition, l'empreinte visible de ses pieds sur la montagne. » Il n'y a plus aujourd'hui que la trace du pied gauche, tournée vers l'occident. Je n'affirmerai pas l'avoir parfaitement distinguée, soit que les baisers de la dévotion aient altéré les vestiges primitifs, ou que ce pied divin, prêt à partir, n'ait fait sentir à la pierre émue qu'une trop molle pression.

On montre encore les ruines d'une église bâtie par sainte Hélène, au lieu même où Jésus monta au ciel. Il ne reste plus aujourd'hui que le pavé, quelques pans de murs et des naissances de colonnes brisées. On rapporte que la coupole du temple demeura toujours à ciel ouvert; quand on voulait la fermer, la pierre se retirait d'elle-même, comme pour laisser libre le passage du Ressuscité. On dit encore que c'est au même lieu que descendra le Christ au dernier jour, « il posera ses pieds sur la montagne des Oliviers, qui est vis-à-vis de Jérusalem. »

J'ai dit que le mont des Oliviers avait trois sommets ; celui de droite s'appelle le mont des Galiléens, « *viri Galilæi;* » c'est là, dit-on, que les gens de Galilée allaient planter leurs tentes, quand ils venaient à Jérusalem. Le sommet opposé est le mont du Scandale, sur lequel Salomon fit bâtir des temples aux idoles de ses femmes, Moloch, l'ammonite, Chamos, le moabite, et la sidonienne Astarté.

Une seconde vallée, la vallée de la Géhenne, succède à la vallée de Josaphat; on l'appelle aussi la vallée des Enfants d'Hennon. La fontaine de Siloé répand, entre les deux vallées, ses flots silencieux et calmes; moins abondante au soir qu'au matin, comme si la fraîcheur des nuits ravivait sa source épuisée. Presque toutes les fontaines, autrefois fameuses, sont aujourd'hui taries : près du rocher de Minerve Athénienne, j'ai vu Callirhoé sans eau ; le Cephise mouille à peine le pied des lauriers-roses, et l'Ilissus n'a plus assez d'eau pour arrêter les pas d'un enfant !

On aperçoit, au fond de la vallée de Géhenne, le site infâme de Topheth, où les rois idolâtres, au milieu des jardins et des bois, immolaient les enfants au dieu Moloch : une statue de bronze ardent les étouffait dans ses embrassements. Les chants et le bruit des instruments couvrait leur voix ; puis la prostitution succédait au meurtre, et les mystères infâmes suivaient les mystères sanglants. Mais voici que Jérémie prédit la vengeance : « Les jours viennent, et on ne dira plus Topheth ni vallée des fils d'Hennon, mais vallée du carnage. » Les Chaldéens et Titus vengèrent Dieu ; mais le nom de la vallée demeura si plein de terreur, que les juifs s'en servirent pour désigner l'enfer ; et nous-mêmes, ne disons-nous pas encore aujourd'hui, les feux de *la Géhenne?*

On va voir, au-dessus des tombes violées de Topheth, le champ du potier devenu le champ du sang, l'*Haceldama* de Judas.

La vallée de Gihon, ou vallée de la grâce, prolonge la vallée de Géhenne et tourne vers le sud-ouest.

Quand on arrive au sommet du mont des Oliviers, on découvre un horizon sublime et mélancolique. Du côté de l'orient, le regard glisse sur des montagnes désertes et nues, plonge dans la vallée du Jourdain, ombragée et fraîche, et s'arrête sur les flots endormis de la mer Morte; au sud, les monts Moabs, noyés dans une vapeur bleue, se dressent comme un mur et ferment l'entrée de l'Arabie Déserte. Au milieu de leurs escarpements, le Nébo détache, par une saillie vigoureuse, sa silhouette abrupte et sa hauteur décapitée. Au nord, les montagnes d'Éphraïm, couronnées de ruines et de verdure, courant jusqu'au centre de la Samarie pour rejoindre le Garilzim et l'Hébal; au couchant, dans la splendeur du ciel oriental et toute dorée de rayons, Jérusalem, avec Sion et le Golgotha; puis le temple, la tour de David, les coupoles arrondies du Saint-Sépulcre, et la flèche aiguë et blanche des minarets : A mesure que l'ombre descend du ciel, les souvenirs semblent monter de la terre, et devant soi, involontairement, l'on évoque toutes ces longues histoires, mêlées de gloire et de malheur, pleines de sang et de larmes... puis, quand lentement et pas à pas, on reprend le chemin de la ville, traversant le torrent de Cédron ou la vallée de Josaphat, il semble que l'on entende encore ou les gémissements de David, ou les lamentations de Jérémie.

VI

Les chrétiens de Jérusalem.

On trouve à Jérusalem des représentants de presque toutes les communions chrétiennes.

Voici, d'après leur ordre d'importance, les principaux dignitaires ecclésiastiques, actuellement résidants :

Un patriarche latin ;

Un révérendissime gardien de Terres-Saintes ;

Un patriarche melchite (grec-uni), et l'évêque de Lydda ;

Le patriarche grec schismatique et plusieurs évêques ;

Le patriarche arménien et plusieurs évêques ;

Un évêque cophte ;

Un évêque protestant.

Les juifs ont aussi un Grand-Rabbin à Jérusalem, et les musulmans, un Cheikh, un Khatib, des Imans, des Muezzins et des Cayims.

La population actuelle de Jérusalem peut se répartir ainsi :

Mahométans		5,000
Chrétiens :	Grecs	2,000
	Catholiques	900
	Arméniens	350
	Cophtes	100
	Syriens	20
	Abyssins	20
Juifs		7,120

De l'avis de tous, le patriarche latin est l'homme éminent de Jérusalem, et l'un des hommes les plus considérables d'Orient.

Monseigneur Valerga est Génois : il réunit au zèle d'un apôtre la finesse d'un diplomate, et d'un diplomate italien. Jeune encore, il a déjà parcouru une grande partie de l'Asie ; comme saint Paul, il est tombé deux fois entre les mains des infidèles, sans que rien ait pu jamais arrêter ses courses saintement aventureuses. Pie IX, attentif à tous les besoins de la chrétienté, et dont la main souveraine a relevé le siége antique des patriarches, ne pouvait donner un plus digne successeur à Jacques, à Siméon, à Marc, à Mazabane et à Maurice, revêtus de la pourpre triomphale des martyrs.

Monseigneur Valerga connaît l'Orient comme peu d'Européens l'ont connu : il en sait les langues savantes, il en parle les idiomes familiers ; il en a pénétré la politique somnolente ; il a étudié les secrets de sa civilisation intime ; et lui-même, par la dignité de sa vie et la noblesse de sa personne, il a conquis tous les respects et entraîné toutes les sympathies. Il faut un peu de mise en scène dans la vie orientale ; le patriarche le sait, et il condescend avec une grâce parfaite à ces faiblesses charmantes d'un peuple toujours poétique, parce qu'il est toujours enfant ! Il faut voir avec quelle élégance patricienne il tend sa main fine et blanche aux adorations de la foule qui vient baiser son anneau pastoral ! Les cérémonies du culte s'entourent dans l'Eglise d'Orient d'une pompe et d'une majesté dont les traditions se sont vite effacées dans nos climats raisonneurs et froids. On dirait que le patriarche a été élevé dans les sanctuaires éclatants des anciennes églises d'Ephèse ou d'Antioche, au milieu des nuages mystiques de l'encens. La beauté chez lui est un don de famille ; j'ajouterais volontiers que c'est aussi une grâce d'état. Il faut être beau chez ce peuple enthousiaste, pour qui tout est spectacle, et que l'on prend d'abord par les yeux. J'ai vu, aux jours des grandes solennités, des Arabes et des Ethiopiens, éblouis devant cet éclat des ornements sacerdotaux et ce rayonnement étincelant de la mitre pyramidale, constellée de topazes, de saphirs et d'émeraudes. Ils admirent cette barbe que le fer ne touche jamais, et qui descend en longs flots sur la poitrine comme la barbe d'Aaron : « Allons entendre le *père de la barbe*, » disent-ils en leur langage figuré, quand ils savent que le patriarche doit prêcher. Rien ne flatte plus un Arabe que d'entendre un Européen parler sa langue ; alors son visage se détend, ses yeux s'animent, sa bouche sourit. Il y a toujours foule empressée aux sermons du patriarche, et les émotions qui passent sur le visage de ses auditeurs font com-

9.

prendre, sinon la lettre, du moins l'esprit de son discours aux auditeurs les moins familiers avec la langue qu'il parle. On écoute avec les yeux. Rien n'est curieux comme une audience du patriarche. Toutes les langues s'y parlent, tous les idiomes s'y heurtent. Lui, cependant, assis au coin de son divan, répond à tous dans la langue de chacun : ses paroles sont des oracles ; il est ici comme le grand juge des Latins. On préfère de beaucoup sa justice à la justice turque. C'est un juge souverain dont les arrêts ne craignent aucune cassation ; mais c'est aussi un juge conciliant, et qui trouve souvent le moyen de renvoyer les deux plaideurs contents : il est vrai qu'on se présente à son tribunal sans aucune espèce de procureur. Cette grande autorité morale est entourée du respect des Turcs ; elle commande des égards aux Arabes mêmes : on le voit dans les grandes et dans les petites occasions.

Un jour le prélat s'était avancé seul et un peu témérairement peut-être, dans des défilés suspects ; il montait ce jour-là une jument de Bagdad, d'une race fameuse entre toutes : elle descendait, dit-on, de la célèbre «*El-Borack*,» monture préférée du prophète. Les Bédouins avaient établi une garde autour du patriarchat. Ils épiaient l'occasion. Cette fois l'occasion était bonne : le défilé fut clos et gardé à ses deux extrémités ; cinq ou six Arabes, bien armés, descendirent des montagnes : le patriarche fut entouré, le cheval saisi. Le secours était loin, et le cheval si beau que toute capitulation devenait impossible. Le patriarche le comprit, mit pied à terre, jeta un regard d'adieu et de regret sur la belle Fatma, et reprit à pied le chemin de Jérusalem. Un jeune Bédouin, s'approchant de lui : «Seigneur, lui dit-il, nous ne souffrirons pas qu'un homme de ta dignité s'expose aux fatigues d'un rude voyage. Nous avons pris ton cheval, excuse-nous, nous en avions besoin... mais prends du moins celui-ci en échange ; il ne vaut pas le tien, mais il est bon. Maintenant va-t-en ; Dieu est grand ! qu'il te garde ! »

Deux hommes se détachèrent de la petite troupe et servirent d'escorte au prélat jusqu'à l'entrée de la plaine, où cesse tout danger. A la troisième rencontre, le patriarche aurait fini par n'avoir plus qu'un âne entre les jambes pour rentrer à Jérusalem... et ce n'était pas le dimanche des Rameaux !

Monseigneur Valerga est arrivé à Jérusalem avec toute la pauvreté apostolique : sans maison, sans clergé, sans séminaire et sans église ; avec un traitement de Rome assez léger et une subvention modique de la propagande ; mais tout réussit au zèle de la charité ingénieuse. Le palais épiscopal s'est élevé comme par enchantement, modeste sans doute, mais convenable et digne. Le séminaire est à côté, et cette vigne du Seigneur croît sous la protection et sous le regard d'un pouvoir ami.

Les élèves du clergé indigène vivaient autrefois dans le Liban, chez les jésuites de Ghazir : le patriarche a voulu les avoir près de lui, pour féconder leurs études, en leur imprimant sa direction unique et vigoureuse. J'ai assisté avec une attention toute particulière aux exercices de fin d'année et à la distribution des prix d'un *concours* tout à fait *général;* car l'Afrique, l'Europe et l'Asie s'y rencontrent dans la carrière pacifique du thème grec et de la version latine. J'ai toujours porté le plus vif intérêt à ces travaux de la génération nouvelle. J'oublie assez volontiers qu'elle se hâte de grandir pour nous remplacer : je ne veux voir en elle que l'espérance au beau sourire, et, comme diraient les Grecs, la fleur et le printemps de l'année. Ces jeunes mains, tremblantes encore et inhabiles, ne porteront-elles point un jour après nous, les destinées du monde?

Ce qui m'a frappé dans le programme des études de Jérusalem, c'est leur universalité même; j'ai vu avec plaisir que, grâce aux efforts des maîtres et au zèle des élèves, ces études, en s'étendant, ne s'affaiblissaient point. Je serais mauvais juge de l'arabe, sachant à peine demander dans cette langue rebelle les deux choses indispensables ici : le pain et un cheval; mais les compositions grecques, latines, françaises et italiennes m'ont paru satisfaisantes. Les Orientaux ont une incroyable facilité pour s'identifier aux idiomes étrangers; ils ont toujours le don des langues. La dissertation française respectait toutes les règles de la syntaxe; quelques tournures élégantes révélaient de temps en temps la familiarité et le commerce intime avec nos grands maîtres; l'italien, cependant, est la langue d'Europe que l'on parle le plus et le mieux à Jérusalem, comme dans tout l'Orient. Ce n'est pas sans doute « *la lingua toscana nella bocca romana*, » mais c'est déjà une langue correcte, et ces âpres gosiers s'étudient à ne pas trop froisser la suavité molle de la prononciation italienne. Le *Discours*, écrit et prononcé par un élève en italien assez limpide, préludait par quelques escarmouches contre la philosophie éclectique (on ne sait pas encore ici le *repentir* de M. Cousin), et finissait par un éloge retentissant des bienfaits du christianisme, répandant la civilisation sur le monde. Un Italien, organisation souple et musicale, remplit dans ce collége les fonctions de maître de chapelle : ses Arabes et ses Arméniens lui font honneur ; j'ai surtout remarqué la voix fraîche et pure et le timbre d'or d'un *soprano*, dont chaque note vibrante et nette se détache sur les *tutti* de l'ensemble. On dirait quelque oiseau mélodieux, voltigeant sur nos têtes, toujours prêt à partir, et toujours retenu par un fil invisible.

Jusqu'à l'arrivée du patriarche, la juridiction ecclésiastique était restée tout entière aux mains du Révérendissime-Gardien, crossé et mitré. Elle a dû passer au représentant direct du Saint-Siége. Ceux qui ne connaissent pas l'influence souveraine de la Foi et l'empire de la Charité auraient pu croire à quelques-unes de ces sourdes contentions des rivalités humaines, comme on les rencontre parfois dans le pouvoir civil : l'Eglise catholique ne peut pas avoir à les craindre. Ceux qui, depuis six cents ans, protégent nos sanctuaires de leurs corps, et arrosent la Terre-Sainte de leur sang et de leur sueur avec un dévouement qu'aucun ennui n'a lassé, qu'aucune persécution n'a vaincu, non, ceux-là ne voudront jamais, par des résistances intempestives et vaines, paralyser l'œuvre de la mission catholique. « Il y a plusieurs places dans la maison de mon Père, » a dit le Christ, qu'importe la place, pourvu que l'on soit dans la maison! Quand l'autorité emporte charge d'âmes, les saints trouvent le fardeau trop lourd : ils ne le cherchent pas, ils s'y dérobent. Installer un patriarche à Jérusalem, après un interrègne séculaire, c'était chose délicate sans doute; mais l'abnégation et l'humilité sont les deux premières vertus des Franciscains: redouter chez eux la réaction d'un mouvement trop personnel, ce n'est pas les connaître, c'est les offenser; ils ne demandent qu'une chose, qu'on leur montre du bien à faire, et ils le feront : ce n'est pas là, du reste, ce qui manque dans Jérusalem.

Toute la population chrétienne y est pauvre, et c'est une pauvreté qui ne s'aide point soi-même; on ne travaille pas; l'aumône suffit à ne pas mourir de faim : beaucoup n'en demandent pas davantage, et se contentent d'un maigre secours, heureux de passer leur vie dans la torpeur paresseuse du rêve. Voilà ce qu'il ne faut pas : la charité doit être compatissante, mais ferme. Celui qui ne travaille pas ne doit pas manger; c'est saint Paul qui l'a dit. Le pain quotidien que l'on demande à Dieu doit s'acheter par le travail: c'est ce que la Société de *Saint-Vincent-de-Paul* a compris, à Jérusalem comme ailleurs, et tous ses efforts aujourd'hui tendent à la moralisation par le travail et au bien-être conquis par l'effort. C'est faire violence à la nature orientale; mais c'est là une violence qui sauve. Proportionner le secours à la faiblesse et mesurer la tâche selon la force, voilà le but que poursuit la Société de Saint-Vincent-de-Paul; elle saura l'atteindre.

Les *Grecs Unis*, qui sont demeurés en communion avec le Saint-Siége, ont à Jérusalem un patriarche et un évêque, titulaire du siége de Lydda. Ces Grecs sont honnêtes et bons, mais pauvres, peu nombreux et peu influents.

Les *Grecs schismatiques*, au nombre d'environ deux mille, ont, au contraire, un magnifique couvent, un patriarche, plusieurs évêques et une cinquantaine de religieux.

Nous n'avons point à faire ici l'histoire du schisme de Photius; plusieurs fois les Grecs se sont réconciliés avec Rome, et toujours ils sont retournés à leurs anciennes erreurs, rejetant la suprématie du Pape et l'article du Symbole où il est établi pour nous que le Saint-Esprit « *procède du Père et du Fils.* » Ils font le signe de la croix en portant la main de l'épaule droite à la gauche, ont une liturgie compliquée et psalmodient d'interminables prières. Ce sont là nos plus dangereux ennemis. Soudoyés par l'or et appuyés par le fer des Russes, ils usent de tous les moyens pour usurper pouce à pouce les sanctuaires que nous attribuent des traditions immémoriales, confirmées par la possession. Ils ont à Jérusalem dix couvents d'hommes et trois couvents de femmes. Ces couvents reçoivent chaque année, au moment de la pâque, cinq à six mille pèlerins, qui se rendent processionnellement au Jourdain et à la mer Morte. Un de ces évêques grecs porte le nom *d'évêque du feu;* voici pourquoi : chaque année, dans l'après-midi du samedi saint, les Grecs se réunissent autour du Saint-Sépulcre; l'évêque pénètre dans l'intérieur avec un cierge éteint, il reste enfermé quelques instants, puis il ressort, tenant à la main le cierge allumé par un feu miraculeux qui descend du ciel à sa voix. L'évêque communique ce feu aux assistants, qui se répandent immédiatement par la ville, avec des cris, des chants et des danses qui rappellent, par leur violence et leur désordre, certaines scènes des saturnales antiques.

Du reste, le clergé grec de Jérusalem fait très-habilement *ses affaires*, et la crédulité de ses fidèles lui vient merveilleusement en aide. Il n'arrive pas à Jérusalem un Grec de quelque importance, que des notes très-complètes et très-détaillées n'aient été envoyées à l'avance. Rien n'est oublié : ni les circonstances de famille, ni la position, ni le caractère, ni la fortune; notez ce dernier point : on traite le pèlerin en conséquence. Une des spécialités les plus avantageuses de ce petit commerce du couvent grec, c'est la vente de certaines places en paradis. Ces bons moines grecs ont insinué à une foule d'honnêtes gens que le ciel était divisé en stalles numérotées : ils ne se contentent pas de promettre une entrée, ils réservent la place. J'ai connu un brave négociant de Smyrne qui a payé vingt mille piastres pour être dans le voisinage de saint Georges, son glorieux patron.

Les Arméniens occupent tout un quartier de Jérusalem, auquel ils ont donné leur nom. Convertis par saint Grégoire, l'*Illuminateur*, ils embrassèrent bientôt l'hérésie d'Eutychès, qui n'admet qu'une seule nature en Jésus-Christ. Ils ont des docteurs qui sont, de leur part, l'objet d'un respect profond. Le docteur parle assis, et porte une crosse comme celle du patriarche.

Le couvent des Arméniens est un véritable palais : il serait remarqué partout, il renferme des jardins et de vastes promenades; il communique avec un hospice immense, où des chambres sans nombre attendent les pèlerins de la nation. Les Arméniens sont généralement riches, et les pèlerins laissent au couvent de nombreuses marques de leur générosité.

Les moines arméniens ne louent pas les chambres de leur couvent : ils les prêtent donc? Encore moins, ils les vendent. On achète à *perpétuité* une cellule dans laquelle on couche trois ou quatre jours : on part, la cellule est revendue à un nouvel arrivant, et ainsi de suite indéfiniment.

Les pèlerins, qui sont riches et dévots, savent très-bien cela, et ne s'en formalisent pas le moins du monde : il faut que tout le monde vive!

Nous allâmes rendre nos devoirs au patriarche qui nous accueillit avec une courtoisie extrême.

Quand nous eûmes fait annoncer notre visite, il envoya au-devant de nous, jusqu'à la première porte, deux officiers de sa maison qui nous introduisirent dans une vaste et splendide galerie, où se tenait le patriarche, gravement assis à l'angle de son divan, le narghileh à la main; il fit quelques pas à notre rencontre. C'est un beau vieillard, œil noir et vif, et barbe argentée, avec une physionomie ouverte, tout à la fois souriante et majestueuse. J'admirais la souplesse soyeuse de sa longue robe blanche, bordée de fourrure également blanche, et retenue aux flancs par une large ceinture. Il était entouré de quatre ou cinq évêques, ainsi qu'il convient à un Prince de l'Église. Sa main longue, aux doigts lisses, sans aucuns nœuds, s'appuyait sur un bâton d'ébène, à pomme de nacre. On nous offrit le tombaki de Perse, les sorbets à la rose les confitures de cédrat, et le moka des caravanes, servi brûlant et sans sucre, dans de petites tasses du Japon, posées sur des supports évasés en calice, dont le filigrane d'argent est ouvragé à Damas; de nombreux serviteurs présentaient ensuite à laver dans des aiguières ciselées; de jeunes enfants venaient après eux, portant des serviettes de lin, brodées de soie aux vives couleurs; de larges fenêtres, symétriquement disposées, révélaient une entente savante de la ventilation si nécessaire en Orient, leurs ciselures merveilleuses feraient honneur aux mains les plus habiles de France ou d'Angleterre : j'ai rarement vu le fer travaillé avec cette perfection.

Ce vaste salon n'avait d'autres meubles que ses divans : ses parois nues étaient peintes à la détrempe, bandes roses très-claires sur un fond d'un blanc vif : aucun ornement; mais, au-dessus de la grande fenêtre orientale, la colombe mystique, en demi-relief, descend sur la terre en battant des ailes.

Après les premières généralités de la conversation, le patriarche causa de l'Europe qu'il paraît connaître, et nous entretint des questions brûlantes du moment, avec une justesse et une précision que nous avions déjà rencontrée chez monseigneur Valerga : les événements leur donnent aujourd'hui raison à tous les deux.

Au moment de prendre congé, le patriarche fit apporter dans le salon un portrait de l'empereur Napoléon, « son grand ami, » nous dit-il. Le bon patriarche possède ainsi les portraits de tous les souverains d'Europe, qu'il exhibe à ses visiteurs, après s'être préalablement assuré de leur nationalité.

Nous descendîmes dans l'église, ornée de peintures et décorée avec une magnificence asiatique. Ce n'est pas de l'art correct, et ces tableaux ont parfois des naïvetés étranges, mais la couleur en est harmonieuse et douce.

Un de ces tableaux, naïf comme une légende, raconte, comme avec le pinceau de Cimabüe, l'histoire touchante des *Quarante Martyrs*. La même toile présente, l'une à côté de l'autre, les diverses scènes de ce drame pieux et sanglant.

Ici, on voit la mère rappelant les bourreaux et leur montrant son fils qu'ils oubliaient; plus loin, l'apostat se détourne du supplice et offre l'encens aux faux dieux; un des soldats accourt, prend sa place, complète ainsi le nombre des quarante, et obtient la couronne vacante, que les anges lui apportent du ciel.

Ce tableau est en grande vénération dans toute la communion arménienne.

Les prêtres qui nous conduisent nous montrent très-complaisamment toutes les particularités de leur église : la croix de leur autel, étincelante dans un nimbe de rayons d'or, les cymbales de cuivre qui accompagnent leurs chants, la lame de fer et la planche de chêne qui, chez eux, remplacent les cloches, et dont le frottement produit des sonorités diverses.

Nous avons remarqué, dans une des nefs latérales réservée aux femmes, une table d'autel fort simple, soutenue par trois pierres en grande vénération dans tout le couvent; une vient du Sinaï, l'autre du Thabor, la troisième du Jourdain.

Nous n'avons pas moins vénéré le lieu où Hérode-Agrippa fit trancher la tête à saint Jacques-le-Majeur, qui repose aujourd'hui, relique chère à l'Espagne, dans le couvent de Compostelle.

Je me promenai ensuite quelque temps dans les jardins : parmi les sycomores, les palmiers et les bananiers vivaces, entre les cèdres du Liban et les sapins d'Alep, j'aperçus avec bonheur un saule au pâle feuillage, qui me rappelait la végétation du Nord. La chaleur était grande ; de petits lézards gris s'ébattaient joyeusement le long d'un mur au soleil, et un caméléon, guettant des mouches, changeait de nuance à chaque minute, entre les rameaux desséchés d'un paliurus-acutus.

Disons, pour en finir avec les Arméniens, qu'ils possèdent encore la maison d'Anne le grand-prêtre, située à quelque distance de leur couvent. C'est dans cette maison que le Christ reçut un soufflet de Malcus. On a élevé un autel sur le lieu de l'outrage. Les Arméniens affirment que la nuit on entend parfois retentir encore le bruit du soufflet et l'apostrophe de Malcus... « C'est ainsi que tu réponds au Grand-Prêtre ? »

Un détail pourra faire mieux juger le degré d'intelligence et d'instruction des moines arméniens. Sous la voûte de l'entrée monumentale de leur couvent, j'aperçus une mâchoire d'âne suspendue à une corde, et que le vent balançait : je demandai à mon guide si c'était un symbole et ce qu'il signifiait.

— Ce n'est pas un symbole, me répondit-il, c'est un talisman : il préserve le couvent du mauvais œil; tant que nous aurons une mâchoire d'âne à notre porte, nous n'aurons rien à craindre des Latins ! —

Les Cophtes, au nombre de cent, ont un évêque à Jérusalem. Les Cophtes sont des chrétiens d'Egypte, qui relèvent du patriarche d'Alexandrie. Ils tombèrent dans l'erreur d'Eutychès : ils se retirèrent ensuite dans la Haute-Egypte, où les musulmans les trouvèrent à la fin du VIIe siècle. C'est une humble et pauvre église, qui se soumet à un patriarche, toujours choisi parmi les moines du couvent de Saint-Macaire. Leur liturgie a été traduite du cophte, qui ne se parle plus, en arabe vulgaire. L'épître et l'Évangile se disent dans les deux langues. Les Cophtes sont doux et timides : il n'est pas rare de les voir rentrer dans le sein de l'Église catholique. Rien de plus misérable que leur couvent; rien de plus pauvre que leur chapelle : ils n'ont pas de cloches ; ils appellent à la prière en frappant sur une planche avec un bâton. Ils restent quelquefois de longues heures devant l'autel, debout, la poitrine appuyée sur une béquille, dans une immobilité parfaite.

Les Abyssins ont une origine à peu près commune avec les Cophtes, dont ils partagent aussi l'erreur ; ils vivent dans le même couvent, prient pour les morts, ont un grand respect pour leurs saints et un culte pieux pour la Vierge. Ils portent noblement la pauvreté, avec une résignation douce et triste. J'allais souvent les voir, immobiles à l'ombre de leurs oliviers, les bras croisés et les yeux au ciel, dans l'attitude rêveuse de l'extase, le beurnouss blanc fesant ressortir encore l'ébène éclatant de la peau.

Les Abyssins vous montrent dans l'enclos même de leur couvent, le tertre ombragé qu'Abraham avait choisi pour être l'autel du sacrifice de son fils; nous avons fait comme tout le monde et cueilli un rameau d'olivier en souvenir d'Isaac.

Nous ne parlons que pour mémoire des *Syriens*, secte sans importance, qui a pourtant sa petite chapelle au Saint-Sépulcre ; on n'est pas encore parvenu à déraciner de leur cœur l'antique hérésie de Nestorius.

Les protestants ont aussi un évêque à Jérusalem; c'est un Suisse de mœurs aimables; il a remplacé l'évêque Alexandre, mort dernièrement dans le désert. La mission protestante n'a pas converti beaucoup d'*infidèles* au christianisme; elle a seulement enlevé aux catholiques quelques croyants douteux. Je n'ai pas à écrire ici un livre de polémique, mais je puis du moins exprimer un regret, c'est qu'on ait introduit l'intérêt matériel comme un élément de *conviction*, dans les discussions religieuses ; il en est résulté que les conversions ont été mises à l'encan. Nous connaissons une famille qui dans la même année a été tour à tour catholique, protestante, puis catholique encore, et enfin protestante, en attendant mieux, et tout cela selon les nécessités du moment, pour payer le loyer d'une maison, acheter un manteau, une paire de babouches, ou un sac de dourah. La religion protestante n'encourage pas le pèlerinage, aussi, pour avoir quelque chose à faire, sa *mission* cherche-t-elle à *évangéliser* les pèlerins des autres nations. On devine à quel point ceci doit troubler cette bonne intelligence des communions chrétiennes que nous commande non-seulement la charité du Christ, mais le sentiment de notre propre dignité vis-à-vis des musulmans. « Qu'importe ? s'écrie un auteur protestant, les âmes se perdent ; il faut les sauver. Les pèlerins viennent chercher le Christ à Jérusalem, il faut qu'ils y trouvent le Christ et non le diable. » Est-ce pour mieux trouver le Christ que les protestants n'ont pas même un sanctuaire au Saint-Sépulcre ? En revanche, ils ont bâti, au mont Sion, sur l'emplacement du palais d'Hérode, un évêché *confortable*, et une église sur le modèle de l'architecture anglaise !

VII

Les juifs.

Dans cette ville de Jérusalem, où tant de spectacles émouvants attirent et captivent l'attention du voyageur, les juifs le frappent encore par leur physionomie originale.

Parmi les juifs qui vivent à Jérusalem, bien peu seraient à même d'établir une longue filiation dans la ville sainte. Ce sont, pour la plupart, des juifs étrangers, restes de la grande nation, revenant de l'exil, qui les disperse à travers le monde, pour mourir où leurs pères sont nés.

« Je laisserai quelques-uns d'entre eux échapper à « l'épée, à la famine et à la peste, afin qu'ils racontent « tous leurs crimes chez les peuples où ils iront : et « ils sauront que moi je suis Jéhovah. »

Les juifs sont très-malheureux à Jérusalem : on les entasse dans un étroit quartier, sans air et sans soleil, entre le mont Sion et l'emplacement du Temple — le Ghetto de Rome est un lieu de délices en comparaison — c'est là qu'ils vivent dans la saleté et dans la misère. Les musulmans, qui les détestent et les méprisent, leur ont interdit pendant longtemps l'accès des rues qui conduisent au Saint-Sépulcre. Ce n'est pas d'aujourd'hui que les juifs ont mauvaise réputation : «Parcourez les rues de Jérusalem, dit Jérémie, et voyez et considérez ; cherchez dans ses places publiques si vous y trouverez un homme, *un seul* qui accomplisse la justice et recherche la vérité, je pardonnerai à toute la ville.»

A l'exception d'une rue étroite et longue, bordée de bazars assez mesquins, et qui aboutit à la *Porte-Judiciaire,* leur quartier n'est qu'un assemblage de ruelles tortueuses et sans pavés, poussière l'été et boue l'hiver. Plusieurs fois j'ai assisté à leur office dans la synagogue délabrée où le Grand-Rabbin, qu'on nomme Khakham, les réunit chaque samedi : c'est lugubre et sans grandeur. Ce n'est pas là qu'il faut voir les juifs, c'est au pied du mont Moriah, à l'ouest du Temple, dans une des plus vieilles rues de Jérusalem, où se trouvent encore les traces antiques de la reconstruction d'Esdras, et des blocs de pierre placés là sous les yeux des prophètes.

C'est en ce lieu que, dans la relevée du vendredi, ils s'assemblent pour lire les Lamentations de Jérémie.

C'est une scène d'une incomparable grandeur, et j'ai rarement éprouvé une émotion plus profonde. Il y a là toute une foule, hommes et femmes, enfants et vieillards, race flétrie et dégradée, mais belle encore, et montrant çà et là des types superbes de sa noblesse native, un front qui s'élargit aux tempes — comme pour contenir une pensée plus abondante — une main fine et souple, une flamme à l'œil, des dents nacrées et la fière courbure des nez aquilins. Ils sont là, se regardant à peine, immobiles et silencieux; puis tout à coup un vieillard s'avance et, debout, à demi tourné vers la muraille, d'une voix que les sanglots semblent étouffer, il lit devant tous les grandes Lamentations du prophète:

« Les rues de Sion mènent le deuil, parce qu'il n'y a plus personne qui vienne à ses fêtes; toutes ses portes sont renversées, ses prêtres gémissent, ses vierges sont défigurées par le chagrin; elle est accablée d'angoisses. Ses ennemis la tiennent sous leur domination et s'enrichissent de ses dépouilles; car le Seigneur l'a punie, à cause de ses forfaits sans nombre. Les petits enfants ont été conduits en esclavage, le vainqueur les chassant devant lui. Toute la beauté de Sion s'est évanouie; ses princes sont devenus comme des béliers qui ne trouvent point de pâturages: on les a vus se traîner sans force pendant que l'ennemi les poursuivait... Les vieillards, assis dans la poussière, demeurent en silence, la tête couverte de cendre, un cilice autour des reins; ses jeunes filles marchent le front baissé vers la terre. Pour moi, mes yeux se sont éteints à force de pleurer, j'ai l'âme troublée d'une violente émotion; les blessures de mon pays m'ont brisé le cœur, surtout quand j'ai vu de petits enfants s'évanouir au milieu des places publiques, en disant à leurs mères: Du pain! du vin! et tomber d'inanition dans les rues de la ville comme s'ils eussent été blessés à mort, et rendre l'âme sur le sein de leurs mères. A qui te comparer? ô Jérusalem! à qui te nommer semblable?

Y a-t-il rien d'égal à tes maux? Et comment te consoler, ô Sion? Ta douleur est immense comme la mer; qui pourra te guérir?»

Cependant, les femmes prosternées frappent leurs poitrines et souillent leur front dans la poussière. De temps en temps, le lecteur s'arrête, et une sorte de nénie lente et douloureuse, partie de toutes ces poitrines remplit l'air de sa mélopée traînante, et devient ainsi comme le chœur solennel qui, tour à tour, accompagne et suspend le récit.

Rien n'a pu adoucir, dans le cœur des juifs, l'amertume de la patrie perdue. Ils portent en tous lieux le deuil de Jérusalem, et, pour la pleurer, ils trouvent partout des accents sublimes.

« O Sion, s'écrie un de leurs plus célèbres poëtes, quand je pleure ta chute, c'est le cri lugubre du chacal; mais quand je rêve le retour de la captivité, ce sont les accents de la harpe qui, jadis, accompagnait tes chants divins. Pourquoi mon âme ne peut-elle planer sur les lieux où la Divinité se révélait à tes prophètes? Donne-moi des ailes, et je porterai sur tes ruines les débris de mon cœur; j'embrasserai tes pierres muettes, et mon front touchera ta sainte poussière. Qu'il me serait doux de marcher nu-pieds sur les ruines de ton sanctuaire, à l'endroit où la terre s'ouvrit pour recevoir dans son sein l'Arche d'alliance et ses chérubins! J'arracherais de ma tête cette vaine parure, et je maudirais le destin qui a jeté tes pieux adorateurs sur une terre profane. Comment pourrais-je m'abandonner aux jouissances de cette vie, quand je vois des chiens entraîner tes lionceaux ? Mes yeux fuient la lumière du jour, qui me fait voir des corbeaux enlevant dans les airs les cadavres de tes aigles. Arrête-toi, coupe de souffrances ! laisse-moi un seul moment de repos ; car déjà toutes mes veines sont remplies de tes amertumes. Un seul moment, que je pense à Ohola (Samarie), et puis j'achèverai ton amer breuvage ; encore un court souvenir d'Oholiba (Jérusalem), et puis je te viderai jusqu'à la lie. »

Il faut qu'une patrie soit noble et grande pour être aimée ainsi.

On a voulu faire mentir les prophètes, reconstruire une nationalité juive, restaurer le royaume de David et ranimer Jérusalem. Jérémie, cependant, a dit à la Judée, au nom de l'Éternel : « Je jure que je ferai de toi une solitude, et que tes villes seront désertes. »

L'histoire ne lui a que trop donné raison. Frappé au cœur par Titus et par Sévère, le peuple juif ne s'est pas relevé. La Palestine n'est plus qu'une province conquise où campent les nations : hier les Francs, aujourd'hui les Turcs, et demain qui ? « Une multitude de peuples passera sur Jérusalem, et chacun dira à son voisin : Pourquoi Jehovah a-t-il fait ainsi à cette grande ville ? »

VIII

Les musulmans.

Les musulmans de Jérusalem, au nombre de cinq à six mille, se divisent en Turcs et en Arabes; des différences profondes séparent les deux races. Le Turc a des qualités morales : il est religieux et tolérant, désireux du gain, mais esclave de la parole donnée; plus souple à se plier au malheur qu'énergique à la résistance, à moins qu'il n'ait mis pour enjeu de la partie, son nom, sa nationalité ou sa religion. Les Arabes, au contraire, sont des bandits poétiques, élégants et voleurs, perfides et polis, trompeurs et séduisants, farouches et doux, assis sur des têtes coupées et contemplant le ciel bleu, faisant boire du sang aux épées et rimant des surates galantes; chevaliers infidèles, aux mains fines et violentes, fixant sur vous un grand œil mélancolique, et profitant, pour vous tromper, du moment où ils vous voient attendri; fils d'Ismaël, gardant fidèlement l'antique tradition de leur père, et posant fièrement l'antagonisme de leur race avec tout ce qui n'est pas elle.

Mais ce n'est point dans les villes qu'il faut voir cet

enfant du désert ; les murs de pierres l'oppressent, et il semble porter le poids de sa maison sur son cou qui veut rester libre ! Il faut lui rendre son village errant, son palais de toile, les sables d'or semés d'oasis, et l'horizon mobile, flottant devant lui dans l'espace sans bornes.

Du reste, tous les contrastes se croisent et se heurtent dans cette race puissante : tout s'y rencontre, depuis les appétits violents de la réalité la plus terrestre jusqu'aux rêves et aux contemplations mystiques de l'idéalité la plus éthérée.

J'aurais voulu saisir et crayonner les individualités les plus marquantes de Jérusalem — il est vrai qu'il y en a peu — l'absence des femmes, ce lien aimable des rapports sociaux, rend cette étude plus difficile. On ne voit les hommes que l'un après l'autre. Il faut faire le tour de la ville pour connaître tout le monde. Ce qu'on appelle un *salon* est chose inconnue en Orient ; on se rencontre, on ne se réunit pas.

Les Européens y deviennent généralement très-nerveux, fument beaucoup, prennent du thé trop vert et du café trop noir, abusent de l'opium et tournent au mélancolique : ce sont des élégies en habit noir.

Le gouverneur de la ville, Hifvi-Pacha, pacha de première classe, portant le titre de *Moushïr*, n'a point l'influence sociale qu'une haute position assure aux hommes énergiques dans tous les pays du monde. On l'aime parce qu'il est bon; mais, parce qu'il est faible, on ne le respecte pas. Il n'est point opposé à l'influence européenne ; je crois même qu'il aime assez les Français, il les accueille du moins avec une grande courtoisie. Mais il est vieux ; et ce n'est pas une main sénile qui peut contenir aujourd'hui tous les frémissements et toutes les impatiences de ce peuple soulevé. Jérusalem est une ville de religieux, de poëtes et de rêveurs. Les hommes d'affaires ne s'y plaisent pas, et les consuls y sont particulièrement ennuyés. Le *whist*, qui, partout ailleurs, charme les soirées des diplomates, est ici presque complétement inconnu. Quand on ne peut pas s'endormir dans les délices de la vie de famille, on ne sait vraiment que faire des vingt-quatre heures que Dieu nous donne à dépenser chaque jour. Le *kief* ne peut pas tout prendre, et son interrègne est embarrassant pour beaucoup ; le *kief* est le *far niente* perfectionné. Le *far niente*, aux mains oisives, se livre du moins à ses contemplations et à ses rêves ; le *kief* supprime tout cela : il remplace la poésie par le tabac, qui supprime le reste. Le *kief* est une des habitudes de l'Orient ; le soleil en fait un de ses besoins !

Pendant que j'étais à Jérusalem les premiers bruits de guerre avaient déjà fait tressaillir l'Orient. Je vis un matin partir la garnison turque. Elle quittait le Jourdain pour le Danube. Ce départ a été un des plus beaux spectacles que j'aie jamais vus. Rarement, l'enthousiasme d'un peuple a éclaté avec plus d'ardeur.

On avait divisé la petite troupe en deux corps. Un chœur de musiciens, instrumentistes et chanteurs, était placé entre deux haies de soldats. Les fifres, les petites flûtes et les tambours, s'interrompaient de temps en temps, et toute la petite armée, d'une seule voix et d'une seule âme, reprenait le refrain d'une hymne guerrière. Voici ce refrain qu'un jeune officier a bien voulu traduire pour moi :

A la guerre sainte !
Que Dieu extermine l'infidèle !
Que Dieu bénisse celui qui est avec nous !
Maudit, celui qui est contre nous !
A la guerre sainte !
Allah ! Allah ! iallah !

Toutes les maisons étaient fermées. Le peuple se répandait dans les rues ; les femmes, toujours voilées, mais se mêlant aux hommes, chantaient et pleuraient; c'étaient des mères, des sœurs, des femmes, des amantes ; mais c'étaient surtout des musulmanes : il y avait de l'héroïsme dans ces larmes promptement séchées, autant peut-être que dans ces chants mêmes !

Toute la journée a été pleine d'émotion populaire. On est allé conduire à deux lieues de la ville l'*armée de la foi ;* puis, au moment où l'on allait perdre de vue la tour de David et les portes crénelées, tous se sont retournés vers Jérusalem la sainte, sainte pour les musulmans comme pour les chrétiens : c'était l'heure des adieux suprêmes ! Bientôt un repli de la montagne a dérobé à nos yeux le croissant des étendards et les derniers rangs du bataillon ; on entendait toujours le refrain belliqueux :

A la guerre sainte !
A la guerre sainte !
Allah ! Allah ! iallah !

... La foule est restée un instant silencieuse. Puis en

rentrant dans la ville, quand on a vu sur toutes les mosquées flotter l'étendard du prophète, on a oublié le danger et l'absence plus cruelle; on n'a plus songé qu'à l'indépendance menacée, à l'honneur de la patrie insultée: tous ces grands ressentiments faisaient tressaillir jusque dans leurs fondements les murailles d'Omar et de Saladin.

Si ce peuple est destiné à mourir, il aura du moins mérité une oraison funèbre et de grandes funérailles!

Cette émotion, que je comprends si bien, n'a été l'occasion d'aucune manifestation fâcheuse contre les Européens. Les Français, qui se promenaient en assez grand nombre dans la ville, étaient salués avec des marques de respectueuse sympathie. J'ai entendu plusieurs fois autour de moi « Frangi amici! *Françouaï buono!* » Puis nos souvenirs de gloire revenaient sur toutes les lèvres: on oublie le canon de Saint-Jean-d'Acre, et on parle encore des Pyramides et du mont Thabor.

Il est plus facile d'aller à Jérusalem que d'en revenir. Notre petite troupe a été reçue avec un tel enthousiasme par nos frères latins qu'ils ne veulent plus la laisser partir. Nos fusils à deux coups expliquent, s'ils ne justifient pas, cet accueil beaucoup trop distingué. On nous assure qu'avec une centaine de cartouches, judidicieusement employées, nous pouvons nous emparer de la place: nous verrons plus tard ce que nous en ferons. Les Turcs eux-mêmes ne paraissent pas demander mieux que de nous voir maîtres chez eux... du moins pour quelque temps.

La garnison une fois partie, le pays reste abandonné à lui-même, ce qui ne le rassure que médiocrement... il se connaît! Or, voici ce qui arrive quand les garnisons sont parties : les campagnes, qu'aucun décret n'a désarmées, descendent dans les villes, pillent les Européens d'abord, pour se mettre en train, et ensuite passent aux musulmans avec la plus extrême facilité.

Voilà où en est Jérusalem aujourd'hui. Nos murs sont assez solides, et nous nous gardons de notre mieux; mais nous entendons chaque nuit la fusillade chez nos voisins. Par bonheur, on ne se tue pas encore beaucoup, mais on se fait la main. Le vieux pacha — je ne veux pas dire du mal d'un homme chez qui j'ai fumé — n'a pas la force de réprimer ce désordre : il tâche, mais les moyens sont mauvais.

Voici ce qu'il a trouvé de mieux : il s'est imaginé de lever une espèce de troupe irrégulière et non habillée, qu'on appelle *Bachim-Bozuk*, et qui est chargée de la police de la ville. Cette police se fait à coups de bâton : les agents vous prennent, vous jugent et vous exécutent; le tout est fait en un tour de main, et on évite ainsi les ennuis de la police correctionnelle. Malheureusement les délinquants ne sont pas toujours d'humeur à se laisser bâtonner : ils résistent. La police, qui ne veut pas avoir le dessous, renforce ses bataillons; d'un autre côté, les parents et amis soutiennent le révolté : il en résulte naturellement une bataille générale. Les enfants se sauvent en criant, les chiens aboient à la lune, et, du haut de leurs terrasses, les femmes versent de l'eau ou jettent des pierres sur la garde, engagée dans des rues étroites. On appelle cela rétablir l'ordre et mettre la paix dans la ville. Quand ils se seront tous exterminés, on pourra faire une variante à cette phrase trop fameuse dans les souvenirs de la diplomatie européenne : « L'ordre règne à Varsovie ! »

L'état des campagnes est pire encore.

La civilisation a du moins apporté dans les villes une sorte d'adoucissement aux mœurs, et quelque chose qui ressemble à de la légalité. Les campagnes sont livrées à la brutalité des mains violentes. Il faudrait une autorité toute-puissante pour contenir et maîtriser toutes ces tribus ennemies et frémissantes. La plaine et la montagne se déclarent fièrement la guerre, comme nos seigneurs féodaux ou nos républiques du moyen âge. On nous a promis une bataille rangée entre la tribu d'Abou-Gosch et celle du Mont-Saint-Jean : on veut savoir à qui des Abou-Gosch ou de ceux du Mont-Saint-Jean appartiendra le droit de rançonner les Européens.

Plusieurs pèlerins font des vœux pour Abou-Gosch, homme de façons charmantes et qui vous détrousse une caravane avec une bonne grâce, une politesse et une recherche de formes dignes d'un prince mieux élevé. Il faudra beaucoup d'exercice au Mont-Saint-Jean pour arriver à cette désinvolture élégante ; le champ de bataille est déjà indiqué, on partira des deux collines du Térébinthe pour se rejoindre dans la vallée : ce jour-là la poudre parlera !

Le gouvernement turc n'est pas complice de ces désordres ; il les regrette, il s'en afflige, il voudrait les prévenir et les réparer. Mais aujourd'hui il n'y a pas un soldat dans toute la Palestine : pour le gouvernement, l'ennemi véritable n'est pas le Bédouin qui, après tout, honore Mahomet et adore Allah : c'est le Russe, qui veut poser la croix grecque sur la coupole de Sainte-Sophie. Du reste, ces *Arabes-Bédouaï*, protégés par leurs montagnes, cachés dans les gorges de leurs vallées, braveraient longtemps les efforts du gouvernement le plus énergique. Ici on ne peut faire la paix qu'en faisant la solitude : un trait suffira pour montrer leur audace.

Pendant que nous étions à Jérusalem, on voulut relever la garnison d'Hébron, qui garde les frontières dangereuses de l'Arabie. On envoya, sous escorte, des chameaux et des mulets pour le transport des malades, des bagages et des effets de campement. A quatre lieues de Jérusalem, mulets, chameaux, escorte, tout a été enlevé ; c'est chez le pacha même que la nouvelle m'en a été donnée.

Au milieu de toutes ces commotions soudaines et de ces changements qui attendent votre réveil chaque matin, il est curieux d'étudier le flegme turc et l'impassibilité musulmane : « C'était écrit ! » ce mot répond à tout ; « Dieu le veut ! » avec cela on n'a plus à s'occuper de rien. Je vois d'ici la figure que ferait Paris s'il se trouvait dans l'impasse où s'endort Jérusalem. Quelle agitation sous le péristyle de la Bourse, quel concours sur le boulevard Italien, quel empressement chez Tortoni ! Ici, quand le Bachim-Bozuk a passé et qu'il a fait ses petites exécutions, tout rentre dans le calme apparent et l'ordre accoutumé. Le marchand étale dans le bazar entr'ouvert ses étoffes de Damas et ses verroteries d'Hébron; le santon, un rosaire à la main, égrène ses prières en marchant à petits pas, tandis qu'un fatimite en turban vert peigne au soleil sa longue barbe noire, ou passe à vos côtés sans daigner même tourner vers vous sa prunelle indolente.

Un jour nous avions fait une excursion dans les environs de Jérusalem. Nous revînmes dans l'après-midi. A deux lieues de la ville nous entendîmes quelques volées de canon, qui résonnaient en éclats formidables dans les vallées de la Géhenne et de Josaphat; je craignais de trouver les portes fermées : nous mîmes nos chevaux au galop, et nous arrivâmes avant le coucher du soleil.

C'était grande fête chez les Turcs : la fête du Courban-Beiram, ou fête du *Sacrifice*. On immole des victimes vivantes dans tout l'empire de l'*Islam*. Dans les petites localités trop pauvres pour adorer à grands frais, on se contente de couper le cou à un poulet que l'imam — c'est le prêtre — mange en famille. A la Mecke, où les pèlerinages rassemblent en ce moment la fleur des croyants, on immole une brebis, un bœuf et un chameau.

Je crois qu'à Jérusalem on se contente du bœuf et de la brebis. J'avais grande envie d'assister au sacrifice, mais le bon vouloir du pacha lui-même ne pouvait m'ouvrir les portes de la mosquée d'Omar; la peine de mort est prononcée contre tout *infidèle* qui tenterait seulement d'en franchir le seuil : j'ai dû me contenter de ce que j'ai pu voir du dehors, en me tenant même à une certaine distance... par égard pour la bastonnade. Le muezzin annonçait la prière du balcon de tous les minarets, à grand renfort de voix; il s'agissait, en effet, d'une fête solennelle. Ce jour-là, les riches étrennent des habits neufs; les plus pauvres retrouvent un bout d'étoffe blanche, pour enrouler autour de leurs têtes rasées; tout ce monde se promène lentement par les rues et va prier dans les temples, le tarbousch en tête et les pieds nus. Les cimetières regorgent de monde; on dirait le Père-Lachaise, le deux novembre. Les femmes dominent dans cette foule recueillie et attristée; elles restent longtemps immobiles sur les tombeaux de leurs morts, pareilles à des statues de la Douleur; elles sont pour ce jour-là vêtues de bleu, voilées de blanc, masquées de noir. De temps en temps, elles s'assoient en cercle autour de la pierre funèbre, se serrant les mains, et, à voix basse, échangeant entre elles les amères et douces paroles du regret et de l'espérance.

Quand on a bien prié et bien pleuré, on va manger! Les Turcs mangent beaucoup! Les femmes, comme on sait, sont exclues de ces repas; les femmes n'ont pas le droit de manger devant leurs *seigneurs;* mais du moins elles se visitent loin des hommes, et passent une partie de la soirée au bain, et presque toute la nuit sur leurs terrasses fraîches.

Le vieux William Shakspeare, qui avait toutes les délicatesses du cœur et toutes les sublimités de l'esprit, disait bien quand il disait : « La plus chaste fille est déjà moins chaste, quand elle laisse voir sa beauté à la lune! » On ne sait pas à quel point la lune est indiscrète dans ces belles nuits d'Orient, transparentes et sereines. La terrasse vous montre tout ce que le harem vous cache: ce ne sont plus les longues robes de deuil du matin; on a dépouillé ces voiles jaloux qui cachent la beauté des formes et la grâce des mouvements.

Cependant, de l'intérieur des *odas* (chambres de femmes) sortent des accords harmonieux de voix et d'instruments, qui accompagnent doucement la causerie familière. Ici chantent les esclaves de Géorgie; plus loin, les noires Éthiopiennes, assises sur leurs talons, grattent avec le bout d'une plume de paon les cordes de fer d'un *tambur* (espèce de mandoline turque), tandis que d'autres attaquent, avec la prestesse d'un Espagnol ou d'un Basque, le parchemin sonore des *tars* de Damas, incrustés de nacre et d'ébène. Les pastilles odorantes brûlent dans des réchauds d'argent ciselé; les confitures passent, de main en main, dans des coupes de vermeil posées sur des plateaux de nacre; puis, on cause un peu, on rit beaucoup et on ne pense plus guère qu'il y a au monde des êtres barbus, désagréables, qu'on appelle des hommes; mais, de temps en temps, un grand œil noir, mélancolique, une prunelle ardente, qui semble nager dans une lumière nacrée, se lève doucement vers le ciel comme pour lui demander pardon de cette joie du soir, si oublieuse déjà du deuil et des larmes du matin.

IX

La maison du poëte.

A côté de l'Orient officiel et banal qui se trouve sous les pieds des plus vulgaires touristes—il n'y a qu'à se baisser pour le voir — il en est un autre, mystérieux, impénétrable, muré comme un cloître, discret comme la nuit, et que vous pouvez coudoyer pendant cent ans, sans même soupçonner son existence.

Le hasard parfois soulève un coin du voile, et tout à coup votre œil ébloui découvre comme un horizon nouveau, qui déroule devant lui des perspectives infinies. Si vous n'avez pas eu cette fortune propice, vous ne saurez jamais ce qui se passe derrière ces hautes et sombres murailles qui laissent à peine infiltrer un rayon de soleil à travers le treillage avare d'un moucharabi : Même pour les plus heureux, la révélation n'est jamais complète. Le harem est un sanctuaire inaccessible; on ne corrompt pas la garde qui veille à ses portes, et l'amitié la plus aveuglément confiante ne vous accorde jamais une faveur qui deviendrait un outrage pour la femme: elle s'honore de la jalousie qu'elle inspire.

J'ai éprouvé en Orient dans sa grâce aimable et dans sa familiarité charmante une sympathique hospitalité.

— J'avais plus d'une fois remarqué, soit au Saint-Sépulcre, soit aux stations de la *Voie-douloureuse*, soit dans les grands sites qui avoisinent Jérusalem, au village de Siloë, dans la vallée de Josaphat, ou sur les bords du torrent de Cédron, un Arabe, dont le grand air et la fière tournure m'auraient frappé partout. Ici les objets mêmes qui l'entouraient semblaient rehausser encore la dignité de sa personne. Plus d'une fois je l'avais surpris, assis dans l'ombre d'un sanctuaire, écoutant d'une oreille attentive et charmée, les cantiques de l'orgue à l'office des Latins; les moines Franciscains l'attiraient, et, d'un autel à l'autre, il suivait du regard la longue file des Pères en robe de bure, qui chantaient les Psaumes ou récitaient les grandes Lamentations des prophètes.

Un jour, mélancoliquement appuyé sur le fût d'une colonne brisée, je ne sais plus en quel lieu, désigné d'avance à la visite pieuse des pèlerins, il cherchait avec ce regard pénétrant du rêveur, qui voit si bien quand il voit, à deviner la pensée sous tous ces fronts étrangers; puis, quand la foule s'était retirée, il restait seul, et passait de longues heures immobile et perdu comme dans l'extase de ses contemplations.

Ce n'était point un *santon;* je l'aurais reconnu tout d'abord; il n'en avait d'ailleurs ni le costume, ni les longs cheveux, ni l'air béat. Sa physionomie avait plutôt cette expression de décision et d'énergie, mêlée à je ne sais quelle grâce tendre, que l'on aurait bien rendue autrefois par le mot *chevaleresque*...

Un matin, je sortais de Jérusalem par la porte de Damas, pour faire le tour de la ville, en suivant les murailles; il rentrait comme je sortais; nous étions tous deux à cheval. Plusieurs fois déjà nos yeux s'étaient rencontrés, et, sans nous être jamais parlé, nous nous connaissions. Il montait un de ces beaux et nobles chevaux du *Nedji*, dont la race aristocratique s'est conservée jusqu'ici sans altération et sans mélange. Un Arabe à cheval, quand on le regarde un peu, se refuse difficilement au plaisir de la fantasia; celui-ci serra le flanc, rendit la main, et après quelques bonds désordonnés, commença, au milieu des pierres, des ravins et des précipices, un *djerid* des plus animés : tantôt fuyant ventre à terre; puis, revenant vers moi, avec la rapidité d'un éclair, m'enlaçant dans des cercles étroits, et brodant au triple galop des festons et des arabesques autour de moi; puis, tout à coup, arrêtant son cheval sur les jarrets, comme on brise un ressort, il porta la main à sa poitrine et à son front, et rentra dans la ville.

Le soir même, je le retrouvais au divan d'Hifvi-Pacha, qui nous nommait l'un à l'autre, comme on ferait dans un salon de Londres ou de Paris.

Abou-Nowas-Ben-Nowas est un poëte distingué et un grand voyageur. Il a l'heureuse indépendance que donne la fortune; quand il quitte un pays, il va devant lui, sans trop savoir où, et quand une ville ou un site lui plaisent, il y prend une maison, ou y plante sa tente;

puis quand il en a savouré le charme et tari la poésie, comme on épuise la liqueur d'une coupe, il part emportant ses livres et emmenant ses chevaux. Abou-Nowas a bien voulu m'engager à passer une journée chez lui. Grâce à Dieu ! il parle l'espagnol comme un Castillan, et nous pouvons causer sans l'intermédiaire de ces drogmans qui font de la conversation en Orient une des choses les plus insipides que je sache.

Abou-Nowas a choisi en poëte l'emplacement de sa maison : à l'ouest de la ville, en face du puits de Néhémie, à l'endroit où se rejoignent les trois vallées du Cédron, de Josaphat et de la Géhenne. Du haut de sa terrasse, il a devant les yeux un des plus augustes et à la fois des plus tristes paysages qu'il soit donné à l'homme de contempler : la terre béante et déchirée laissant voir son squelette de granit, le lit du torrent parsemé de rochers, les montagnes arides, aux flancs âpres, au sommet chauve, çà et là quelque nopal épineux, ou bien, entre deux tombeaux, un figuier stérile ; ici les oliviers séculaires le Gethsemani, à l'ombre desquels le Christ sua du sang, et plus haut la montagne d'où il s'éleva aux cieux.

Quand il fut averti de ma présence, Abou-Nowas vint me recevoir au seuil de son divan, et, me faisant asseoir à l'angle le plus reculé de l'appartement : « Excusez-moi, dit-il, je ne suis ici qu'en passant ; ce n'est pas *chez moi* que je vous reçois. Je n'ai plus de chez moi, ajouta-t-il avec un sourire mélancolique. Il y a trois ans, j'étais en Espagne, c'est le seul pays d'Europe que j'aie voulu connaître ; j'y retrouvais à chaque pas la trace et le nom de mes pères... ailleurs, qu'aurais-je vu? Il y a un an, j'étais à la Mecke; aujourd'hui, me voici à Jérusalem. J'y suis venu à travers le désert, avec une caravane de croyants... Je comptais y passer un mois; je ne sais plus quand j'en partirai; je m'en rapporte à Dieu : c'est lui qui arrange ma vie, je ne me mêle plus de rien. « C'est écrit! »

Ici Abou-Nowas frappa légèrement dans ses mains, et un grand Ethiopien, noir et lustré comme l'ébène, avec une chemise bleue sans manches pour tout vêtement, et pour toute parure une bague dans la narine gauche, entra, portant sur la paume de sa main renversée, un plateau de confitures de citron et de cédrat, et des limonades fraîches comme des sorbets. Il fit passer prestement le plateau de la main droite dans la main gauche, et, pliant le genou, le posa à terre sur une natte aux vives couleurs, à côté d'un mouchoir de lin passablement blanc, brodé de fleurs et de fruits artistement imités. On apporta en même temps les narghilehs, chargés de ce blond tombaki de Perse, auquel une préparation habile enlève ses aromes trop âcres, pour ne lui laisser qu'une douce saveur affaiblie, et le café, qui fut servi brûlant dans des coupes de Chine, transparentes à force d'être fines, et montées, comme chez le patriarche arménien, sur des pieds ouvragés en filigrane de Damas, qui préservent le doigt de tout contact imprudent. Nous prîmes le café en fumant et sans mot dire : un Arabe n'a pas trop de toute son attention pour vaquer à ces graves opérations.

On enleva les tasses, et on fit glisser dans sa rainure

le volet d'une petite fenêtre grillée : je pus voir à mon aise l'intérieur du divan, dont les détails avaient échappé à un premier coup d'œil ; les matelas de coton et de crin, sur lesquels on empile les coussins et les oreillers, revêtus de ces étoffes légères que nous appelons *indiennes*, occupaient trois côtés de la chambre. Les murs étaient recouverts d'un enduit blanc qui avait le poli éclatant du stuc ; des *grecques* d'un rose tendre l'encadraient de toutes parts ; des guirlandes de fleurs et des arabesques d'un bleu clair couraient d'un angle à l'autre : au milieu de chaque paroi, une inscription en grands caractères arabes tracés au carmin, rappelait quelques-unes des plus belles sentences du Koran ; on lisait au-dessous des strophes amoureuses, tirées des œuvres de la jeunesse d'Abou-Nowas. Le plafond était étoilé de constellations et d'hiéroglyphes. Ces vives couleurs s'harmoniaient avec une profonde intelligence des susceptibilités de la rétine : l'œil était ébloui et non fatigué. Une petite lanterne, découpée à jour, descendait à quelques pieds de la voûte, retenue par trois chaînes aux anneaux dorés ; ses parois de cristal tailladé étaient défendues par un léger treillis, qui laissait apercevoir, à travers des mailles colorées, la forme antique d'une lampe à trois becs. C'est, du reste, le seul ornement du divan. Je me penchai à la petite fenêtre ouverte sur la cour intérieure : rien de plus frais et de plus charmant. Une légère galerie en forme de cloître courait tout autour, l'enlaçant d'une guirlande d'arceaux légers ; à chaque coin, des orangers, des citronniers et un sycomore opposant leur verdure foncée à la blancheur ardente des murs; au-dessous du cloître, une mosaïque, de tuiles rouges et bleues, étalait sa bordure d'incrustations fantastiques; au milieu de la cour, une fontaine lançait au ciel une gerbe abondante qui égrenait ses épis de perles et de diamants liquides, en retombant dans des vasques de marbre d'Egypte. Cependant les mimosas suspendaient aux colonnes leurs lianes caressantes, les convolvulus laissaient retomber de toutes parts leurs clochettes aux mille nuances, et les jasmins du Cap faisaient briller dans le vert feuillage leur petite étoile d'argent.

Nous fîmes le tour du cloître. Le soir venait: le jasmin embaumait l'air et la fontaine murmurait des notes cristallines.

— «Ici, me dit Abou-Nowas, j'ai trouvé la paix... ou quelque chose qui lui ressemble; je crois que j'y resterai longtemps. »

On avait étendu dans un angle de la cour des châles de Perse en guise de tapis: nous nous assîmes à l'ombre d'un figuier.

— « Vous autres Occidentaux, reprit Abou-Nowas après un moment de silence, vous ne connaissez point l'Orient. Vous le traversez au galop de vos caravanes; vous distribuez des *bakchis* aux pachas et aux mutzelims pour avoir des firmans, des coups de courbaches à vos *mouckres* pour avoir la paix, et puis vous écrivez des pages sonores sur la misère, l'oppression et la vénalité.

— «Mais, répondis-je, ceci me paraît assez juste.

— «Eh sans doute! tout ce qu'on dit est ordinairement

assez juste ; mais ici comme partout, vous n'apercevez que la moitié de la question. Si les hommes d'Orient font si peu pour les hommes, c'est que la nature a fait assez pour eux. Le soleil, qui les nourrit et les vêtit, offre à leurs yeux une fête éternelle. Avec quelques pièces de votre plus menue monnaie d'Europe, ils désarment la vie de ses plus impérieux besoins. Ici on ne travaille pas pour des héritiers incertains ; en Europe vous dites : A chaque jour suffit son mal ; ici nous disons : A chaque jour suffit son pain ; et quand ce pain est assuré, le reste du temps est accordé aux jouissances ou du corps ou de l'esprit. Le plus pauvre fellah est assez riche pour fumer son *tchibouck* deux ou trois fois par jour, et pour faire deux ou trois heures de kief, pendant lesquelles il a des rêves de sultan. Cela lui suffit. Quant aux hommes qui vivent par la pensée, l'Orient est leur vraie patrie. Ici, la rêverie est sans limite, et l'âme, que les sens moins grossiers n'asservissent pas comme chez vous, s'élève à des contemplations qui peuvent monter jusqu'à l'extase. De là naissent pour nous de nouveaux besoins, dont la subtilité vous échappe, et que vous condamnez parce que vous ne les comprenez pas.

« Tout à l'heure, quand les esclaves ont jeté l'encens et l'aloès dans ces *machallahs* d'argent suspendus sous le cloître, quand vous les avez vus répandre, sur les coussins de mon divan, l'huile de rose et l'essence de benjoin..., vous avez eu un peu d'étonnement dans l'œil..., ce n'a été qu'un éclair, mais je l'ai surpris au passage. Eh bien ! cette profusion est une nécessité.

Notre âme légère et subtilisée est toujours prête à s'évaporer dans l'air ténu qui nous baigne, et les parfums sont comme les liens invisibles et sûrs qui la retiennent ici-bas.

—« A la rigueur, je comprends cela, lui répondis-je; mais cette contemplation excessive vous éloigne de plus en plus du vrai but de la vie, qui est l'action.

—« En Occident, peut-être, mais non pas en Orient! Voyez ma main, ajouta-t-il, est-elle faite pour agir? »

Et il me tendit cette main effilée, cette paume étroite et molle, ces doigts lisses, dont les phalanges se rattachent sans nœuds, signe distinctif des races purement psychiques...

— « Soit. Me voilà convaincu; mais ces doigts indolents peuvent du moins tenir la plume, et recueillir chaque matin, dans des strophes harmonieuses, les rêves de la nuit... Cela même serait des œuvres, et cette main blanche ne serait pas une main vide!

— « C'est ce que je faisais quand j'étais plus jeune, reprit-il avec le sourire mélancolique d'un homme de quarante ans; mais un autre Abou-Nowas, le plus illustre de mes ancêtres, a conquis de la gloire pour tous ceux de son nom... Et puis, tenez, ajouta-t-il, nous ne ferons jamais mieux que l'école de Grenade... Aucun de nous ne vaudra maintenant les lions et les aigles de l'Alhambrah. Depuis que j'ai lu les poésies des Maures d'Espagne, Ibn-Abdoun, Ab-Moutamid, Ibn-Khe-Sadjah et tant d'autres.... j'ai brisé ma plume. »

Abou-Nowas-Ben-Nowas laissa tomber sa tête dans sa main et resta pensif un instant. Quand il la releva, il y avait un sourire sur ses lèvres, mais il y avait une larme dans ses yeux.

Nous rentrâmes au divan; c'était l'heure du dîner, on nous servit par terre, dans un immense plat de faïence anglaise, un poulet au pilau, que nous mangeâmes délicatement avec nos doigts, pendant que des musiciens invisibles nous donnaient une sérénade, où je regrettais la prédominance accordée aux notes aiguës. L'oreille s'y accoutume cependant et trouve un certain charme à ce dessin mélodique assez pur, sans harmonie savante, sans recherche d'accompagnement, plus propre à rendre l'énergie des sentiments que la variété des idées.

Le soir vint trop vite; il fallait se quitter : je partais de Jérusalem le lendemain. Abou-Nowas et moi nous ne nous reverrons sans doute jamais, mais il saura du moins que je relirai avec bonheur la page de mes souvenirs où j'écris son nom.

X

Les femmes d'Orient, le couvent de Jérusalem et la sœur Émilie.

Elle est belle la femme d'Orient, Haydée, Gulnare ou Médorah, belle comme le rêve d'un poëte ; voyez plutôt : c'est le soir ; elle est descendue dans les jardins du harem, elle traverse lentement les longues allées ou s'arrête un instant sous les citronniers et les jasmins en fleurs ; elle vient de regarder le ciel. Quelles flammes humides dans son grand œil noir mélancolique, brillant et doux comme l'œil des gazelles de son pays ! Maintenant qu'elle ne craint plus les regards indiscrets, elle laisse aux mains des odalisques l'*iasmak* blanc qui voile son front, et le *féredjé* qui dérobe sa taille sous de vastes plis. Sa veste aux larges manches relevées, sa veste brochée de fleurs d'argent s'entr'ouvre au corsage et laisse voir une chemise de gaze, insaisissable, étincelante, — un rayon et un souffle tissus ensemble. Le *chalwar* flottant descend jusqu'à ses pieds, dont la pointe se cache dans des *terliks* semés de perles ; des anneaux d'argent sonnent à ses chevilles nues; son bras sculpté dans un marbre vivant s'abandonne aux morsures d'un serpent de saphir à tête de rubis; ses doigts sont chargés de bagues, sur lesquelles l'artiste savant a gravé les surates qui font aimer; deux longues tresses noires, entremêlées de sequins d'or, s'échappent du tarbousch écarlate et parfument l'air qui les caresse; on devine qu'elle n'a qu'à vouloir pour être obéie, et qu'elle entraînerait le monde avec un cheveu de son cou — *uno crine colli sui* — comme dit si bien l'Écriture.

Voilà le portrait d'un modèle entrevu à travers le prisme de l'imagination.

En voici un autre qui n'est pas moins vrai: il est également pris sur la vive nature.

Il est midi, et les esclaves n'ont pas encore relevé la tendine de soie devant les fenêtres de l'*oda*. Il ne fait pas encore jour chez les cadines paresseuses. Une d'elles cependant vient de frapper sur un timbre de cuivre; les esclaves accourent: on ouvre au soleil. Gulnare étire ses bras oisifs, je crois qu'Haydée a bâillé, et l'on présente à Médorah le narghileh de Perse chargé de tombaki, dont la fumée emporte les heures pesantes, et prolonge à travers le jour les rêves voluptueux de la nuit. Après le narghileh on servira les conserves parfumées, des sorbets à la neige et des coupes de roses liquides. Ainsi commence, ainsi s'achèvera la journée. Jamais un livre: Médorah ne sait pas lire; jamais une aiguille: la favorite ne travaille pas. Quant à la maison, elle va comme elle peut, livrée aux eslaves qui la pillent. A quoi bon s'occuper de la fortune du maître dont le répudium sans appel peut à chaque instant vous séparer? Les enfants à demi nus, de beaux enfants vraiment! s'ébattent pêle-mêle sur les nattes d'Égypte et se roulent sur les tapis de Lahore. La mère n'a rien à leur apprendre : elle ne sait rien! Une amie est venue en visite : on n'a guère causé — l'Orient cause peu, cela fatigue — mais on a fait déplier les soies de Brousse, les gazes d'Alger et les châles de l'Inde; on a ouvert ses écrins étincelants, essayé des colliers, étalé des perles d'Ophir et des diamants de Golconde; l'amie a été jalouse : cela fait passer une heure ou deux!... Puis, par la porte dérobée on introduit les almées, savantes en l'art d'émouvoir, qui chantent les chansons lascives et dansent les pas provoquants. Le soir arrive, le maître vient — ou ne vient pas. — Demain sera comme aujourd'hui, comme hier, comme toujours!

Telle est la vie des riches! Celle des pauvres n'est pas meilleure : elle a de moins le vernis d'élégance dont la fortune décore ses vices; elle a de plus l'affreuse misère qui punit toujours la paresse du pauvre.

Le mari est absent : il vit peu chez lui; on le trouve au café, dans la mosquée, sous les arbres ou au bord des fontaines; il fuit la vie intérieure. La femme se lève; son premier soin est d'envoyer chercher le tabac de la journée — le pain viendra plus tard — s'il reste quelques piastres au logis. Le tchibouck une fois allumé ne s'éteindra plus qu'au soir. La femme s'assied, bras pendants, jambes croisées, sur son divan en lambeaux, et laisse passer les heures, en suivant d'un œil distrait la blonde spirale de fumée. Les enfants déguenillés crient et pleurent dans un coin. Quelques coups distribués au hasard, mais d'une main vigoureuse, rétablissent le silence et la paix. Une vieille esclave noire leur partage une salade verte ou une tranche de pastèque. La mère fume toujours. Le mari rentre : s'il ne sent pas dans ses flancs l'aiguillon du désir, il n'aura pour sa femme froide et morne, ni une parole, ni un sourire, ni un regard.

Voilà encore une esquisse vraie de la vie orientale !

Ce n'est pas moi pourtant qui jetterai la première pierre à la femme musulmane. Ici, comme ailleurs, la femme est victime des lois oppressives que l'homme a faites pour lui et contre elle. Qu'on le sache bien pourtant, la condition sociale des femmes est la pierre de touche de la civilisation d'un peuple : les musulmans sont punis par où ils pèchent. La femme musulmane n'est pas la compagne de l'homme, honorée à l'égal de lui-même, son amie en même temps que son amante; elle n'est que l'instrument avili du plaisir; c'est une chose; elle s'achète, se troque et se revend. Ce n'est jamais l'épouse selon l'esprit, admise à cette communion des choses humaines et divines, qui, dans la langue énergique et grandiose du droit romain, était devenue la définition même des justes noces. Il est vrai que la femme musulmane ne sent pas toujours le poids de ses chaînes : jeune et belle, c'est la chaîne de roses du plaisir, et plus tard elle s'endormira dans les torpeurs énervantes de l'opium. Quant à moi, ceux-là mêmes m'ont toujours paru plus à plaindre qui ne savaient pas qu'ils étaient misérables.

Mais ce système égoïste rassure la plus grossière comme la plus aveugle des jalousies : celle qui se croit suffisamment protégée par une grille ou par une clef, qui prend la réclusion pour la pudeur, et qui ne distingue pas entre la servitude et la fidélité. Nous imposons moins et nous demandons plus : il nous faut la chasteté volontaire et une foi conjugale qui naisse de l'amour, ou tout au moins du devoir ; quant à la sécurité par réclusion, ni les grands cœurs ne s'y résignent, ni les âmes délicates ne s'en contentent.

Ah ! je comprends maintenant que l'Arabe n'ait pas même de mot pour exprimer le sexe méprisé, et que pour annoncer la naissance d'une fille, il dise à ses amis : Une malheureuse m'est née !

Comparez cependant à la femme dégradée de l'Islam, la femme telle que la civilisation chrétienne nous la fait : égale à tous les devoirs et supérieure à toutes les fortunes, doublant le prix de sa préférence par l'indépendance de son choix, et ennoblissant la vertu même par la liberté qu'elle a de n'être point vertueuse. Avant le mariage, couronnée de grâces, amour des siens, orgueil et joie de la famille ; après le mariage, inspiration, conseil et soutien de l'homme ; riche, elle est la reine du monde, avec un éventail pour sceptre, adoucissant par sa présence seule l'âpreté des contentions viriles et sanctifiant nos mœurs douteuses comme si rien d'impur ne pouvait subsister devant la lumière de ses yeux. Elle administre sa fortune sous les yeux de Dieu, partageant entre les moins heureux le superflu de ses besoins. Libre, elle sort parfois sans qu'un mari ombrageux veuille savoir où elle va... mais les pauvres le savent et lui répondent d'elle.

Descendez-vous de quelques échelons dans la hiérarchie sociale, le luxe a disparu; vous ne retrouvez plus les élégances de la vie dorée; mais partout du moins vous retrouvez dans la maison une main active, industrieuse; vous devinez une Providence aimable et familière, un bon génie attentif, à qui jamais rien n'échappe, et qui se multiplie avec les besoins, comme pour se faire tout à tous.

Descendez encore, venez chez les pauvres : c'est là peut-être que la femme déploie plus d'influence heureuse. A force d'ordre, elle fait face à sa misère; la gêne redouble : la femme grandit dans la lutte, et à cette humble maison à qui manquent tant de choses, elle donnera du moins cette dernière joie des yeux, l'irréprochable propreté, et quant à ceux qui souffrent auprès d'elle, s'il ne lui est pas permis de les guérir, du moins elle les console en les aimant.

Ai-je besoin de démontrer maintenant que le mouvement religieux et social qui s'attaque si courageusement aux misères de Jérusalem doit travailler tout d'abord à la régénération des femmes. La pudeur des femmes est le premier trésor d'une nation; les races qui sauvent un pays sont toujours conçues dans des entrailles chastes.

Cette influence régénératrice, personne ne l'a mieux

comprise que la vénérable Sœur Émilie, supérieure du couvent de Jérusalem.

Ma Sœur, vous lirez ces lignes, et, je le sais, vous ne voulez pas des éloges du monde; vous trouvez tout simple ce qui nous semble si pénible : quitter sa famille, abandonner sa patrie, cette autre famille aussi chère que l'autre, pour venir consumer dans des dévouements aussi sublimes qu'inconnus votre jeunesse en fleurs et les espérances d'une vie heureuse. Ah! vous avez raison, ma Sœur, ce que je dirais serait bien peu auprès de ce que vous faites, et je laisse à vos œuvres le soin de vous louer.

Je ne sais à quelle condition sociale appartenait dans le monde la Sœur Émilie; je ne sais si j'admire en elle les dons de la grâce ou ceux de la nature; mais j'ai rarement rencontré un esprit plus juste, un sens plus délicat, un tact plus exquis; elle sait le monde comme si elle y vivait, et le juge comme si elle n'avait plus rien à en attendre. C'était une de mes plus vives joies, quand j'étais à Jérusalem, d'aller parfois l'entendre causer, et j'ai à me reprocher de lui avoir fait perdre, pour ma vaine satisfaction, des heures qu'elle emploie mieux.

Voici donc ce que fait, sous la direction de la Sœur Émilie, le couvent de Jérusalem :

Il recueille les jeunes orphelines arabes; celles que leur famille ont abandonnées et qui n'ont plus d'autre mère que la charité; elles eussent été esclaves ou avilies : on les fait libres et chrétiennes. L'activité industrieuse succède à la paresse engourdie. Peu à peu ces belles mains oisives, devenues industrieuses, s'exercent aux arts modestes mais utiles de la vie domestique. Pour celles qui sont vraiment intelligentes, l'initiation aux habitudes européennes devient de plus en plus complète. La broderie succède à la couture, le chant, cette joie du travail, se mêle à tous les exercices de la journée; il en marque les reprises, il en indique les repos. On cause en travaillant; il ne faut pas condamner au silence des recluses de quinze ans, mais on cause dans les langues d'Europe : en italien le plus souvent, c'est la langue des Latins d'Orient : en français quelquefois. L'arabe maternel n'est permis qu'aux heures de récréation. Je ne suis pas apte à juger la perfection d'un point au crochet et je pourrais me tromper en louant l'œillet d'une broderie anglaise, mais j'ai eu plus d'une fois l'occasion d'admirer, en connaissance de cause, la justesse d'intonation, le choix élégant des mots et la pureté d'accent avec laquelle d'assez jeunes élèves parlaient devant moi des langues qui m'étaient familières. Il faut bien le dire : au fond de leur couvent ces pauvres enfants ne se reconnaissent plus. Au milieu de ces soins qui les préviennent partout, dans cette atmosphère de bienveillance et d'affection qui sans cesse les entoure, il leur semble parfois qu'elles ont fait un de ces rêves, dont on trouve le récit dans les poëtes de leur patrie, et elles croient assez volontiers que quelque génie de leur famille les a tout à coup transportées dans un monde meilleur. Et qui oserait dire que ce ne soit qu'un rêve? Nos religieuses, dans leur maternité virginale, ne les ont-elles point enfantées à une vie nouvelle ?

En Orient, ce n'est point assez de faire le bien, il faut encore se faire pardonner le bien qu'on fait.

Les Arabes assistent avec une sorte d'étonnement à ces transformations qu'ils ne comprennent pas. Quelquefois ils reprennent leurs filles et interrompent l'œuvre commencée ; parfois aussi on murmure autour du couvent ; il se forme des groupes menaçants ; on roule des projets sinistres... Puis vient une bouffée de fièvre ou une attaque de choléra : les religieuses ouvrent leur dispensaire, vont dans les maisons pestiférées porter le salut ou du moins l'espérance, et obtiennent ainsi, pour quelques mois, le *bill* d'indemnité de leurs vertus.

Il n'y a pas que des enfants au couvent de Jérusalem ; le couvent est plus d'une fois devenu lieu d'asile pour celles que la vertu met hors la loi. Tantôt ce sont des mères, que l'exemple de leurs enfants amène à la foi chrétienne ; plus souvent encore, ce sont des jeunes filles qui, pour fuir les liens honteux de la polygamie, se réfugient dans la chasteté du cloître. Le couvent sait bien qu'il faut attendre les vocations : il ne va point au-devant d'elles, mais quand elles arrivent, il les accueille ; une fois admises, il les défend. Ce sont alors de grandes rumeurs et de violentes colères : il ne faut pas moins pour les conjurer que la diplomatie des consulats et l'influence du patriarche. — Parfois cependant, même après que le calme est officiellement rétabli, l'orage gronde encore sourdement ; on adresse des menaces terribles aux Sœurs qui n'y prennent garde... Où serait donc le mérite du bien s'il n'en coûtait un peu pour le faire?

Je n'ajouterai plus qu'un mot : l'Europe abandonne, ou peu s'en faut, le couvent de Jérusalem; il est réduit à ses seules ressources dans un pays où tout manque; il a beau faire des prodiges de dévouement, son plus grand miracle est encore de vivre.

XI

Un mot sur la question des Lieux-Saints.

La question des *Lieux-Saints* a trop vivement préoccupé l'attention du monde dans ces derniers temps; elle tient trop de place dans les préoccupations politiques du moment, pour que nous ayons le droit de la passer sous silence : elle fait partie de notre livre.

La question d'Orient qui, aujourd'hui, est une question politique au premier chef, n'a été longtemps qu'une question religieuse; on l'a résumée en quelques mots:

« Il s'agit de la possession ou de la propriété, comme on voudra, de certaines parties d'édifices religieux, où plusieurs communautés chrétiennes célèbrent les saints mystères depuis des siècles : qui priera dans les sanctuaires ou à telle ou telle heure ? qui y chantera telle ou telle fête? qui dira la messe ou psalmodiera le premier, le second, le dernier ? qui allumera une lampe ou plusieurs lampes, ou seul, ou simultanément avec les sacristains des autres communautés ? qui placera un tapis sur tel autel? qui réparera tel pan de muraille? qui mettra une inscription latine, grecque, arménienne, à telle voûte? qui fera souder des plombs sur telle coupole? qui suspendra ici un tableau, là une tenture?» Telle était, en principe, la question des Lieux-Saints, si prodigieusement agrandie aujourd'hui qu'elle est devenue la querelle du monde.

François 1er fut le premier monarque européen qui conclut un traité avec la *Sublime-Porte*. Il obtint de Soliman le Grand une *capitulation* — c'est le mot du temps — qui est aujourd'hui encore la base de toutes les stipulations publiques et commerciales de la Turquie avec l'Europe. Une clause de cette capitulation concernait les possessions des Latins à Jérusalem. Cette clause reconnaissait aux Latins la possession dans la Terre-Sainte des sanctuaires qui se trouvaient entre leurs mains *ab antiquo*. Le traité ne les désignait pas plus explicitement.

Un second traité, à la date de 1740, reproduisait textuellement la clause ambiguë du premier, et la ratifiait, sans toutefois indiquer davantage les sanctuaires qui devaient appartenir aux Latins.

Le protectorat, incontesté, de la France sortit de ces deux clauses.

Plus d'une querelle s'éleva entre les communions rivales. On comprend toutes les difficultés qui durent naître dans l'exercice de ces droits mal définis. Ces difficultés se vidaient quelquefois sur les lieux mêmes par les décisions du tribunal local, plus souvent à Constantinople, par les firmans du Grand-Seigneur.

De temps immémorial, les différentes communions chrétiennes ont eu des autels dans l'église du Saint-Sépulcre, où chacune d'elles venait célébrer les saints mystères selon les rites de sa liturgie particulière. La possession d'un sanctuaire se manifeste aux yeux de tous par un tapis que l'on pose, par une lampe qu'on allume. Les plus riches, les plus forts, les plus habiles ont étendu peu à peu leurs droits, les ont consacrés par l'usage, et plus tard défendus par la prescription. Ajoutez qu'en Orient toute construction, toute réparation est une preuve de propriété, et que, plus d'une fois, on a détruit subrepticement pour réparer au grand jour et faire ainsi *acte de propriété*.

Voici ces spoliations dont les Latins se plaignent aujourd'hui.

Ils réclament :

Le monument du Saint-Sépulcre, dont les Grecs se sont emparés, après l'avoir restauré en 1808 — il est vrai que les Grecs prétendent à la *propriété seule* du monument, et qu'ils n'apportent pas le moindre obstacle à ce que les autres communions y célèbrent leurs mystères; seulement ils en ont le soin et l'entretien, dont les Latins étaient chargés autrefois — c'est là un empiétement incontestable ;

La grande coupole, au-dessus du Saint-Sépulcre : — ce sont les Grecs qui l'ont reconstruite, et ils en permettent l'usage ;

La pierre de l'Onction, autour de laquelle toutes les communions allument des lampes ;

Les sept arceaux de la Vierge ;

L'emplacement des tombeaux des rois francs dans la chapelle d'Adam, sous le Calvaire;

L'église de Gethsémani et le tombeau de la Vierge;

L'église supérieure de Beit-Léhem, que les Grecs et es Arméniens possèdent exclusivement;

Enfin la possession mixte de l'autel du Calvaire, où Jésus-Christ fut élevé en croix. — Cet autel appartient maintenant aux Grecs qui, non contents de la propriété, se réservent la possession exclusive.

Les Latins promettent de faire aux autres communions des concessions de jouissance susceptibles d'être renouvelées chaque année, pourvu que chaque année on en renouvelle aussi la demande.

L'affaire s'est longtemps traitée dans le silence et le mystère des diplomaties; mais la France, à aucune époque de son histoire, n'a renoncé au protectorat des Lieux-Saints, — protectorat toujours nécessaire, souvent efficace.

Le gouvernement athée de la République défendit les droits des Latins aussi chaleureusement que l'ancienne monarchie des Rois très-chrétiens. La République voulait bien bannir les prêtres et Dieu lui-même de son territoire, mais, par son représentant à Constantinople, elle réclamait en faveur des Jésuites et défendait les priviléges des Lieux-Saints!

Sous la Restauration on ne s'occupa des affaires des Lieux-Saints que comme d'affaires religieuses et privées; cela suffisait alors: on devinait l'influence de la France, sans qu'elle songeât à la faire sentir. Tous les papiers qui venaient de Jérusalem à l'ambassade de

France, n'étaient pas soumis au ministre ; on réglait cela dans les bureaux sulbaternes, et personne ne se plaignait. Louis-Philippe, tenta des négociations qui échouèrent. Son gouvernement s'embarrassa plus d'une fois dans les nœuds inextricables de la question d'Orient.

Enfin l'étoile d'argent et l'inscription latine, enlevées par les Grecs, dans la crypte de Beit-Léhem, au sanctuaire de la Nativité, rajeunirent et envenimèrent la querelle.

C'était une offense gratuite.

La France en demanda immédiatement réparation ; elle réclama aussi la restitution de tous les sanctuaires dont les catholiques se prétendaient dépouillés, et le rétablissement immédiat de la grande coupole du Saint-Sépulcre, par les soins des Latins.

Cette grande coupole avait le plus pressant besoin de réparation. Les Grecs augmentaient le dégât, de leurs propres mains, pour rendre la restauration indispensable. Ils espéraient en obtenir le privilége et consacrer de nouveau et solennellement leur possession exclusive.

Les Latins s'opposaient de tout leur pouvoir à ces prétentions; non-seulement ils voulaient exécuter eux-mêmes les réparations, mais ils demandaient encore le rétablissement de toutes les inscriptions latines, existant avant l'incendie de 1808, et la démolition immédiate de tout ce qui avait été ajouté depuis cette époque par les Grecs; additions de très-mauvais goût, je dois en convenir.

Il faut bien le dire, la Porte donna tour à tour raison aux deux parties. C'était une lutte de passions puissantes et un conflit d'influences politiques, se voilant sous le prétexte du zèle religieux.

L'ambition de l'empereur Nicolas et la brutalité d'un ambassadeur en bottes fortes ont fait d'une querelle de moines la querelle du monde.

Nous n'avons point le projet d'entrer ici dans les incidents de chancelleries, à travers lesquels a passé cette question; c'est l'histoire de la diplomatie contemporaine. Aujourd'hui on n'écoute plus que les événements, et, comme disent les Arabes, c'est la poudre qui va parler. La France a fait assez longtemps preuve de modération; la modération sied bien à la force. Si la Victoire est juste, nous demanderons la même modération dans le triomphe même. Nous avons pour les moines latins autant de respect que d'affection, mais nous ne voudrions pas leur voir accorder tout ce qu'ils réclament. Nous appuyerons sur nos armes notre droit de protection. Nous l'exercerons efficacement, mais noblement: protéger ce n'est pas posséder. Jusqu'à l'heure si vivement désirée, d'une réunion complète de tous les rites chrétiens, dans le sein de la grande unité catholique, il faut que les sanctuaires de la Terre-Sainte soient accessibles à tous, mais non pas inféodés à quelques-uns. Il n'y a que trop d'éléments de discordes entre les deux sectes rivales : ne les augmentons pas du froissement des vanités blessées. Quand la force aura fait triompher le droit, et que la France sera écoutée dans les conseils du Divan, j'espère qu'elle n'oubliera pas que c'est alors même que l'on peut demander beaucoup, qu'il est beau de moins exiger. Il ne faut pas que les Lieux-Saints soient une propriété privée : les églises sont du domaine public ; a toutes les époques, toutes les nations chrétiennes des différents rites de l'Orient, venaient célébrer leurs mystères au Saint-Sépulcre. Leur droit est le même aujourd'hui ; il ne faut pas même qu'ils sachent que c'est de nous qu'ils le tiennent ! La reconnaissance qu'on impose, fait facilement des ingrats. Ce n'est pas là, du reste, une question d'orthodoxie, et il suffit que l'on croie en la divinité du Christ, pour que l'on puisse s'agenouiller sur son tombeau ; je ne me scandalise pas d'un musulman dans la mosquée de l'Ascension. Ce qu'il faut selon moi, c'est, par un traité explicite et ferme avec la Porte, enlever les Lieux-Saints au despotisme aveugle et brutal des Pachas, qui confond, dans la conscience des peuples, toutes les idées d'une posse ion légitime et durable ce qu'il faut, c'est se défena — nous et les autres — de l'exaction et des avanies d'un officier en quête d'un backchich et ensuite, régler à l'amiable entre les communions chrétiennes, sans que la plus forte se fasse la part du lion, la possession et l'usage des sanctuaires que nous vénérons également, et dont la *propriété* mystérieuse restera commune entre tous, jusqu'au jour où cesseront nos rivalités et nos haines fratricides.

EXCURSIONS ET PROMENADES.

EXCURSIONS
ET PROMENADES.

I

Saint-Jean-du-Désert.

Quand on voyage en Orient, ce qu'il y a de plus simple, de plus commode, et (si l'on veut me pardonner ce vil détail), ce qui revient au meilleur compte, c'est d'acheter un cheval, un mulet ou deux chameaux, et cinq ou six esclaves, avec lesquels, tout d'abord, vous devez être très-sévère, quitte à vous adoucir graduellement jusqu'à la plus molle indulgence : quand une fois vous aurez fait vos preuves, vous êtes toujours sûr de retrouver votre empire. Le cheval est pour vous, les chameaux pour vos bagages. Les esclaves vous dispensent de tous les soins de la vie matérielle; quand vous vous mettez en route, vous détachez une avant-garde, et à l'arrivée, vous trouvez la tente debout et le dîner servi.

Quand on est réuni comme nous en caravane, les accommodements sont beaucoup plus faciles, et la dépense de chacun diminue à proportion que le nombre augmente.

Nous eûmes la bonne fortune de rencontrer à Jérusalem un négociant maltais, M. Schembri, qui se mit à notre disposition avec une bonne grâce et une courtoisie que nous n'avons jamais trouvées en défaut. Ces choses-là ne s'achètent pas, et l'or ne sait pas les payer. M, Schembri nous a servi d'intermédiaire dans toutes nos transactions avec les Arabes, dont il connaît les mœurs et dont il parle la langue, il nous a suivis, et souvent dirigés dans nos excursions, et je le cite avec un plaisir d'autant plus grand, que je sais qu'il a fixé pour longtemps sa vie à Jérusalem, et que les pèlerins d'Occident le trouvèrent toujours ce que nous l'avons trouvé nous-même, serviable et dévoué.

Après quinze ou vingt jours passés à Jérusalem, nous nous disposâmes à commencer nos excursions.

Beit-Léhem nous attirait tout d'abord. Nous résolûmes de nous y rendre par le désert de Saint-Jean, ou, comme on dit plus poétiquement ici, par *Saint-Jean-du-Désert*. Le Précurseur semblait ainsi nous conduire lui-même à la crèche du Messie.

Un matin donc, le vieil Omar, cheikh farouche, tête sévère, à la barbe blanche, à l'œil vif, scintillant dans l'orbite profond, Omar, que ses esclaves appellent Omar-Bey, coiffé du turban vert des fatimites, le poignard au flanc, le pistolet à la ceinture, vint frapper à la porte du couvent Latin. Les mouckres étaient dans la rue, tenant en main quarante chevaux et trente mulets. On mit une demi-journée à charger les bagages ; enfin, nous partîmes !

C'est une route âpre et rude, qui conduit de Jérusalem à *Saint-Jean-du-Désert :* souvent l'étroit sentier disparaît entre les rochers ; on marche alors au hasard, et l'instinct du cheval est le seul guide du cavalier. Mais l'aspect des montagnes n'est déjà plus le même qu'entre Jérusalem et Jaffa ; le sol est moins tourmenté; les courbes ont des ondulations plus molles, et la ligne qui borne l'horizon plus de grandeur à la fois et plus de grâce.

Sur la gauche, à quelques milles de Jérusalem, on trouve un assez beau couvent, à peu près vide, et une grande église, propriété des Russes, élevée à la place où fut coupé l'olivier de la croix. On sait que trois essences de bois, l'olivier, le cèdre et le cyprès, entrèrent dans la composition de la croix. Le cèdre venait du Liban, on ne dit pas d'où venait le cyprès, l'olivier fut coupé à l'endroit où s'élève aujourd'hui l'église du couvent de Sainte-Croix.

Le couvent, habité par des religieuses grecques, est une grande et belle maison, rebâtie à neuf, entourée de vergers clos par de hautes murailles; il est situé dans un petit vallon rempli d'oliviers, d'un aspect frais et riant. Après avoir franchi de longs corridors obscurs, tortueux et bas, on pénètre enfin dans une église somptueuse et belle, et dont le dessin primitif, reconnaissable à travers des restaurations plus ou moins habiles, atteste une origine qui n'est point postérieure au XIe siècle. On prétend même à une antiquité beaucoup plus reculée; quelques archéologues ont nommé Sainte-Hélène. L'ornementation intérieure rappelle celle des églises grecques de nos jours, telles que nous les avons vues à Smyrne, dans la Turquie et dans la Grèce; les fresques gréco-byzantines se détachent comme en relief sur leur fond d'or. Ces peintures, d'une exécution souvent primitive, se sauvent du moins par la naïveté de la pose et la sincérité de l'expression. On a placé des deux côtés de la porte, sainte Hélène, couronne en tête, et Constantin, en habit d'empereur. Un peu plus loin, saint Georges, le brillant cavalier, le Mars chrétien, caracole sur un superbe cheval blanc, et foule aux pieds un énorme dragon rouge qui sort de l'eau. L'église est pavée de mosaïques antiques, dont les tessères sont beaucoup plus petites et plus soignées qu'on ne les fait à présent; il en est de même des bordures, pour lesquelles l'artiste a déployé toutes les ressources de la symbolique chrétienne. Ici, c'est le lotus, ce lis des eaux, qui nage dans la vasque des fonts baptismaux; là c'est l'ιχθυς, poisson de Tobie, anagramme du Christ; c'est le pélican eucharistique, déchirant sa poitrine pour nourrir ses petits du plus pur de son sang; c'est le paon, étalant les topazes et les émeraudes de son plumage, moins brillant que la vertu des saints. Toute cette ornementation a je ne sais quoi de recueilli et de mystique qui m'a paru tout particulièrement dévot. On assure qu'il y a dans la bibliothèque du couvent beaucoup de manuscrits géorgiens, qui seraient sans doute d'un haut intérêt pour l'histoire des premiers siècles de l'Eglise.

Après une halte d'une heure au couvent de Sainte-Croix, nous essayâmes de retrouver une route pour arriver à Saint-Jean-du-Désert. Des pierres amoncelées, des murs en ruine, des jardins dévastés semblent indiquer les traces d'une voie jadis fréquentée, mais dont Jérusalem se détourne aujourd'hui; cependant, après trois heures de marche, nous arrivons dans une gorge sauvage : des pins, des cyprès, des mélèzes, toute une végétation alpestre, opposée comme un contraste aux nopals et aux palmiers de la terre orientale.

Tout à coup la gorge s'élargit : c'est maintenant une vallée; au milieu, une colline s'isole, abrupte, taillée à pic, inaccessible; au sommet de cette colline, comme son plus haut rocher, une citadelle : c'est le couvent. La citadelle a subi plus d'un siége, et le couvent n'ouvre sa porte de fer que devant des pas amis. On voulut bien l'ouvrir pour nous, et la *famille* espagnole (ici les communautés s'appellent des *familles*, j'aime ce nom qui rend du moins aux religieux les plus doux souvenirs de la vie du monde), la famille espagnole nous reçut avec cette politesse bienveillante et digne, courtoise et calme, qui est comme le cachet aristocratique de son pays, où tout le monde est noble. Le supérieur — un Hidalgo aux grandes façons — vint nous recevoir au seuil, et, pendant que les mouckres et les valets s'empressaient autour des chevaux, il nous fit entrer dans ses vastes salles, fraîches et sonores, dont les grands murs étaient tapissés de portraits des écoles espagnoles. Il y a là des copies de tous les maîtres, des martyrs de Ribeira, des moines de Zurbaran, des saints de Moralès et des vierges de Murillo.

Ce n'était pas l'heure du repos : nous profitâmes des quelques instants de jour qui nous restaient pour visiter, dans le couvent même, l'église de Saint-Jean-Baptiste; elle enferme dans son enceinte tout ce qui reste encore de la maison de Zacharie. La chambre — une grotte aujourd'hui — dans laquelle naquit saint Jean. On y descend par un bel escalier de marbre, à gauche du maître-autel. Je me rappelais, tout en franchissant ses dernières marches, les prodiges par lesquels Dieu manifestait sa miséricorde aux entrailles bénies, et, à l'exemple de Sarah, Élisabeth enfantant dans l'extrême vieillesse, celui qui fut devant Dieu le plus grand des fils nés de l'homme. Pendant huit jours, les parents et les amis fêtèrent sa naissance, et le huitième jour, la langue muette du père se délia, et il chanta son cantique d'actions de grâces : « Béni soit le Seigneur, le dieu d'Israël, parce qu'il a visité et racheté son peuple ! » La grotte est arrangée en chapelle. On a disposé en demi-cercle, autour de l'autel, cinq petits bas-reliefs en marbre blanc, encaissés dans un fond noir, et représentant les grandes scènes de la vie du Précurseur. Sa naissance, d'abord qui est un miracle, la visitation de Marie, la prédication dans le désert, le baptême du Christ, et, enfin, le martyre. Six lampes brûlent continuellement devant l'autel — une simple table de marbre — qui a pour tout ornement un assez beau tableau dans la manière française. S'il fallait citer un maître, je nommerais Vien.

Je n'oublierai jamais le souper dans le grand réfectoire éclairé avec des torches, souper frugal, mais où les mets avaient un parfum de poésie et une saveur biblique qui me réjouissaient l'âme : c'était le vin de Beit-Léhem, servi dans des amphores antiques, le miel sauvage du désert et les raisins dorés d'En-Gaddi ; on ajoutait bien, de temps en temps, une tranche de mouton pour les estomacs moins poétiques.

Après le souper, pris en commun, la liberté aimable des gens de bonne compagnie, rend chacun maître de lui-même. On se groupe selon ses goûts : il y aura des préférences même en Paradis, et nous n'y sommes pas. Une immense terrasse remplace le toit absent, c'est l'habitation favorite pendant les courtes nuits de l'été brûlant. Nous y montâmes ; rien n'arrêtait plus le regard errant d'un horizon à l'autre. Ici, des ruines mélancoliques, là, une montagne abrupte, ravagée par le torrent écoulé, qui marque sa place par des sables et des cailloux ; à nos pieds un pauvre village, amas de huttes misérables, recouvertes de paille et de boue. Un peu plus loin, au bord d'une vallée fertile et riante, une source fameuse, la fontaine *Aïn-Karim*, que les chrétiens appellent *la fontaine de Marie*, parce que la divine Vierge vint plus d'une fois s'y désaltérer. J'écoutais avec un charme extrême le murmure lointain de ces eaux, qui tombaient du rocher, pour répandre dans la vallée leurs napes abondantes et toujours égales. Cependant, les étoiles tardives s'allumaient au ciel comme les flambeaux de la nuit : la lune se levait derrière les montagnes de Juda, bientôt son disque entier nous apparut au-dessus des grands arbres ; c'était un spectacle d'une beauté inouïe et d'une sérénité inexprimable. Les Champs-Élyséens n'avaient ni des nuances plus tendres, ni un plus doux éclat. On eût dit une gamme chromatique de couleurs vives, défiant également le pinceau et la parole ; le vert, le bleu, le violet, se heurtant par des contrastes vifs, ou s'adoucissant par des transitions insensibles, et se dégradant en demi-teintes suaves. Le ciel au zénith était du bleu clair des turquoises ; çà et là, de petites vapeurs légères — on eût dit des bouquets de roses et de lilas jetés sur un tapis azuré — une bande de pourpre enfermait tout dans son cercle éclatant, tandis qu'à la limite lointaine de l'horizon flottaient de grands nuages d'un gris argenté : la lune montait toujours, belle dans sa pâleur nacrée et sa lueur de perle fine. Les Fellahs arabes se répondaient d'un toit à l'autre, en jouant des airs tristes sur leurs musettes aiguës, qu'interrompaient d'une voix stridente les sauterelles du désert... et moi, à mille lieues de mon pays, appuyé à l'angle de la terrasse, regardant et ne voyant plus, je me disais : Combien maintenant m'oublient de ceux à qui je pense ?

Je descendis à la chapelle : un jeune artiste s'était placé devant l'orgue, il se croyait seul et jouait comme pour lui : jamais les artistes ne jouent si bien que quand ils jouent pour eux. La grande voix de l'orgue emplissait la nef; je m'assis contre un pilier et j'écoutai. J'entendis comme un frôlement d'étoffe à côté de moi; un Père espagnol, le plus jeune du couvent, s'était assis au pied du même pilier, il avait ramené le capuce sur ses yeux : je ne pouvais voir que le bas de son visage, fortement accusé. Il était immobile comme une statue, seulement, de temps en temps, sa robe se soulevait comme par l'effort d'un sanglot étouffé... Celui-là aussi, me disais-je, il veut oublier et il se souvient.

Dans ce couvent du désert, tout est harmonieux, poétique et digne : rien qui vous rappelle aux vulgarités de la vie ; les objets destinés aux plus communs usages ont je ne sais quelle grande et fière tournure, qui vous transporte dans un autre monde : les lits, posés sur des estrades, semblent faits pour rêver bien plus que pour dormir : on vous apporte l'eau dans des urnes parfaites, qui vous rappellent ces vases funéraires dans lesquels les Romains enfermaient les cendres des leurs, et c'est une lampe antique que l'on pose à votre chevet.

Non loin du couvent de Saint-Jean et sur la route du désert, on rencontre la *Villa de Zacharie,* où Elisabeth, dans le sixième mois de sa grossesse, reçut la *visitation* de Marie. Du temps de Zacharie, c'était un jardin avec une maison rustique; sous les Romains, ce fut une villa, dont on voit les grosses assises et les murailles régulières : sous les croisés ce fut un couvent; on retrouve encore les cloîtres et l'arc brisé des grandes ogives. Aujourd'hui, au milieu de tous ces édifices, ruines, ombragées d'oliviers, de nopals et de figuiers géants, on retrouve encore la grotte où reposait Elisabeth quand Marie vint à elle. La grotte est une sorte de chambre basse, au fond du jardin; on voit encore quelques marches de l'escalier qui conduisait aux étages supérieurs : je suis entré dans cette grotte, au fond de laquelle est un autel, et au lieu même où se tenait Marie, je relus le simple et poétique récit de l'Evangéliste.

« Marie entra et salua Elisabeth, et il arriva, lorsque Elisabeth entendit la salutation de Marie, que l'enfant tressaillit dans son sein, et Elisabeth fut remplie du Saint-Esprit, et, élevant la voix, elle dit : Vous êtes bénie entre toutes les femmes, et le fruit de vos entrailles est béni ; mais comment se fait-il que la mère de mon Dieu vienne à moi ? car voilà qu'aussitôt que la voix de votre salutation s'est fait entendre à mes oreilles, l'enfant a tressailli de joie dans mon sein. »

Et Marie dit : « Mon âme glorifie le Seigneur, et mon esprit a tressailli de joie en Dieu, mon salut, parce qu'il a regardé la bassesse de sa servante : et voilà pourquoi tous les siècles m'appelleront bienheureuse, parce que le Tout-Puissant a fait en moi de grandes choses, et son nom est saint, et de génération en génération, sa miséricorde se répand sur ceux qui le craignent. »

En quittant la villa d'Elisabeth, nous prîmes la route du désert. A notre gauche, une colline, plantée de vignes, de figuiers et d'oliviers; à notre droite, une vallée, où l'on découvrait à chaque pas, malgré la saison avancée, les traces d'une culture abondante et variée. Le désert commence bientôt; la culture disparaît tout à coup, la vigne meurt, l'olivier se dessèche et le figuier reste stérile. Au sommet d'une colline escarpée, qui domine au nord-ouest la vallée de Térébinthe, on trouve la grotte de Saint-Jean. C'est une cellule naturelle, longue de douze pieds, large de six : elle a deux ouvertures, l'une sert de porte, l'autre de fenêtre, et s'ouvre sur la vallée. Le ressaut naturel du rocher forme à l'intérieur siége, table et lit. Une source fraîche jaillit d'une fente de la montagne, et forme au pied du rocher un bassin limpide, encadré dans une bordure de mousse verte et de cresson fleuri; puis il coule entre les pierres et va se perdre dans la vallée, où l'on suit longtemps sa trace marquée d'un long ruban de fleurs sauvages et d'herbes fraîches.

Ici s'écoula l'enfance du Précurseur.

Elisabeth l'y cacha d'abord aux persécutions d'Hérode; mais bientôt le souffle de Dieu passa sur lui, il ne voulut point se mêler au commerce des hommes, et, dans le silence de cette solitude, où l'air est plus pur, le ciel plus ouvert, et, si j'ose dire, Dieu lui-même plus familier, il attendit la venue de l'esprit, n'ayant pour vêtement qu'un cilice de poil de chameau, retenu aux reins par une ceinture de cuir, et pour nourriture que les sauterelles de la vallée et le miel du rocher. C'était une âme silencieuse, mystique et repliée sur elle-même; il se taisait, rêvait et contemplait. On rapporte qu'un jour, revenant d'Egypte et retournant à Nazareth, Jésus passa au pied de la montagne, dans la vallée de Térébinthe; Jean sortit de sa grotte, et s'agenouillant sur le rocher, il présenta de loin au divin Enfant une petite croix de roseau : ce fut sa première prophétie. Jean resta ainsi dans le désert jusqu'au jour de sa manifestation au peuple d'Israël, quand Dieu «l'envoya comme témoin, pour rendre témoignage à la lumière, afin que tous crussent par lui.» Il avait alors trente ans. Après avoir entendu la parole de Dieu, il traversa toute la contrée du Jourdain, baptisant dans le désert de la Judée et disant : «Faites pénitence, parce que le royaume du ciel est proche : préparez la voie du Seigneur, rendez droits ses sentiers; toute vallée sera comblée, toute montagne et toute colline seront abaissées; les chemins tortueux seront redressés, et les chemins raboteux seront aplanis, et toute chair verra le salut de Dieu.»

Jean-Baptiste fut comme l'aurore du soleil de justice : les juifs s'y trompèrent; éblouis par son éclat, ils le prirent pour le Messie lui-même.

Nous passâmes une partie de la journée dans le désert; errant dans ces mêmes rochers où lui-même il avait erré, nous reposant à l'ombre des mêmes arbres, cueillant comme lui le fruit du caroubier, que l'Allemagne du Nord appelle encore le pain de Saint-Jean, nous couchant sur la bruyère séchée, entre les chênes verts et les jujubiers nains, au milieu des cistes de Candie et des genêts aux fleurs d'or; respirant tour à tour les parfums enivrants et les âcres senteurs du baume, de la sauge, du calaman, de la menthe et du thym sauvage. Ajoutez, pour achever ce tableau, debout à la cime du rocher, appuyé sur son fusil cerclé de cuivre, canon de Damas et crosse d'Alep, un Arabe aux yeux farouches, sentinelle morne du désert.

Dans les premiers temps du christianisme, ce désert fut une Thébaïde, les hordes de Saladin ont égorgé les ermites; mais chaque année, le jour de la fête du Précurseur, les Franciscains du couvent voisin viennent célébrer la messe dans la grotte et chanter à Saint-Jean l'hymne de la liturgie romaine :

Antra deserti teneris sub annis,
Civium turmas fugiens, petisti,
Ne levi posses maculare vitam
Crimine linguæ.

Nous retournâmes au couvent, et après avoir pris congé des Pères Franciscains, notre caravane essaya de gagner Beit-Léhem : ce n'était pas chose aisée. Le terrain plus fertile et mieux cultivé empiète sur la route même et l'enclot dans les champs; plus d'une fois, par égard pour quelques-uns de nos compagnons, qui n'avaient pas précisément l'habitude des chasses à courre, nous fûmes obligés d'abattre un pan de mur pour passer. Il est vrai que la maçonnerie orientale n'est pas des plus robustes et que, dans ce pays-là, un mur se renverse assez facilement. Nous fîmes un détour pour aller voir, sur le chemin de Jérusalem à Gaza, la fontaine dans laquelle l'apôtre Philippe baptisa l'eunuque de Candace, reine d'Ethiopie. L'Éthiopien revenait de Jérusalem et s'en retournait, assis sur son char (les routes étaient meilleures qu'à présent), lisant le prophète Isaïe. Philippe accourt et lui dit : « Croyez-vous comprendre ce que vous lisez ? »

L'Ethiopien répondit : « Comment le pourrais-je, si quelqu'un ne me l'explique ? »

Philippe monta sur le char, lui expliqua l'Écriture et lui annonça Jésus-Christ.

Après qu'ils eurent marché quelque temps, ils arrivèrent auprès d'une fontaine, et l'Ethiopien dit : « Qui empêche que je ne sois baptisé? »

Philippe répondit : « Cela se peut, si vous croyez de tout votre cœur. » Et l'eunuque reprit : « Je crois que Jésus-Christ est le Fils de Dieu. »

Il ordonna qu'on arrêtât son char et Philippe le baptisa.

La fontaine est à gauche du chemin de Gaza : elle jaillit à gros bouillons de la montagne. Ce fut autrefois une fontaine monumentale et fort ornée. Aujourd'hui c'est une ruine : les deux piliers qui sont encore debout accusent l'époque des Antonins. On en rencontre beaucoup en Italie qui présentent les mêmes caractères, sur les routes, la lisière des bois, et aux abords des grandes villes.

Deux colonnes dressées dans le champ voisin indiquent l'emplacement d'une ancienne église.

Un peu plus loin, sur le bord d'un torrent qui lave la vallée voisine, se trouve l'antique ville de Sorek, où demeurait cette belle et perfide Dalila, qui trahit le fort Samson, après l'avoir enivré d'amour.

On dit que c'est sur la colline où nous sommes que fut coupée la fameuse grappe de raisin, que deux hommes portaient à peine, et qui donna aux Israélites, encore errants dans les sables du désert, une si haute idée de la Terre de Promission. Nous longions ainsi le *Nahab-Eschol*, ou torrent de la *grappe*, dont parlent plusieurs fois les Écritures.

Nous atteignîmes bientôt le sommet d'une colline et le village de *Beit-Djalla*, habité par des Grecs schismatiques. Nous traversâmes en bon ordre ses ruelles étroites, bordées de hautes maisons; les hommes au seuil de leurs portes, les femmes sur leurs toits carrés nous souhaitaient la bienvenue avec toutes sortes de façons aimables.

C'était comme un avant-goût de l'hospitalité de Beit-Léhem, dont nous apercevions déjà les maisons blanches et les grandes terrasses.

II

Beit-Léhem.

Beit-Léhem! ce seul nom ne rappelle-t-il pas les plus charmants et les plus poétiques souvenirs : la crèche bénie de l'Enfant-Dieu, l'étoile brillante des mages, et le cantique des bergers « Gloire au ciel et paix sur la terre! » Toute cette ville est un sanctuaire, et je crois en entrant y respirer l'odeur de l'encens.

Beit-Léhem est une ville chrétienne, presqu'une ville catholique, malgré les efforts que le schisme grec redouble aujourd'hui.

Nous arrivâmes vers le soir : c'était le dimanche.

Quelques hommes étaient assis devant les portes de la ville, comme au temps de Ruth et de Booz. Nous fûmes signalés, et bientôt toute une population enthousiaste se précipita au-devant de nous. Notre entrée ressemblait à un triomphe : on prenait la bride de nos chevaux, on serrait nos mains, on touchait nos vêtements, avec je ne sais quel mélange aimable d'affectueuse sympathie et de familiarité respectueuse. Ces démonstrations vives et ces physionomies animées faisaient un contraste assez frappant avec la mine impassible et froide de nos guides musulmans.

Nous nous arrêtâmes où s'était arrêtée l'étoile et nous descendîmes près de l'étable où naquit l'Enfant.

La première chose qui attire le pèlerin ou le voyageur, arrivant à Beit-Léhem, c'est la grotte de la Nativité : elle renferme plusieurs sanctuaires vénérés. Cette grotte irrégulière occupe la place même de l'étable ; on l'a taillée dans le roc et revêtue de marbre. Cette grotte n'a pas de fenêtres ; le jour n'y pénètre jamais ; elle n'est éclairée que par la lumière des lampes, offrandes des princes chrétiens. La plus belle a été donnée par le roi Louis XIII. On aime cette poétique et douce lumière : la lampe est le vrai soleil des sanctuaires. Le Christ vint au monde dans la partie orientale de la grotte ; à cette place, le rocher est un peu arrondi et recouvert de marbre blanc. Le pavé, de marbre également, est incrusté de jaspe et de porphyre ; au milieu, une étoile d'argent porte cette inscription :

HIC DE VIRGINE MARIA
IESUS CHRISTUS NATUS EST.

« C'est ici que Jésus-Christ est né de la vierge Marie. »

Cette étoile a été l'occasion d'un grand scandale et d'une longue querelle.

Dans le courant du mois d'octobre 1847, les Pères Franciscains s'aperçurent que l'étoile avait été volée pendant la nuit. Grande fut la douleur des Pères. Ils voulurent replacer une nouvelle étoile et rétablir l'inscription ancienne, les Grecs s'y opposèrent.

L'affaire fut portée à Constantinople, et entravée par toutes sortes de lenteurs diplomatiques. Enfin, elle a été décidée à notre avantage. Un firman de 1851 porte que l'étoile et l'inscription seraient replacées. Nous pouvons garantir *de visu* l'exécution de ce traité si péniblement conclu.

A sept pas de l'étoile d'argent et de l'inscription latine, on trouve, en marchant vers le midi, un second sanctuaire à l'endroit où la crèche était placée, l'excavation de la pierre était revêtue de bois. Ce bois est aujourd'hui à Rome, en la basilique de Sainte-Marie-Majeure, où on l'expose à la vénération des fidèles, sous le nom de *Presepe*, pendant l'octave de Noël. Aujourd'hui, le rocher est garni de marbre et recouvert d'une tablette mobile, également en marbre.

Près de cette crèche vide, j'ai relu le passage de saint Luc : « Pendant que Joseph et Marie étaient à Beit-Léhem, il arriva que le temps auquel Marie devait enfanter s'accomplit ; et elle enfanta son fils premier-né, et l'ayant emmaillotté, elle le coucha dans une crèche, parce qu'il n'y avait pas de place pour eux dans les hôtelleries. »

A trois pas de la crèche et en face d'elle, se trouve un autre enfoncement dans le rocher : c'est le lieu où se tenait Marie, l'Enfant-Roi dans ses bras, pendant que les mages à ses pieds l'adoraient.

« Et entrant dans la maison, ils trouvèrent l'Enfant

avec Marie, sa mère, et se prosternant en terre, ils l'adorèrent; puis, ouvrant leurs trésors, ils lui offrirent pour présents de l'or, de l'encens et de la myrrhe. »

De l'or comme à un roi, de l'encens comme à un dieu, de la myrrhe comme à un homme qui devait mourir!

La grotte est drapée d'une tenture de soie rouge, sur laquelle on voit encore, par places, des lettres latines et les cinq croix de Jérusalem.

Nous avons remarqué dans la grotte de la Nativité d'assez bons tableaux, d'après les maîtres des écoles espagnoles et italiennes; des anges, des vierges, des enfants-jésus, des mages, des annonciations, des pasteurs, enfin, comme on l'a si bien dit, « l'histoire de tous ces miracles, mêlés de grandeur et d'innocence.» Vus à la lueur douteuse des lampes, ces tableaux sont d'un grand effet; rien de plus harmonieux que leurs couleurs pâles et comme fondues dans la toile; ils vous inspirent, à votre insu, je ne sais quelles idées de mysticisme tendre : c'est en les regardant que j'ai compris le mot des Italiens, qui appellent ces sortes de tableaux *des piétés*.

Nous ne saurions passer sous silence une admirable vierge, placée dans une chapelle voisine, et qui pourrait fort bien être de Murillo lui-même. Elle appartiendrait alors à sa troisième manière — sa manière chaude « *el calido* » — comme disent les Espagnols. On a mis tout à côté un pastel plus moderne, mais d'une mignardise exquise, avec des grâces un peu trop molles peut-être, pour un pareil lieu, mais charmantes pourtant. C'est encore une vierge ; l'artiste, dans les rayons de son nimbe d'or, a semé des essaims de chérubins joufflus et amoureux.

De la grotte de la Nativité, on descend dans une chapelle souterraine, dédiée aux Saints-Innocents. La tradition place en ces lieux la sépulture de quelques-uns d'entre eux. Les Innocents furent les premiers martyrs du Christ; ils le sauvèrent en mourant pour lui, et il est juste de les honorer près du berceau pour lequel ils ont répandu leur sang. En entrant dans cette chapelle, obscure et basse, il me semblait encore entendre cette voix de Rachel pleurant ses fils, et ne voulant pas être consolée parce qu'ils ne sont plus, et je croyais revoir encore cette première et douce fleur des martyrs, moisson de lis sans tache, enlevée dans la tempête d'une nuit !

D'étroits passages vous conduisent de la chapelle des Innocents à l'oratoire de saint Jérôme. Les distractions du monde n'y pouvaient suivre le saint docteur ; là, tout près du berceau rédempteur, il a prié, pleuré et médité, tout en travaillant à sa version latine des livres saints, — que l'Église a déclarée authentique sous le nom de *Vulgate*, — à la lueur de cette lampe assidue, qui, dit-on, ne s'éteignait jamais. —

Saint Jérôme demeura trente-huit ans à Beit-Léhem, à son retour du désert, où il était allé mortifier ses sens et vaincre sa chair : c'est à Beit-Léhem qu'il mourut. Son tombeau est tout près de son oratoire. La pensée des saints ne les rapproche-t-elle pas toujours du tombeau? Un grand tableau, mal éclairé, nous représente le solitaire, penché sur la Bible, pendant qu'au-dessus de lui, l'Ange du jugement fait retentir cette terrible trompette :

Tuba mirum spargens sonum

qu'il croyait toujours entendre, et qu'il semble écouter jusque dans la mort.

Vis-à-vis du tombeau de saint Jérôme, on a déposé les restes de ses deux filles selon l'esprit : sainte Paule et sainte Eustochie, noble sang des Scipions et des Gracques, qui abandonnèrent les molles délices de la vie patricienne pour se réfugier dans les austérités du cloître.

Au-dessus du sanctuaire souterrain de Beit-Léhem s'élève une grande et noble église, originairement bâtie par sainte Hélène, et placée sous l'invocation de la Vierge. Cette église a subi toutes sortes de dégradations et de réparations; tout le monde y a mis la main : les empereurs grecs, les Arabes, les rois latins et les Turcs. Il est assez difficile maintenant de retrouver la part de chacun. La vaste nef, dont les musulmans font un bazar, nous présente quarante-huit belles colonnes de marbre, d'ordre corinthien, placées sur quatre rangs. L'église est sans voûte, ce qui laisse voir la charpente du toit. Les mosaïques éclatantes, les peintures murales, majestueuses et roides, ainsi qu'il convient à l'école byzantine, s'effacent et disparaissent chaque jour. L'église a la forme d'une croix grecque. Un mur, qui rompt brutalement l'unité de ses lignes, sépare la nef du chœur : c'est dans ce chœur que célèbrent maintenant les Grecs et les Arméniens, dont on voit les deux couvents à droite et à gauche du grand portail.

J'assistai à une messe arménienne : le célébrant, qui n'était qu'un simple prêtre, avait la tiare en tête, comme un pape. Je notai une singularité musicale : le chant, fort désagréable d'ailleurs, était abandonné aux *basses*, et l'accompagnement réservé aux *soprani*, qui le notaient sur les modes aigus.

En sortant de l'église, je me croisai dans le cimetière avec un enterrement grec. Le mort était un jeune homme : la mère le suivait. Je pensai à la veuve de Naïm; mais le Christ n'est plus là pour prendre les morts par la main, et leur dire : « Levez-vous ! »

Je suivis le convoi. Le pope murmura quelques prières hâtées, sous le parvis même de l'église, et nous allâmes au cimetière, où l'on avait déjà creusé la tombe. On y descendit doucement le cadavre, puis, avant que la terre ne retombât sur lui, mêlée de pierres et de fascines, un groupe de femmes, se tenant par la main, vint s'asseoir à l'entour, et l'une d'elles commença le gémissement suprême, interrompu, ou plutôt accompagné par les sanglots du chœur : c'étaient des objurgations mêlées de tendresse qu'elle adressait au cher défunt, lui reprochant d'avoir quitté la vie, que tout lui faisait riante et belle, sans souci des regrets et des larmes qu'il laissait derrière lui. La pauvre mère, cependant, tantôt affaissée sur elle-même, et comme perdue dans sa douleur, tantôt retenue à peine entre des bras vigoureux, et se penchant vers son fils, tordait ses mains désespérées, et poussait des interjections violentes et des clameurs aiguës, comme faisaient, dans les moments pathétiques, les héros des anciennes tragédies grecques.

Le pope, assis à l'écart, dans un coin du cimetière, laissait crier toute cette douleur. Quand il la crut épuisée par sa violence même, il s'approcha et récita les dernières prières : ce fut la fin de tout; on emmena la mère, et le cortége s'éloigna à travers les tombes à demi renversées, faisant retentir l'air de ce hurlement féminin « *femineo ululatu* » dont Virgile parle quelque part.

Un peu plus loin, de l'autre côté de l'église, une scène de joie succédait à une scène de deuil : des jeunes filles dansaient à l'ombre immense d'un vieux sycomore; leurs groupes changeants formaient des figures allégoriques, ou s'immobilisaient en des poses plastiques, dont la grâce n'offensait jamais la sainte pudeur. Les plus jeunes imitaient le chant du coq, tandis que d'autres, assises sur le haut d'un mur, leur répondaient par toutes sortes d'onomatopées empruntées à la langue imitative. Le costume de ces femmes était assez élégant : une grande robe bleue, indiquant la taille, mais sans aucune exagération — on ne vise point ici au corsage de la guêpe — un voile blanc, qu'on nomme *masarah*, relevé sur le front et tombant sur les épaules, un tatouage bleu sur les lèvres, et sur les joues de petites mouches également bleues ; les ongles et le bout des doigts trempés dans la liqueur rose du henné : tout cela donne aux femmes un aspect d'abord assez étrange.

On sent à Beit-Léhem je ne sais quel souffle vivant et quelle animation que l'on ne retrouve pas dans les autres villes de Judée. Beit-Léhem m'a rappelé l'Irlande : c'est la même gaieté, si l'on peut se servir de ce mot en Orient, c'est aussi la même misère : l'Anglais ici c'est le Turc.

Les Beitléhémites sont plus industrieux, et aussi plus actifs que les autres chrétiens de Terre-Sainte. La plupart d'entre eux, réduits à la dure condition de fellah, cultivent de leur mieux le peu de terre qu'on leur laisse. Les autres font des chapelets, des crucifix, des médaillons, en bois d'olivier; ils travaillent aussi le noyau de la datte, et la nacre, mère des perles, que les caravanes apportent des bords de l'océan Indien. Ils vous offrent leur petite marchandise avec une bonne grâce enjouée, et déterminent l'acheteur par une insistance naïve à laquelle on ne saurait résister.

Ces pauvres chrétiens Beitléhémites sont du reste dans une position assez critique, la guerre est régulièrement déclarée entre eux et les tribus arabes qui les avoisinent; les hostilités ont même déjà commencé : voici à quel propos :

Il y a quelques mois, un Arabe fut trouvé mort dans sa vigne, au pied de la tour bâtie aur son coteau. Les parents ont prétendu que le meurtrier était un catholique : ceux-ci ont nié, puis ils ont offert ce que les barbares appelaient jadis une *composition*, c'est-à-dire une réparation pécuniaire. La tribu arabe a refusé, et comme elle estime son sang à un très-haut prix, elle a demandé quatre chrétiens, qui devaient lui être abandonnés comme esclaves.

Grand a été l'effroi dans Beit-Léhem; les Arabes ont accordé une trève de cinquante jours pour achever la moisson et enlever les dernières grappes.

Nous nous trouvions à Beit-Léhem le trente-cinquième jour, et l'on n'avait pris encore aucun parti. On espérait que l'autorité pourrait intervenir, mais ici, malheureusement, l'*autorité* n'est pas la *force.*

Cependant, un chrétien vient d'être assassiné à la porte de sa maison. Ses frères en religion ne savent à qui demander justice : ils n'osent s'adresser au gouverneur, quand tous les liens du pouvoir semblent se relâcher; ils ne peuvent laisser ce meurtre impuni..... Ils ont donc voulu, malgré toute la sincérité et toute la modestie de nos dénégations, voir en nous comme des représentants d'un peuple ami; et nous-mêmes nous n'avons pu refuser le triste et pieux office d'apporter à la France une protestation du droit violé, rédigée et signée devant nous, et une humble demande de protection et d'appui. Nous avions dit que la France était loin; on nous a répondu que la France était forte !

Beit-Léhem est posé sur la crête d'une colline qui domine une plaine fertile. Beit-Léhem veut dire la maison du pain : on le nommait aussi *Ephrata*, qui signifie fertilité. Peu de villes ont autant de souvenirs pieux et de traditions vénérées. Rachel y mourut en mettant au monde ce fils de sa douleur, Bénoni que Jacob appela le fils de sa droite, Benjamin; David y naquit pour la gloire d'Israël.

Non loin des grands sanctuaires vénérés de la Nativité et de l'Adoration des Mages, à cinq minutes du couvent et vers le sud, on voit la grotte du Lait, à laquelle les légendes pieuses rattachent une histoire touchante.

On dit que, pendant la persécution d'Hérode, et en attendant l'heure propice à sa fuite, la Vierge se retira dans cette grotte avec l'Enfant. Un jour qu'elle présentait la mamelle aux lèvres divines, une blanche goutte de son lait tomba sur le sol; le sol blanchit aussitôt et une large bande éclatante sillonna la grotte dans toute sa longueur. Cette blancheur est encore visible aujourd'hui; c'est la voie lactée du monde chrétien. On a laissé la grotte dans l'état où elle se trouvait aux anciens jours.

C'est sur cette pierre que la Vierge s'asseyait; c'est de cette place, qu'appuyé sur son bâton de voyageur, Joseph contemplait le groupe aimable confié à sa garde. Cette voûte crevassée, où notre œil suit les festons capricieux et les dentelures de la pierre, est la même qui laissait retomber sur leurs têtes ses pendentifs de rochers. Tout cela ne vaut-il pas bien quelques ornements d'un goût douteux et une plaque de marbre d'Italie?

Toutes les femmes des environs, grecques, arméniennes, catholiques ou musulmanes, sont fort dévotes à ce petit sanctuaire : elles viennent chaque jour enlever quelques parcelles de la chaux molle et friable qui fait le fond de la grotte; toutes sortes de guérisons sont attachées à cette substance précieuse; entre autres priviléges, elle a, dit-on, celui de renouveler les sources du lait dans les mamelles taries.

Les Pères Franciscains ont établi à Beit-Léhem une école arabe pour les petits enfants : on leur donne là les premiers éléments d'une éducation chrétienne. On ne saurait mieux honorer la tombe des Saints-Innocents, ou le berceau du Christ.

Nous aimions le séjour de Beit-Léhem, et sans les inexorables nécessités de la vie de voyage, nous y serions restés longtemps. Nous voulûmes du moins connaître ses environs. On nous rencontrait partout, et les Arabes commençaient à se familiariser avec nous : tantôt à la citerne de David, tout près de la porte Orientale, tantôt à la fontaine de Salomon, sur les hauteurs d'El-Bourrack ; partout nous retrouvions un souvenir : ou l'histoire, ou la poésie.

La citerne s'appelle la citerne de David, parce que David *n'a pas* bu de son eau.

C'était pendant la guerre avec les Philistins. L'ennemi occupait Beit-Léhem. David s'était réfugié avec une poignée d'hommes : dans la caverne d'*Odollam.* Il dit qu'il avait soif et qu'il voudrait bien de l'eau de la citerne de Beit-Léhem. Aussitôt trois vaillants quittent la caverne, traversent le camp ennemi, vont puiser l'eau à la citerne, et au péril de leur vie la rapportent à David. Mais lui : « A Dieu ne plaise, dit-il, que je boive le sang de ces hommes, » et il consacra la coupe au Dieu des armées.

La fontaine de Salomon n'est pas moins célèbre ; elle est située à une lieue et demi de la ville, et l'Ecriture la désigne sous le nom de *Fontaine scellée*, *Fons signatus*, symbole de l'épouse dans le Cantique du poëte-couronné. « Mon épouse est un jardin fermé : un jardin fermé et une fontaine scellée. »

Deux grosses pierres *scellent* en effet l'entrée de la fontaine ; quand on les a soulevées avec effort, on descend par un escalier de quinze marches, jusqu'à deux salles voûtées et souterraines, soutenues par des arches d'une haute antiquité. Ce n'est pas la source ; la source est plus haut dans la montagne, mais ses eaux descendent et se réunissent dans ces vastes salles, où des tuyaux de conduite viennent les prendre pour les amener à Jérusalem. Elles étaient jadis destinées à l'usage du Temple. C'est dans cette fontaine scellée que le dernier enchanteur arabe, ne jugeant plus le monde digne de posséder un tel trésor, jeta, avant de mourir, le sceau et la bague de Salomon, qui domptaient les éléments et commandaient aux esprits dociles. Un château-fort, aux murailles hautes et aux fiers créneaux, protégeait la fontaine pendant les guerres saintes du moyen âge ; c'est sans doute l'œuvre des croisés, obligés, pendant le siége de Jérusalem, de venir chercher l'eau jusque-là.

En aval de la fontaine scellée, on voit trois immenses piscines, que l'on appelle vulgairement les étangs de Salomon. Ce sont des réservoirs creusés dans le roc vif, au fond d'une vallée ; les entailles profondes que l'on a pratiquées au flanc des montagnes voisines, facilitent l'écoulement et l'arrivée des eaux. Les piscines elles-mêmes suivent la pente des terrains, de manière à pouvoir se décharger l'une dans l'autre. Un aqueduc les faisait communiquer avec Jérusalem. Elles sont séparées par des murailles épaisses, et on a maçonné leurs bords. L'Écriture fait allusion à ces étangs : « Je me suis construit des réservoirs d'eaux pour arroser les plants des jeunes arbres. » On les attribue assez unanimement à Salomon.

Le jardin de Salomon, le fameux *hortus conclusus*, occupe le fond de la vallée qui court depuis *El-Bourrack* jusqu'à Beit-Léhem. C'est le lieu le plus charmant et le plus frais de toute la Palestine ; Salomon avait bien choisi : là murmurent les ruisseaux sur des lits de gazon ; là, toutes les fleurs donnent leur parfum, tous les arbres leurs fruits, l'hyacinthe et l'anémone, la vigne et le figuier. Cependant, au-dessus du jardin, la montagne sourcilleuse oppose à cette suave verdure le contraste brusque de ses rochers aux reflets éblouissants.

C'est, dit-on, sous les ombrages délicieux de son jardin que Salomon écrivit ces cantiques, éperdus d'amour, où, sous la figure de la brune Sulamite, il célèbre la future Église, épouse du Christ, et les ravissements de leurs noces éternelles.

« Je suis brune, mais je suis belle, ô fille de Jérusalem ; je suis comme les tentes de Cédar, comme les pavillons de Salomon... Ne considérez pas que je suis brune : c'est le soleil qui m'a regardée trop longtemps.

« Mon bien-aimé est pour moi comme un bouquet de myrrhe, comme une grappe de copher dans les vignes d'En-Gaddi. »

« Je suis, reprend le Cantique, la fleur des champs et le lis des vallées : tel est le lis entre les épines, telle est ma bien-aimée entre les filles.

« Vos plants forment un jardin de délices, rempli de pommes de grenades et des fruits les plus excellents.

« Le nard et le safran, la canne aromatique et le cinnamome s'y trouvent aussi bien que la myrrhe et l'aloès...

« Retirez-vous, aquilon ; venez, ô vent du midi : soufflez de toutes parts dans mon jardin, et que les parfums en découlent.

« Vous êtes belle, ô mon amie, comme la ville de Thersa, agréable comme Jérusalem et terrible comme une armée rangée en bataille.

« Détournez vos yeux de moi, car ce sont eux qui m'ont obligé de fuir. Vos cheveux sont comme un troupeau de chèvres que l'on voit descendre de la colline de Galaad.

« Quelle est celle-ci, ont dit les femmes, qui se montre comme l'aurore lorsqu'elle se lève, qui est belle comme la lune, pure comme le soleil ?

« Je suis descendue dans le jardin des noyers, pour voir les fruits de la vallée, pour considérer si la vigne avait fleuri, et si les pommiers de grenade avaient poussé.

« Je n'ai plus su où j'étais, mon désir m'a rendue aussi prompte que les chariots...

« Revenez, revenez, ô Sulamite ! revenez, revenez, afin que nous vous considérions.

« Je suis à mon bien-aimé, et son cœur se tourne vers moi.

« Venez, mon bien-aimé, sortons dans les champs, demeurons dans les villages.

« Levons-nous dès le matin pour aller aux vignes, voyons si la vigne a fleuri, si ses fleurs s'entr'ouvrent, si les grenadiers sont en fleurs !

« Les mandragores ont déjà répandu leur parfum, nous avons à nos portes toutes sortes de fruits les plus précieux. Je vous ai gardé, ô mon bien-aimé, les anciens et les nouveaux ! »

Aujourd'hui, le jardin de Salomon est loué à un Anglais ; il y fait, chaque année, sept récoltes de pommes de terre.

Ne revenez pas, ô brune Sulamite !

Nous retournâmes à Beit-Léhem en suivant toujours la vallée de Salomon. Le soir venait ; une vapeur lilas couronnait la cime de la *Montagne-des-Francs*, qu'effleuraient encore les derniers rayons. Nous avons, jadis, donné à cette montagne tout ce qui nous restait en Palestine : notre nom. Les croisés s'y retirèrent après la prise de Jérusalem ; ils s'y retranchèrent et résistèrent à Soliman pendant deux ans, attendant toujours un secours qui ne venait jamais. Des Arabes nomades viennent camper sur le flanc de la montagne des Francs, ils y paissent leurs troupeaux, et les enferment la nuit dans les bastions démantelés de nos chevaliers.

Nous repartîmes le lendemain de Beit-Léhem pour aller gagner le monastère grec de *Saint-Sabas*.

Ici encore la route est pleine de souvenirs et semée de miracles.

On laisse à sa droite le tombeau de Rachel, sur une éminence (c'est ainsi qu'il faut traduire le mot hébreu *rama*). Rachel revenait avec Jacob de Mésopotamie, lorsqu'elle mourut en mettant au monde Benjamin : « Elle fut ensevelie, dit l'Ecriture, sur le chemin d'Ephrata, et Jacob mit un cippe sur son tombeau. » Rachel est une des plus aimables figures de femme qui traverse les récits bibliques. De son nom seul il s'exhale je ne sais quel charme plein de douceur; les Anciens d'Israël avaient eu raison d'écrire sur son tombeau retrouvé : « Ci-gît la beauté et la tendresse ! » Les Arabes honorent comme nous cette chère et gracieuse mémoire.

Mais déjà nous voici dans le *champ du Pasteur :* « Il y avait, dit l'Evangile, aux environs de Beit-Léhem, des bergers qui passaient la nuit dans les champs, gardant tour à tour leurs troupeaux. Et voici qu'un ange du Seigneur s'arrêta près d'eux, et une clarté divine les environna, et ils furent saisis d'une grande frayeur. Mais l'ange leur dit : « Ne craignez pas, car voici que je vous annonce une nouvelle qui sera pour vous le sujet d'une grande joie : parce qu'il vous est né aujourd'hui, dans la ville de David, un Sauveur, qui est le Christ, le Seigneur. Et vous le reconnaîtrez à ce signe : vous trouverez un enfant, enveloppé de langes et couché dans une crêche. » Et à l'instant, avec l'ange, parut la multitude de l'armée céleste, louant Dieu, et disant : « Gloire à Dieu au plus haut des cieux, et paix sur la terre aux hommes de bonne volonté. » Et lorsque les anges se furent retirés dans le ciel, il arriva que les bergers se dirent l'un à l'autre : « Allons à Beit-Léhem, et voyons ce prodige qui s'est fait et que le Seigneur nous annonce! »

Le champ des Pasteurs est adossé à une colline qui s'élève par un mouvement d'ondulation graduelle, lente et douce. C'est un paysage calme, un site aimable, qui rappelle les scènes d'un drame heureux.

La grotte des Pasteurs est aujourd'hui une chapelle grecque : le diacre qui la dessert tend également la main aux pèlerins de toutes les religions.

De l'autre côté de la grotte est un champ non moins célèbre, le champ de Booz, qui vit passer Ruth aux pieds nus, glanant les épis tombés de la gerbe du riche. Où trouver un récit plus ravissant? La Bible, si majestueuse quand elle raconte les splendeurs de Dieu, si terrible quand elle dit ses colères, n'a-t-elle point aussi, quand elle veut, les grâces riantes de l'idylle?

Noémi revenait, après la famine, du pays de Moab avec ses deux belles-filles, veuves de ses fils, et comme elles étaient sur la route de Juda, Noémi leur disait : « Allez chacune en la maison de votre mère; que le Seigneur use de ses bontés envers vous, comme vous en avez usé envers ceux qui sont morts et envers moi!... »

Et les filles de Moab élevèrent la voix et se mirent à pleurer, et Orpha baisa sa belle-mère et s'en retourna; mais Ruth s'attachait à Noémi et disait : « En quelque lieu que vous alliez, j'irai; partout où vous demeurerez, j'y demeurerai aussi. Votre peuple sera mon peuple et votre Dieu mon Dieu. La terre où vous mourrez me verra mourir : je veux avoir ma sépulture avec vous ! »

Et elles s'acheminèrent ensemble, et elles arrivèrent à Beit-Léhem au jour de la moisson, et Ruth disait encore : « Si vous le voulez, j'irai dans les champs ramasser les épis échappés aux mains des moissonneurs, partout où je trouverai quelque père de famille bienveillant. » Et elle se mit à glaner dans le champ de Booz, son parent; et lui, voyant sa bonne grâce et sachant sa vertu : « Écoute, ma fille, lui disait-il, ne va pas dans un autre champ, ne quitte pas ce lieu, mais reste avec mes filles, et suis ceux qui font la moisson. »

On sait le reste, et comment Booz épousa Ruth, qui lui donna un fils; et ce fils, porté sur le sein si longtemps flétri de Noémi, fut Obed, qui compte dans la liste glorieuse des ancêtres de Jésus. Ainsi, Ruth, la Moabite, aussi bien que Rahab et Thamar, les femmes égarées, fut rangée parmi les grandes aïeules de l'Homme-Dieu, qui semble avoir confié sa génération selon la chair, à toutes les races comme à tous les repentirs.

Nous laissons à gauche, sur la route de Jérusalem, et nous saluons de loin le *Puits des Mages*, ombragé d'un térébinthe.

Après les avoir amenés de l'Orient lointain jusqu'en Judée, l'étoile disparut tout à coup dans les profondeurs du ciel, et ils marchaient toujours, incertains, mais non découragés; et comme ils étaient à peu près à moitié chemin de Jérusalem à Beit-Léhem, au-dessus du puits dont je parle, l'étoile brilla de nouveau, et glissant doucement dans les flots bleus de l'éther, ne s'arrêta plus qu'au-dessus de la crèche où dormait l'Enfant-Dieu.

Cependant nous quittons la route et les champs heureux d'Éphrata. Nous entrons dans le désert. Plus la moindre trace de végétation : le pied de nos chevaux enfonce dans une arène molle; bientôt nous pénétrons dans un défilé de collines blanchâtres, où l'œil cherche en vain pour se poser la verdure d'un brin de mousse. Ces collines se succèdent avec une égalité de formes et une monotonie de couleurs qui vous obsède et vous fatigue. De temps en temps, une tribu d'Arabes voyageurs croise notre caravane : tantôt ils l'effleurent du galop de leurs chevaux, tantôt ils s'arrêtent, immobiles, l'œil tors et le fusil au poing, nous comptant, nous évaluant, examinant notre ordre de marche, en fins connaisseurs de stratégie, comme s'ils avaient silencieusement pesé les avantages de l'attaque ou les chances de la neutralité.

Quand vous arrivez au point culminant de ce système de montagnes, un panorama immense se déroule sous vos yeux. C'est le désert dans son aridité sans fin, les dunes de sable se succédant avec l'uniformité morne du flot succédant au flot. Trois points, cependant, se détachent nettement dans le cercle de l'horizon; les tours crénelées et les murailles blanches de Jérusalem, assise au milieu des montagnes de Juda; Beit-Léhem, dont les toits en terrasses s'étagent sur une colline verte, enfin, la *mer Morte*.

Cette première vue de la mer Morte a quelque chose de saisissant. Elle dort, paresseuse, dans ses rives de montagnes crayeuses, qui l'enferment comme une bordure d'argent; sous la réverbération brûlante du soleil, elle renvoie un reflet à la fois ardent et sombre, comme une coupe d'étain en fusion.

Si les guides hâtés n'avaient interrompu nos contemplations, nous serions demeurés longtemps, malgré le poids du jour, en face de cet imposant spectacle.

Peu à peu, le sol change de nature et prend un autre aspect : la pierre succède au sable : des arbustes épineux et malingres poussent dans les fentes des rochers. Bientôt, des escarpements, des déchirures béantes, des ravins et des précipices remplacent l'ondulation molle et douce des premières collines. Nous sommes au bord du *Cédron ;* l'hiver, un torrent, l'été, un abîme.

III

Mar-Saba.

C'est sur le bord du Cédron que s'élève le *couvent de Saint-Sabas*, ou plutôt dans les ravins mêmes du torrent, à une profondeur de trois ou quatre cents pieds. C'est le mieux fortifié des couvents de Terre-Sainte : la nature a bouclé à ses flancs une ceinture de citadelles, et l'a hérissé d'un boulevard de rochers. Les Arabes émoussent leurs flèches et brisent leurs lances contre ces murs inexpugnables taillés dans la montagne; ils résisteraient à l'artillerie de campagne. Tant de force n'est pas un luxe inutile, quand on vit loin de tout secours, au milieu de populations hostiles et peu scrupuleuses. Autrefois, les portes du couvent ne s'ouvraient jamais : les provisions et les pèlerins se hissaient par-dessus les murailles. C'est par ce moyen primitif, mais ingénieux, que nous fîmes parvenir au supérieur les lettres qui nous accréditaient auprès de lui. Pendant qu'il les lisait, et avec grand soin, si j'en juge par le temps qu'il y mit, nous examinions ce site sauvage et grandiose, nous écoutions ce silence de mort, qu'aucun bruit vivant n'interrompt ; nous mesurions de l'œil ces hautes murailles, dont le sommet mobile se détache de lui-même sous l'effort de l'escalade et tombe sur les assaillants foudroyés ; et la tour, maintenant historique, où l'impératrice Eudoxie vint trouver saint Euthyme, qui la ramena de l'hérésie d'Eutychès à l'unité de l'Église. Cette tour, dont le ciseau n'a pas poli la pierre, a un aspect à demi barbare, s'harmoniant parfaitement, du reste, avec toute la mise en scène qui l'environne. C'est dans cette tour, caravansérail et observatoire, que les femmes qui traversent le désert viennent prendre leur logement : l'entrée du couvent leur est formellement interdite.

Quand nos lettres furent lues et approuvées, on ouvrit successivement cinq ou six portes, et, à travers des détours sans nombre, franchissant des corridors, montant ou descendant de longues volées de marches, nous fûmes enfin introduits dans l'intérieur du couvent.

Les moines de *Mar-Saba*, comme on dit ici, sont de l'ordre de Saint-Basile, et schismatiques-grecs.

Ce couvent est d'une *confortabilité* parfaite, et que l'on doit vraiment apprécier au fond d'un désert. Nous fûmes reçus dans un divan splendide, où l'on nous abandonna une profusion de nattes et de tapis, après nous avoir servi, en guise de rafraîchissement, une sorte d'hydromel qui nous sembla délectable comme un vrai nectar. Nous visitâmes ce couvent avec grand détail, et nous y trouvâmes un plaisir extrême.

La chapelle est particulièrement *jolie*. Que l'on

prenne ceci pour un éloge ou pour une critique. La pierre disparaît sous une ornementation à outrance. Ce ne sont partout que dorures et moulures, émaux et couleurs ; c'est à peine si les murs peuvent porter leur charge de tableaux, qui sont, presque tous, dans le système iconographique du XIIIe siècle. Entre beaucoup d'autres peintures, généralement médiocres, nous avons remarqué un tableau charmant, qui représente saint Zozime et sainte Marie l'Égyptienne. Le dessin est élégant, l'expression touchante à force d'être naïve, et la touche d'une suavité exquise. Sur un autre panneau, un Christ un peu roide — ainsi qu'il convient à un Christ byzantin — se penche avec une tendresse infinie sur le lit d'agonie de sa divine Mère, et recueille son âme expirée, qui monte vers lui sous l'effigie de la Vierge elle-même, mais légère, aérienne et transparente comme il sied à une âme.

Les peintures de cette église, publiées pour l'Europe, seraient, je crois, une page intéressante de l'histoire de l'art. La chaire est une petite merveille de fragilité élégante : on ne peut se livrer là-dedans qu'à une éloquence extrêmement délicate : les *foudres* d'un orateur la feraient voler en éclats. On entr'ouvrit la grille, et nous pûmes pénétrer dans le chœur, réservé aux moines, tout éclatant de marbres précieux et d'incrustations exquises ; ici, des chrysolithes de Tarsis et des onyx laiteux, plus loin, parmi la nacre orientale, de larges plaques de lapis-lazuli, d'un bleu tendre comme celui des pervenches mouillées.

L'autel est du meilleur style byzantin. Une simple

table, portée sur quatre colonnes isolées : le tabernacle n'est point sur l'autel, mais à côté, suivant l'usage primitif de l'Église.

En sortant de la chapelle on nous montra, au fond d'une grotte et derrière une grille, un amas de crânes et de squelettes que l'on nous dit appartenir à des martyrs; il n'est peut-être pas décent d'entasser ainsi les reliques.

Ces beaux moines gras, bien logés et bien nourris,

...In cute curanda plus æquo operata juventus,

nous ont paru vivre dans une heureuse insouciance : ils ignorent, ce que les moines mêmes savent assez généralement, l'histoire de leur couvent.

Saint Sabas, qui joua un grand rôle sous les empereurs Anastase et Justinien, bâtit le monastère qui porte son nom; il peupla le désert d'anachorètes. Le couvent en a compté quatre mille : dix mille s'étaient retirés dans les antres et les cavernes des hauteurs voisines. La persécution a pénétré jusqu'au désert, et la solitude s'est faite de nouveau dans les grottes de la montagne et du torrent.

L'*Archimandrite* grec du couvent de Mar-Saba, c'est le nom que les Arabes donnent au couvent, a rang et siége d'évêque à Jérusalem. C'est lui qu'on nomme l'*évêque du feu;* nous avons expliqué pourquoi.

La caravane des pèlerins grecs, qui va chaque lundi de Pâques, renouveler dans les flots du Jourdain les promesses de son baptême, ne manque jamais de faire au retour une station au couvent de Mar-Saba. Les pèlerins grecs sont ici chez eux. On ne voit pas toujours d'un aussi bon œil ceux des communions étrangères : je dois dire cependant que l'on nous prêta d'assez bonne grâce le réfectoire du couvent, où nous établîmes nos provisions sur une table un peu plus basse que nos genoux. On alla même jusqu'à nous permettre de puiser un peu d'eau à la source du couvent, et on ne nous la fit payer que cent piastres.

Nous suivîmes, pour rentrer à Jérusalem, les bords du torrent de Cédron. Le sentier se suspend au flanc de la montagne; un rocher à gauche, un précipice à droite.

Nous arrivâmes au bout d'une heure sur un plateau assez égal, amphithéâtre de sable, avec des collines pour gradins gigantesques. Une troupe d'Arabes y avait dressé ses tentes.

C'était une tribu de *Tsinganés,* espèce de bohémiens errants comme nos *Zingaris* d'Espagne. Ils pouvaient bien être deux ou trois cents, hommes, femmes et enfants. L'Arabe choisit l'emplacement de son camp avec un instinct de poëte; il le dispose avec le goût d'un artiste. Nos Tsinganés s'étaient établis sur la pente d'un monticule de sable. Rien de plus misérable que leurs pauvres tentes d'étoffe rude et noire, rayée de blanc; mais ils les avaient rangées avec une symétrie parfaite, et de manière à tracer sur le sable d'ingénieuses figures. On avait pratiqué des rues aux courbes gracieuses, au milieu de cette ville de toile qu'un coup de vent pouvait enlever. Des nopals épineux lui servaient de forteresses avancées, un sycomore l'abritait, et quelques palmiers s'élançaient entre les tentes, comme la flèche aiguë d'un minaret; un ruisseau échappé du rocher coulait à leurs pieds et abreuvait leurs troupeaux maigres; devant eux le désert déroulait ses perspectives mélancoliques.

On avait allumé un grand feu à la porte du camp: des hommes à demi nus dépeçaient un chameau égorgé dont chaque tente avait sa part. Les enfants, noirs et lustrés comme l'ébène, se baignaient dans le ruisseau, en poussant des cris sauvages; des groupes de femmes et de jeunes filles, posées comme pour le pinceau d'un peintre, drapées dans des beurnouss blancs, coiffées de kouffiehs de soie rouge et bleue, d'où s'échappaient de longues tresses de cheveux noirs, emmêlés de pièces de monnaies et d'amulettes de verre, causaient entre elles à la porte de leur tente. Un peu plus loin, les hommes, en manteau rayé de noir et de blanc, comme leurs tentes, écoutaient, assis sur leurs talons, un conteur grisonnant qui leur faisait sans doute un de ces récits merveilleux, dans lesquels les poëtes arabes dépensent, en vingt pages, plus d'or, de perles, de diamants et de rubis, que la terre et la mer n'en produisent en mille ans : l'écrin des rêveurs est plus riche que celui des rois. Les auditeurs naïfs écoutaient, suspendus aux lèvres intarissables. L'attention émue se lisait sur tous les traits et la convoitise allumait l'éclair de leur regard. Au milieu des tentes, les chevaux et les mulets, emprisonnés dans des entraves de fer, mangeaient bruyamment l'avoine et la paille hachée; les chameaux en liberté erraient autour du camp, sous la garde d'un troupeau de chiens fauves, aux oreilles droites et piquées en avant comme celles du loup. La nuit était venue; je commençais à perdre quelques-uns des détails de la scène : je jouissais peut-être plus encore de l'effet d'ensemble, éclairé par cette lumière des étoiles, bleue et un peu douteuse, qui semble le jour naturel du monde fantastique.

Vie étrange vraiment, mais poétique, cette vie de l'Arabe! Sa patrie est partout, parce que partout il emporte avec lui sa famille et sa maison. C'est le même mot dans sa langue qui veut dire *tente* et *famille*. Les murs de pierres lui pèsent et l'écrasent; il ne peut souffrir que ces murailles de toiles légères, qu'il enroule autour d'un bâton et qu'il met sur la croupe de son cheval. Il est heureux d'être seul; il se sent fier dans le libre espace. Cette contemplation incessante des grandes scènes de la nature, ce vaste silence qui l'entoure donne à son âme une sorte d'exaltation qui le fait poëte. Un chamelier de ce pays-ci use plus d'images en un jour que les *Quarante* n'en trouvent dans toute leur année. En même temps l'incessante menace d'un danger toujours présent développe, à un point qu'on ne saurait imaginer, les sens aigus et subtils de l'Arabe; c'est une finesse de perception qu'on ne retrouve que dans la vie sauvage. Dans le calme de la nuit, un bruit, insaisissable à l'oreille européenne, devient pour l'Arabe un indice que l'événement confirme toujours. Son regard est un rayon qui perce les derniers cercles de l'horizon : reporte-t-il les yeux à ses côtés, rien ne lui échappe : il distingue avec une sagacité parfaite, il apprécie avec un tact infaillible les plus minces particularités, les détails les plus fugitifs ; on assure que l'empreinte d'un pied sur le sable lui suffit pour reconnaître si le passant était ou non de sa tribu : il dirait presque l'heure de la trace, si c'était le commencement ou la fin de la course, s'il était courbé sous le fardeau ou bien s'il marchait libre.

Mais que faisait cette troupe suspecte aux portes de Jérusalem ? Le son des trompettes lointaines l'avait-il amenée jusque-là, et attendait-elle l'heure d'un nouveau pillage ?

IV

Le chemin de la mer Morte.

Le touriste parisien qui sait borner ses désirs, pose ses colonnes d'Hercule sur la terrasse de Saint-Germain. Il parcourt, du samedi au lundi, avec un billet de famille (aller et retour), les stations aimables d'Asnières, chères aux matelots de la flotte blèue; de Nanterre, orné de sa couronne de rosière; de Bougival, illustré par la mort de Pradier, et de Chatou, délices des gens de robe.

Le lundi vient, qui ramène les soucis familiers et le labeur accoutumé. Le Parisien sent le besoin de rentrer dans *sa capitale ;* il reprend le chemin des barrières, que lui ouvre le douanier complaisant, sans même visiter le panier conjugal, gonflé des fruits de ses jardins et parfumé d'un bouquet de roses et de poisfleurs.

Un voyage en Orient présente parfois plus d'incidents. La police ne s'y fait pas très-régulièrement, et les voleurs, qui sont des gens de bonne maison, y vivent en parfaite intelligence avec l'administration.

Il y a des pays qui sont divisés en provinces avec

des gouverneurs, d'autres en départements avec des préfets; la Syrie, du côté qui avoisine le désert, est divisée en tribus, sous les ordres de certains bandits grands seigneurs qui s'appellent Cheikhs, et qui sont de véritables rois absolus. Quand on veut passer sur leurs terres, c'est par eux qu'il faut faire viser *ses papiers :* ils vous garantissent que vous ne serez pas volé par d'autres; c'est du moins cela de gagné. Le plus piquant de l'affaire, c'est que l'autorité légale se mêle ostensiblement de ces marchés; ils se passent devant le pacha ou devant ses agents. Le Cheikh qui aurait manqué à sa parole ne remettrait jamais les pieds à Jérusalem... Hâtons-nous de dire à leur louange qu'on n'a jamais eu l'exemple d'une trahison. En cas d'attaque par une tribu ennemie, vos Cheikhs vous défendent avec un courage et un dévouement sans bornes.

Il faut se conformer aux usages quand on ne peut les changer. Avant de nous engager dans les défilés qui conduisent à Jérusalem et à la mer Morte, nous voulûmes donc nous mettre en règle avec tout le monde. Nous avions à traverser les terres de deux tribus : la tribu de *Siloé* et la tribu *d'Abou-Dish.* Nous envoyâmes saluer leurs *Cheikhs*, deux *seigneurs* fort intelligents, et qui savent ce que parler veut dire.

Cheikh Mahmoud et Cheikh At-Allah se firent représenter par des délégués à Jérusalem. On se rencontra chez le consul anglais : les Anglais ont une main et un pied partout. Le consul voulut bien donner, par sa présence, une sanction diplomatique au traité : nous tombâmes bientôt d'accord. Cinq mille piastres (à peu près mille francs) furent promises au retour. Les deux tribus s'engageaient, pour ce prix, à nous prendre et à nous ramener à Jérusalem. Ce fut écrit, signé et paraphé, et l'on fixa le jour du départ.

Deux ou trois jours avant notre expédition, At-Allah lui-même, en grand costume de Cheikh, l'*habahieh* aux reins, le *kouffieh* en tête, les pistolets à la ceinture et le fusil au poing, vint nous rendre visite à la *Casa-Nuova* du couvent des Franciscains.

Nous le reçûmes de notre mieux : pipe, café et joyeux accueil.

Au moment de nous quitter, le fier At-Allah nous tendit sa belle main fine et hâlée, et nous demanda le backchich...

— Le backchich ! et pourquoi ?

— Pour ma visite.

— Nous ne l'avions pas demandée.

— Ma visite est un honneur que je vous fais...

— L'honneur ne se paye pas !

Ici, At-Allah mordit sa moustache...

— J'espérais, reprit-il, que Vos Seigneuries m'auraient donné une pièce d'or dans chaque main ; cela m'aurait fait plaisir, ajouta-t-il en prenant un air sentimental ; mais puisque cela ne vous va pas, n'en parlons plus... Seulement, comme je ne puis pas m'en retourner les mains vides, donnez-moi un mouton !

— Impossible ! nous avons promis cinq mille piastres, vous aurez cinq mille piastres ! les *Frangi* n'ont qu'une parole ! Adieu.

At-Allah se retira la tête basse et assez mécontent. Deux louis ne sont pas une affaire, mais il est bon de se montrer ferme avec les Arabes, qui vous exploitent comme s'ils étaient civilisés depuis deux mille ans!

Au jour donné et à l'heure dite, nous trouvâmes à la fontaine de Silolé les deux Cheikhs et les hommes de leur tribu : At-Allah ne nous avait pas gardé rancune.

Notre caravane s'aligna assez régulièrement, les Cheikhs en tête, les mouckres en queue, les bagages au centre, les Bédouins sur les flancs, éclairant la route, éventant chaque buisson, tournant chaque colline.

Nous étions trop près de Jérusalem pour que ces précautions fussent chose bien utile ; mais on ne peut en vouloir aux gens de mettre du luxe dans leur dévouement. Les Arabes aiment l'argent, mais ils veulent avoir l'air de le gagner.

Nous arrivâmes bientôt à l'ancienne Béthanie (maison de l'obéissance), les Arabes l'appellent aujourd'hui *Laziriel*, en souvenir de Lazare. C'était autrefois une villa charmante, et la promenade aimée des juifs, la terre heureuse entre toutes : le jardin de l'antique Jérusalem, la villa des grands et des riches, quand il y avait des riches et des grands à Jérusalem. Aujourd'hui, c'est un village misérable, composé d'une vingtaine de cabanes en ruines et d'un tas de décombres, au milieu desquels une tribu de Bédouins vient parfois dresser sa tente. Il n'est habité que par des Arabes : on n'y trouverait pas un seul chrétien.

Pour le pèlerin, il n'y reste plus qu'un tombeau, le tombeau d'où Lazare sortit à la voix du Christ.

Jésus venait souvent à Béthanie par le chemin des Oliviers; il aimait y passer la nuit dans la méditation et la prière. On montre encore la pierre sur laquelle il était assis, quand Marthe en pleurs vint au-devant de lui, après le trépas de Lazare: « Seigneur! si vous aviez été ici, il ne serait pas mort! »

On ne saurait passer à Béthanie sans y retrouver le doux souvenir de cette belle Marie-Madeleine, qui répandit les essences de son vase d'albâtre sur les pieds du Christ, les essuyant de ses cheveux dénoués. C'était fête au logis, quand Jésus y venait; c'était fête aussi dans le cœur de Madeleine! Elle cueillait pour lui les roses de ségor, le lis et la fleur d'hyacinthe; elle frottait de myrrhe et d'aloès la table de cèdre noir, puis, quand il était là, elle se mettait à ses pieds, recueillant le doux miel de ses discours, tandis que Marthe allait et venait, s'occupant de beaucoup de choses, et le Christ disait: Marie a raison, et une seule chose est nécessaire! Touchante image de la pénitence qui nous ramène à Dieu, il lui fut beaucoup pardonné parce qu'elle avait beaucoup aimé. L'Évangile la nomme quelquefois la pécheresse, non pas qu'elle se fût livrée au dévergondage des sens grossiers, mais c'était une vie somptueuse, pleine de faste, et trop éprise de divertissements mondains et condamnables au point de vue de la morale austère — mais non pas flétrissants et vils — elle se réjouissait dans l'orgueil de sa beauté, flattait son corps par la recherche vaine du luxe; comme beaucoup de nobles créatures—esclaves de leurs délicatesses — elle n'avait péché que par le cœur — mais c'était assez pour être appelée pécheresse par l'Évangile !

Quand elle eut rencontré Jésus, son cœur se tourna vers lui et ne fut plus au monde, et, quelques jours avant sa Passion, elle lui donna ce qu'il y a de plus précieux parmi les hommes : des larmes et des parfums — les parfums, principes de vie, subtils esprits des choses, émanations pures, haleine céleste, éternité des reliques humaines ! les parfums gardiens de toute pureté ! et les larmes ! trésor vivant, perles formées dans l'abîme de nos douleurs, les larmes, parfum de l'âme, éclos sous la paupière — seul don qu'offre le cœur sans l'avoir emprunté ! les larmes, expiation de toute faute, et pardon de toute iniquité !

Dans l'urne aux blancs contours que de fleurs ont pleuré
Pour l'emplir jusqu'au bord d'un encens épuré !
Oh ! que tout soit pour lui, donnez, ô Madeleine,
Versez sur ses pieds nus votre âme humide et pleine ;
Versez le fond du vase et les parfums cachés,
Les regrets, les espoirs et jusqu'à vos péchés ;
Versez les chastes jours et les nuits profanées,
Et l'asphodèle vierge et les roses fanées ;
Versez votre douleur, versez votre beauté,
Tout en vous est parfum et tout sera compté !
Brisez aux pieds du Christ ce cœur doux et fragile,
Ce que la loi rejette est pris par l'Évangile ;
Des épis oubliés sa moisson s'enrichit ;
A lui tout ce qui pleure et tout ce qui fléchit !

La résurrection de Lazare fut le dernier miracle, et peut-être le plus touchant de la vie de celui qui passa en faisant le bien.

« Lorsque Marie fut arrivée à l'endroit où était Jésus, dès qu'elle le vit, elle tomba à ses pieds et lui dit comme Marthe : Seigneur, si vous aviez été ici, mon frère ne serait pas mort ! Jésus la voyant pleurer, elle et les juifs venus avec elle, il frémit en lui-même et s'émut. Où l'avez-vous déposé ? leur dit-il. Ils lui répondirent : Seigneur, venez et voyez ! Alors Jésus pleura ! Et les juifs disaient : Voyez comme il l'aimait !

« Jésus, frémissant encore en lui-même, vint au Sépulcre : c'était une grotte dont l'entrée était fermée d'une pierre. Jésus dit : Otez la pierre... Ils ôtèrent la pierre, alors Jésus, levant les yeux au ciel, dit : Mon Père, je vous rends grâce de ce que vous m'avez exaucé. Pour moi, je sais que vous m'exaucez toujours, mais je dis ceci pour ce peuple qui m'environne, afin qu'il croie que c'est vous qui m'avez envoyé. Ayant dit ces mots il cria d'une voix forte : Lazare, sortez ! Tout aussitôt celui qui était mort se montra, ayant les pieds et les mains liés de bandelettes, et le visage enveloppé d'un suaire. Jésus leur dit : Déliez-le, et laissez-le marcher. »

Jamais le Dieu ne fut plus homme qu'en versant ces larmes de tendresse bénie sur la tombe entr'ouverte de son ami ; jamais l'homme ne fut plus Dieu qu'en reprenant cette victime à la mort.

J'ai voulu descendre dans ce tombeau.

Trente ou quarante degrés, taillés dans la pierre

vive, conduisent au cœur du rocher, où l'on a creusé la voûte funèbre. En face du caveau, on a dressé un petit autel à la place où se tenait Jésus quand il dit: Lazare, lève-toi. Ce tombeau, comme la plupart des sanctuaires de la Terre-Sainte, est aujourd'hui entre les mains des Turcs, qui l'ouvrent aux passants, moyennant *bakchich*, et qui permettent aux Franciscains de Jérusalem, de venir y célébrer, une fois par an, les grands mystères de leur culte.

Les tombeaux ne sont pas faits pour les vivants; j'éprouvai donc un vrai bonheur, après quelques minutes de contemplation, à dilater ma poitrine à l'air libre. Je trouvai toute une population rassemblée au haut de l'escalier et attendant notre sortie. Les femmes, rejetant leur voile en arrière, attachaient sur nous des regards curieux.

On se relâche un peu à la campagne, et la réclusion n'est pas trop sévère pour les beautés villageoises. Parfois même la curiosité devenait familière : des grappes d'enfants se suspendaient aux rênes de mon cheval; une demi-douzaine de drôles à demi nus prétendaient me tenir l'étrier; jamais roi n'eut plus de serviteurs ni de plus empressés. Quand il s'agit de partir, toutes les mains ouvertes se tendirent. On ne nous avait pas servis gratis. Les femmes, qui nous avaient honorés de leur présence, réclamaient aussi leur droit d'aubaine. Toutes ces mains étaient tatouées de bleu, et les ongles teints en rouge avec la liqueur du henné. Nous distribuâmes quelques piastres, et notre guide quelques coups de courbache, qui retombaient indistinctement sur les femmes et sur les enfants; telles sont les mœurs du pays! et nous fûmes enfin libres de partir. Un concert de bénédictions ou d'injures, selon la nature de la gratification que chacun avait reçue, nous poursuivit pendant quelques centaines de pas. Un repli de la montagne nous sépara bientôt : la reconnaissance et la colère s'éteignirent à la fois; nous n'entendîmes plus qu'un murmure confus de voix expirantes. Je priai mon guide d'être moins prodigue à l'avenir de démonstrations énergiques.

— Avec les Arabes! répondit-il en haussant les épaules, il n'y a pas d'autre moyen que celui-ci... le geste acheva la pensée. Le respect, en Orient, se conquiert surtout à la force du poignet; c'est le tort de la civilisation orientale, je n'y puis que faire! Je me console en tâchant de retrouver les grands vestiges de la route que nous parcourons; route historique s'il en fut, pleine de souvenirs, riche de traditions, illustrée par des miracles.

Ici, même, tout près de la tribu d'Abou-Disch, nous sommes sur les lieux où se traduisit en action la parabole du bon Samaritain. Je ne sais pas si le Samaritain s'y trouverait encore, mais à coup sûr ce ne seraient point les voleurs qui manqueraient. Dans ce pays le brigandage est exercé sur une grande échelle : le vol est considéré comme une industrie; on en vit, et même on en vit bien; tout le monde le sait et personne ne s'en fâche : c'est accepté par le droit des gens.

— Maintenant, dit le cheikh Mahmoud, nous allons

entrer sur un territoire suspect. Prenez garde à vous! et veuillez vous rappeler que si nous avions le malheur de perdre quelqu'un des vôtres, nous serions obligés de payer trente mille piastres à votre honorable compagnie, comme prix du sang versé; vous ne voudriez pas nous causer ce désagrément!

Nous jurâmes une obéissance aveugle.

Nous devons dire, pour expliquer cette singulière recommandation, que les Arabes trouvent tout naturel qu'on se défie d'eux; quand le traité est conclu, et qu'on est d'accord sur tout, ils versent leur cautionnement comme garantie de la bonne exécution du contrat. On ne les paye qu'au retour. S'il vous arrive mal, ce sont eux qui payent une indemnité à votre famille. On assure que bientôt il y aura une pension pour les veuves inconsolables. En attendant, tout se passe avec une courtoisie parfaite. Les Cheikhs savent l'heure exacte de votre entrée sur leurs terres, et vous les trouvez qui vous attendent sur les limites de leur domaine, fiers, impassibles et calmes.

C'est d'abord le Cheikh principal, monté sur une jument du désert, qui porte à son cou, dans un sachet de poil de chameau, sa généalogie rédigée avec autant de soin que celle d'un *prétendant* par quelque d'Hosier incorruptible. Puis, peu à peu, lentement, l'un après l'autre, à pied ou à cheval, ses hommes viennent se grouper autour de lui avec toutes sortes de marques de respect: ici, c'est une main baisée ou portée au front, là, c'est le pli du vêtement touché avec un geste d'adoration humble. Mais on sent que ce culte vient du cœur, et que ce respect est mêlé d'affection. Après que les premières salutations ont ainsi reconnu la foi et l'hommage dus au Cheikh, tous vivent avec lui dans une sorte d'intimité, pleine à la fois de déférence et de dignité, qu'on est passablement étonné de rencontrer chez des barbares. Il faut en conclure que le sens moral leur manque seulement quand il s'agit de traiter avec les chrétiens : ils ont une mesure pour eux-mêmes et une autre pour nous.

Il est difficile de pénétrer dans la tribu d'Abou-Dish sans sa permission. La route qui conduit chez elle est défendue par d'imprenables forteresses de rochers. Cent hommes déterminés arrêteraient une armée dans ces propylées du désert.

La route que nous parcourons est la route de Jérusalem à Jéricho, qui vit passer si souvent le Christ et les disciples. La fontaine autour de laquelle nous campons s'appelle encore la Fontaine des Apôtres.

C'est un cadre merveilleux pour la scène des drames bibliques. La source est entourée d'une construction en grosses pierres, qui lui donne un air monumental. — Ce monument s'élève au milieu d'un vallon ovale, ellipse qui peut mesurer cinq cents pas d'un foyer à l'autre. Tout autour, des montagnes arides, mais dont la forme est moins sauvage qu'auprès de Jérusalem ; çà et là, une saillie de rocher qui surplombe — et dans l'ombre, immobile, et la prunelle ardente — ennemi peut-être, ou du moins aussi suspect — un Arabe qui veille.

Nous fîmes à la *Fontaine des Apôtres* une halte plutôt

qu'un campement. Nous y arrivâmes après la nuit, nous en partîmes avant le jour.

Au bout de quelques heures de chevauchée par une voie périlleuse, souvent interrompue, nous débouchâmes tout à coup dans une vaste plaine.

C'était le matin.

On ne se lasse jamais de ces beaux matins de l'Orient, qui vous offrent, en quelques instants, une succession de tableaux infiniment variés. Tableaux sans sujets, et dont la lumière seule fait le charme! charme mobile et changeant, qu'aucun peintre ne saurait faire passer sur sa toile, et qu'on fixe comme on peut dans son souvenir, et que l'on y retrouve, plus tard, en fermant les yeux, avec sa magie ardente, mais passagère.

Des bandes indécises, qui flottent de l'orange pâle au vert tendre, marquent à l'horizon lointain la limite extrême où le ciel et la terre semblent s'unir comme deux lèvres dans un baiser; au-dessus, l'éther bleu, vif, léger, dont on devine la profondeur, rien qu'à voir sa transparence, et dans le vide immense, des groupes errants de nuages lumineux, dont les bords, finement découpés, se teignent de pourpre éclatante, s'embrasent de reflets roses, où s'avivent des feux de l'émeraude, de la topaze et de l'améthyste, comme l'écrin flottant des cieux — puis le soleil paraît. Un souffle invisible dissipe les nuages. C'est partout comme un incendie aux flammes d'or. Cependant, les aigles s'éveillent et s'ébattent dans la lumière. Ce sont les seules créatures vivantes que l'on aperçoive dans la vaste solitude. Aussi loin que puisse s'étendre le regard, cette solitude morne, silencieuse, déroule ses steppes infinies. Il y a pourtant quelque grâce dans le mouvement de cette terre aride. Ainsi, tour à tour, la plaine se renfle ou s'abaisse par de molles ondulations, et la ligne tremblante des collines bleuâtres qui ferment l'horizon, semble flotter indécise comme une ceinture à demi dénouée.

Vers le sud de cette plaine, on rencontre deux murailles en équerre : c'est le reste d'un khan à demi ruiné, mais toujours en grand honneur, autour duquel les pèlerins grecs et musulmans viennent planter leurs tentes, en allant à la mer Morte.

Le pèlerinage des musulmans a lieu vers la fin de juin. Ils arrivent, musique en tête, enseignes déployées. Le glaive des croyants étincelle autour de l'étendard du prophète : il en doit être ainsi dans une civilisation où l'armée est religieuse avant d'être nationale, et où la religion elle-même s'appuie sur une épée nue.

Les pèlerins grecs qui, chaque année, le lundi de Pâques, partent de Jérusalem pour se rendre aux eaux du Jourdain, ont une allure plus modeste. Ils marchent silencieusement, en longues files pressées et timides, attaqués, bafoués, outragés, frappés, et cachant sous leurs robes des bâtons blancs formidables.... et inoffensifs.

Nous nous arrêtâmes quelque temps autour de ce Khan; moins belliqueux que les musulmans, mais aussi moins timides que les Grecs. Nous fouillâmes les environs dans l'espérance, toujours caressée et toujours déçue, d'y trouver quelques gouttes d'eau. Nous ne trouvâmes rien... qu'un gros caillou d'une blancheur éclatante, qu'un des guides s'empressa de m'offrir. Je n'avais pas la verge d'Aaron pour en faire sortir des torrents d'eau vive : je le jetai à terre. En tombant, il se cassa comme verre, et, sous une sorte de pellicule mince, j'aperçus une matière inconnue à la chimie classique, cassante et friable à la fois ; noire du reste comme le charbon, à l'exception de sa surface qui prend les teintes les plus blanches sous l'action de la lumière. Ce caillou qui pour tout autre pouvait fort bien n'être rien... qu'un caillou, c'était pour moi comme une sentinelle avancée de Sodome et de Gomorrhe, comme un avant-coureur de la mer Morte.

Bientôt nous arrivâmes à l'extrémité de la plaine. Il fallut s'engager dans le défilé d'une pente rapide, escarpée, raboteuse. Le pied de nos chevaux ne bronchait pas ; il était plus solide que la tête de nos cavaliers. Du reste, aucune perspective : la route était si profondément encaissée, qu'il était impossible de rien apercevoir que le ciel au-dessus et l'abîme au-dessous.

Un détour brusque nous amena dans un large vallon, traversé par un torrent aussi altéré que nous : il paraissait à sec depuis six mois. Au lieu d'eau murmurante, on n'apercevait dans son lit profond qu'une poussière aride et jaunâtre : nous le traversâmes d'un pied trop sec ! A quelque distance du bord que nous venions d'atteindre, nous découvrîmes bientôt un *corps de bâtiments* assez considérable : c'étaient des murs réguliers, hauts et solides, on eût dit une ferme de Normandie ou de la Beauce — sans un certain dôme flanqué d'un certain minaret, qu'on ne trouve pas communément dans le blond pays des pommes. Je ne parle que pour mémoire d'un ciel d'azur liquéfié qui laisse pénétrer le regard à des profondeurs infinies — phénomène assez rare sur les rivages de l'Atlantique brumeux. — Du reste, ce n'était pas une ferme, c'était une sorte de couvent musulman, habité par des Santons.

Je mis mon cheval au galop et piquai droit vers une grande ogive servant de porte...

— Arrêtez ! me cria le guide, arrêtez ! c'est le tombeau de *Nébi-Mousa :* les chrétiens n'y entrent pas — même en payant — ajouta-t-il, comme pour répondre à mon geste muet, mais expressif.

— Qu'est-ce donc que *Nébi-Mousa ?*

— C'est le prophète Moïse, *Effendum !* (Depuis deux jours mon guide m'appelle *Effendum,* c'est une variante de l'Effendi des Turcs.) — Un grand prophète, Mousa ! continua-t-il en voyant que je ne l'interrompais point, *presque* aussi grand que Mahomet !

— Sans doute ! mais je croyais qu'il était mort de l'autre côté du Jourdain, et qu'on n'avait jamais connu le lieu de sa sépulture ?

— Les chrétiens, non ! mais les *fidèles,* si, reprit le guide d'un air capable.

L'explication me suffit pour le moment et, en deux bonds, je fus à la porte de la mosquée de *Nébi-Mousa*

— si le grand législateur des Hébreux me permet de lui laisser encore son nom musulman. —

La porte est hermétiquement close : elle est solide ; on ne peut guère songer à l'enfoncer, les murailles sont hautes : l'escalade n'est pas possible.

Je frappai du bout de ma cravache.

Décemment d'abord, et comme un homme modeste, qui se contente d'avertir les gens qu'il est là.

Voyant que ma réserve était peu goûtée, et qu'on s'obstinait à ne pas prendre garde à moi, je m'armai d'une pierre, et j'attaquai violemment la porte. Un visage pâle, encadré dans une barbe noire, roulant des yeux ardents comme des charbons, se montra par un petit *judas* pratiqué dans la porte, et commença par m'adresser force injures.

Je le laissai dire, puis je lui fis comprendre que j'étais un *hadji* de Jérusalem, comme lui peut-être avait été un *hadji* de la Mecke, et j'exprimai mon désir de voir le tombeau de Moïse. Il ne parut guère décidé. Je me sentais à bout d'arguments : je les avais employés tous — moins un. — Je m'avisai donc de lui montrer certaine pièce de respectable grandeur et frappée à l'effigie du commandeur des croyants : son humeur farouche s'adoucit aussitôt, et il se mit en devoir d'entrebâiller la porte. — C'était une concession faite à l'ennemi : faute grave dans un siége ! — Je voulus me glisser à travers cette sorte de fente ; tout à coup une vieille moustache grise, jusqu'alors étrangère à la discussion, apparut sur la scène.

Je me défiai tout d'abord de ce moine austère : je vis

bien qu'il était au-dessus des tentations vulgaires. Il se jeta sur le jeune Santon, le saisit à la gorge, le renversa par terre, me repoussa avec violence, referma la porte, et remontant rapidement à la lucarne qui lui servait d'observatoire, il m'accabla du poids de sa colère, qui tombait de haut! L'épithète de *chien* était une des plus douces qu'il eût daigné emprunter au dictionnaire abondant de la colère arabe.

Je remontai à cheval, je me croisai les bras, et quand il eut épuisé son répertoire, je le saluai profondément et repris la route de la mer Morte, vers laquelle mes compagnons se dirigeaient déjà.

V

La mer Morte.

Le soleil était levé depuis deux heures quand nous arrivâmes en vue de la mer Morte. Je n'oublierai jamais ce premier aspect.

Le terrain semblait se dérober tout à coup sous nos pas. Une vallée profonde s'encaissait dans le lit des montagnes. A droite, du côté où nous étions, c'étaient les montagnes de Judée, en face de nous, les montagnes du pays de Moab. Celles-ci d'un bleu sombre et d'un profil sévère, celles-là d'un mouvement plus doux et d'une blancheur éclatante, moulées en quelque sorte avec des contours sinueux et lents, et comme si elles portaient encore l'empreinte immobile du flot qui les aurait formées. Au fond de la vallée, étincelante sous le rayon du soleil oblique, blanche avec le reflet azuré et délicat de l'acier finement trempé — le lac maudit, la mer Morte. — Vers le nord, un désert sablonneux, jaune, aride, brûlant et dont le seul aspect vous altère et vous dessèche...

Je calmai difficilement mon cheval effaré devant ce spectacle nouveau, et secouant avec des hennissements ses naseaux qu'irrite la salure des exhalaisons bitumineuses... Je contemplais avec recueillement, ces vestiges de colère, ces souvenirs de vengeance, écrits en caractères visibles sur la face consternée de la terre. Le ciel roule des vapeurs chaudes, la pierre est calcinée comme au sortir d'une fournaise, et il semble qu'avec l'air on respire du soufre et du feu. Et quand je fus rassasié de ces terreurs sublimes, j'abaissai de nouveau mes regards vers la mer et je me sentis pris de je ne sais quelle admiration profonde pour les beautés que je découvrais au sein de ces terreurs. A mesure que le soleil montait dans le ciel, son azur prenait des teintes plus ardentes et plus changeantes; presque brunes sous les monts Moabs, blanches et nacrées au milieu, vertes comme l'aigue-marine, dans les golfes et à l'ombre des montagnes de Juda. De temps en temps une vapeur saline s'élevait comme un nuage d'argent, puis s'arrêtait, irrésolue — comme l'oiseau qui plane, étendant ses ailes immobiles — puis un souffle de vent roulait ses flocons pressés et les chassait vers les montagnes, et la face de la mer reparaissait, unie et resplendissante.

J'aime les lacs, coupes profondes de la nature, offertes à toutes les lèvres altérées. Les montagnes inégales festonnent la ciselure de leurs bords, et la Flore des eaux enlace à l'entour ses végétations folles, comme l'acanthe se suspend en guirlandes sur les flancs rebondis d'une amphore. J'aime les lacs : j'ai vu tous ceux qu'on renomme dans notre Europe; ceux qui dorment dans le sein des montagnes et qu'aucun souffle ne ride; ceux que la tempête tourmente au bord des mers, orageux et profonds comme elles; les beaux lacs bleus d'Italie, qu'un paysage exquis encadre dans des horizons d'une douceur infinie, les lacs de la Suisse, qui empruntent à leurs Alpes je ne sais quelle grandeur sérieuse, et les lacs de l'Écosse mélancolique, avec leurs rives sauvages, plantées de sapins noirs et tapissées de bruyère rose, et les lacs d'Angleterre, les plus beaux d'Europe, Windermeer et Derwentwater — des saphirs liquides enchâssés dans l'émeraude des prairies. Mais aucun ne vaut pour moi ce beau lac de la Judée, que les Grecs appellent le *lac Asphaltite*, les Arabes, la *mer de Loth*, et Moïse, la *mer Morte*.

Après avoir descendu à travers des ravines sans verdure et sans eau, nous appuyant à des rochers friables qui s'évanouissent en poussière impalpable sous nos mains, nous arrivâmes dans la plaine et sur le rivage où le sable est mêlé de cendres. Mais nous ne retrouvâmes plus le même caractère de sombre désolation qui nous avait frappés sur les montagnes. La nature, éternelle jeunesse, mêlait un frais sourire à ses larmes brûlantes, comme si déjà, dans la pensée de Dieu, approchait l'heure du pardon. A cinq cents pas de la mer, nous trouvâmes une oasis de roseaux, dont les pieds humides absorbaient l'eau d'une source qui se répandait entre leurs racines, comme par les canaux souterrains d'un drainage invisible : on devinait l'eau à la molle fraîcheur du feuillage, sans toutefois que les lèvres avides la pussent rencontrer. Entre les joncs, et se balançant d'un tronc à l'autre sur les cimes flottantes, poussaient au hasard les vanilles sauvages, dont le parfum vous enivre, et toutes ces familles inconnues des orchidées de l'Inde, nouvelle révélation de la nature aux yeux surpris de l'Européen. A l'approche de ces plantes tout vous saisit, parce que tout en elles est étrange. On n'a respiré nulle part les senteurs qui s'en exhalent. Rien dans leurs formes ne rappelle les fleurs de nos climats. Les unes retombent en grappes accablées, les autres s'élancent avec légèreté : elles ont des ailes. Celle-ci se retourne vers le sol; celle-là cherche le ciel. Il en est qui tendent dans l'espace leurs longs bras, comme pour rejoindre des sœurs invisibles; tantôt c'est un filament ténu, tantôt une gerbe abondante. Il en est qui s'entr'ouvrent en calices, et dont les bords déchiquetés se contournent en volutes impossibles; d'autres jettent çà et là leurs pattes maigres et crochues, comme des araignées gigantesques; tantôt vous croiriez voir un papillon qui dort immobile sur le sein d'une rose, étendant ses ailes diaprées; tantôt un bouton d'or qui tremble au bout d'un fil imperceptible. Quelquefois encore, c'est une tête de serpent, se dressant au bout d'un long corps annelé, qui semble ramper dans l'air avec mille replis tortueux. Aussi diverses sont les couleurs : l'une est couverte de cendre comme une tête en deuil, celle-ci est tachetée comme un boa constrictor, celle-là zébrée comme un tigre, et cette autre mouchetée comme une panthère. Il y en a dont la nuance fait involontairement rêver poison.

Cependant nos chevaux piétinaient dans une humidité marécageuse : on devinait l'eau sans la voir, et ce sable mouillé excitait la soif au lieu de la calmer ; la cime mobile des grands roseaux se rejoignait sur nos têtes en voûtes impénétrables, qui concentraient la chaleur jusqu'à l'intensité la plus accablante. On était comme oppressé sous le poids d'une atmosphère embrasée et lourde, que le parfum des plantes eût bientôt rendue mortelle. Ce n'est pas le caractère habituel de la chaleur en Orient. Le rayon est une flèche cuisante, mais qui vous transperce sans vous abattre. On n'y connaît pas le soleil sous nuée et la torpeur somnolente des chaudes journées d'Espagne et de Sicile. Cette oasis, si fraîche et si charmante à l'œil, devenait bientôt un supplice ajouté aux autres, et plus intolérable qu'eux.

Quand on arrive sur le rivage de la mer Morte, les montagnes, aperçues d'en bas, prennent un aspect plus fantastique : les cimes de sable pyramident les unes au-dessus des autres avec une insupportable monotonie qui finit par vous donner le vertige : partout la côte dentelée s'avance en promontoires gris et mornes sans rochers comme sans verdure, ou se retire en golfes uniformément arrondis, sans avoir jamais cette variété et ce caprice qui, sur les côtes de Syrie et de Phénicie, par exemple, brodent de festons et d'arabesques la robe flottante de l'éternelle Amphitrite. Çà et là, sur la surface des eaux, de grands flocons de vapeurs blanches qui les rasent, d'un mouvement égal et lent — rampant et léchant ; la mer, immobile au milieu, a comme une sorte de remous vers ses bords, la vague, soulevée pesamment, retombe bientôt sur elle-même. Ce n'est point le long murmure de l'Océan et sa plainte infinie : c'est je ne sais quel bruit dur, sec et métallique. Nous n'aperçûmes aucun poisson dans l'eau transparente, mais nos guides, trouvaient et nous apportaient à chaque instant des escargots marins et des coquillages ruisselants. Et nous-mêmes, nous découvrions toutes sortes de traces vivantes sur le sable, où venaient jouer et s'ébattre les oiseaux du ciel et les bêtes de la terre. Nous y reconnaissions la patte du lièvre, les ongles de la gerboise et la pince délicate des gazelles. Nous y trouvâmes aussi des rémiges de héron noir, et de grandes pennes oubliées çà et là par un aigle.

On ne peut venir au bord de la mer Morte sans s'y baigner. La pesanteur de ses eaux est telle que le corps humain y surnage sans effort : les poissons seuls peuvent s'y noyer. On sait que les poissons s'asphyxient dans l'air. On éprouve dans ces flots une sensation tout d'abord assez étrange : il semble que l'on ait perdu soi-même toute pesanteur. L'eau semble vous rejeter de son sein. Les pieds remontent comme malgré vous ; c'est à grand'peine si vous pouvez faire les mouvements suffisants pour avancer. On nage difficilement; l'eau vous supporte bien plutôt qu'elle ne vous porte. On sait, du reste, l'expérience de Vespasien, rapportée par Josèphe. L'empereur fit jeter dans la mer des esclaves, les pieds et les mains liés — c'était *l'experimentum in anima vili.* Ces corps inertes n'enfonçaient pas. L'eau de la mer Morte est d'une salure extrême et d'une rare amertume : elle produit sur la peau une sensation particulière : glissant sur les parties saines, comme l'huile sur le marbre, et agissant comme un corrosif violent sur les excoriations que laissent si fréquemment à vif en Orient, ou la selle des chevaux, ou la piqûre des insectes. Les matières salines entrent pour un quart dans la composition de ces eaux, où l'on rencontre aussi des muriates de chaux et de magnésie : on y trouve également du brôme. Les évaporations salines, qui se posent incessamment sur les montagnes, et les exhalaisons de soufre et de bitume qui sortent de la terre, paralysent toute végétation, et promènent autour du lac l'image frappante de la mort.

On sait les traditions bibliques au sujet de la mer Morte, et les récits de la Genèse. Les hypothèses de la science moderne ont voulu changer tout cela. On a insinué que la mer Morte n'était autre chose que le cratère d'un volcan éteint — cratère immense, puisqu'il aurait sept lieues de large et quinze ou dix-huit lieues de long. — Ses bords n'ont pas les caractères géologiques des volcans : une dépression circulaire en forme d'immense entonnoir, un cordon de rochers calcinés, et des flots de laves éteints et immobiles.

Il n'en est pas ainsi de la mer Morte.

Ses bords révèlent plutôt l'action d'un feu extérieur et d'un incendie violent que la nature intime d'un volcan. Les deux montagnes qui l'encaissent ne se réunissent pas pour former la coupe du cratère, mais elles continuent à courir, chacune dans sa direction : celle-ci vers le nord, jusqu'au lac de Tibériade, en bordant la vallée du Jourdain; celle-là, vers le sud, en allant, par un écartement sensible, se perdre dans les sables de l'Yémen. Les éléments constitutifs de ces montagnes ne sont pas les mêmes : du côté de l'Arabie, on trouverait bien les indices d'une nature volcanique, des eaux chaudes, des couches de bitume et des pierres phosphoriques : rien de semblable dans les montagnes de Judée.

Il faut en revenir au récit de la Bible.

Le lit de la mer Morte était jadis une contrée fertile, arrosée par le Jourdain : il s'y trouvait plusieurs villes et un grand nombre d'habitants. Mais le Seigneur, irrité de leurs crimes, « fit pleuvoir sur Sodome et Gomorrhe le soufre et le feu du ciel, et il détruisit ces cités et toute la contrée qui les environne, et tous les habitants des villes, et toutes les plantes de la terre. »

Les prophètes parlent souvent de ces grandes ruines, et ils prédisent, à la plaine de Sodome, une solitude et une désolation éternelles. « *Siccitas spinarum, et acervi salis, et desertum usque in æternum!* » Le Christ a confirmé l'antique récit... Le jour que Loth sortit de Sodome, dit-il quelque part, une pluie de feu et de soufre descendit du ciel, et perdit tous les habitants. On sait que le neveu d'Abraham avait choisi pour son partage cette terre, « qui était tout arrosée, comme le jardin de Jéhovah. » Sodome était bâtie sur une carrière de bitume, la foudre alluma la terre elle-même, et les villes qu'elle portait s'abîmèrent dans une sorte d'incendie souterrain. Strabon parle de treize villes englouties dans le lac. La Genèse en cite deux, Sodome et Gomorrhe ; le Deutéronome y ajoute Adama et Séboïm. La Sagesse en compte cinq, « *descendente igne in Pentapolim;* » mais elle ne les désigne point. On pense généralement que Ségor fut épargné. Plusieurs voyageurs parlent de débris de murailles et de restes de palais aperçus dans la mer Morte, et Flavius Josèphe, cet historien qui peint comme un poëte, dit qu'on aperçoit du bord les *ombres* des cités détruites.

Un officier distingué des États-Unis, M. W. Lynch, fidèle à sa devise américaine : *Goa-head, and no mind!* « En avant et sans peur ! » est parti de New-York en 1847, pour explorer le Jourdain et la mer Morte. Il a travaillé là dans l'intérêt de la science et pour la gloire de son nom. Les sondages très-précis qu'il a exécutés nous donnent environ 435 mètres pour la plus grande profondeur de la mer Morte. Cette profondeur ajoutée à la dépression des bords, place les villes maudites dans un abîme de 883 mètres au-dessous du niveau de la Méditerranée. Selon les observations très-précieuses de M. Lynch, le lit de la mer Morte se composerait de deux plaines submergées : l'une assez élevée, l'autre très-abîmée ; toutes deux couvertes de vase: celle-là de vase gluante, celle-ci de vase mêlée de cristaux de sel. Un ravin étroit, situé à une grande profondeur, traverse la mer Morte dans toute sa longueur et fait suite au lit du Jourdain. On retrouve, du reste, cet ancien lit au sud de la mer Morte, avec les dimensions et les caractères du lit actuel, au nord de cette mer. Il est donc probable, pour le dire en passant, qu'avant l'affaissement du bassin, le Jourdain se jetait dans le golfe Akaba, au nord de la mer Rouge. M. Lynch fut frappé comme nous du spectacle de ce beau lac, où tout est merveilleux, où les aspects changent à chaque instant avec une mobilité féerique, où tout parle à l'âme, et lui révèle une nature étrange et un monde nouveau.

Il n'y a pas d'île dans la mer Morte, mais on trouve au sud une assez grande presqu'île, courant de l'est à l'ouest : ses bords sont couverts d'asphalte et de bitume.

La médecine antique faisait grand usage de ce bitume : on s'en servait aussi pour embaumer les corps.

La mer Morte, à son extrémité, est comme séparée en deux : il y a un chemin par où on la traverse en été, avec l'eau à mi-jambe. A cette place, la terre s'élève et forme ainsi, par un ressaut, un autre petit lac ovale, entouré de plaines et de montagnes de sel. Ces monticules de sel, assez fréquents sur certaines parties du rivage, rappellent à l'esprit les aventures de la femme de Loth, et cette belle parole du livre de la Sagesse, écrit mille ans plus tard. Une statue de sel est debout : « Monument d'une âme qui ne voulut pas croire. *Incredibilis animæ* STANS *fragmentum salis.* »

Durat... nuda statione sub æthra
Nec pluviis dilapsa situ, nec diruta ventis.

Six grands courants d'eau, sans compter le Jourdain, se jettent dans la mer Morte. Le Jourdain y roule, par jour, six millions quatre-vingt-dix mille tonnes. On ne lui connaît aucune décharge visible. On avait cru, tout d'abord, à des communications souterraines avec la Méditerranée ou la mer Rouge. La supériorité de niveau de ces deux mers rend l'hypothèse inadmissible. Si la communication existait, ce seraient elles qui afflueraient dans la mer Morte. On est réduit à admettre un système d'évaporation puissante, faisant équilibre, par une perte incessante, à cet accroissement sans fin.

Quand le soleil de midi darde du zénith ses rayons à pic, le voisinage de la mer Morte devient intolérable pour une organisation européenne. L'air s'embrase ; vous ne sentez pas une haleine de vent ; les vapeurs flottantes se dissipent : la mer étincelle comme un miroir ardent, les concavités des montagnes rassemblent et renvoient les rayons comme le foyer d'une ellipse, les exhalaisons salines brûlent la peau, dessèchent la gorge et piquent la paupière comme un faisceau d'aiguilles invisibles : les lèvres arides se gercent et se retirent ; le regard errant va du lac à la montagne, et ne trouvant partout que du feu, l'œil ébloui ne sait plus où se poser.

C'est ce que nous éprouvâmes en quittant la mer Morte pour prendre la route de Jéricho.

Nous ne faisions que changer de supplice.

VI

Jéricho.

La plaine de Jéricho est sans ombre et sans eau : privation d'autant plus pénible pour nous, que nos gourdes étaient vides, nos outres largement saignées par les mouckres et les esclaves, et que notre major-dome, peu prévoyant, ne nous avait servi le matin que du jambon parfaitement salé, âcre poison que Moïse fit bien d'interdire aux Hébreux.

La plaine de Jéricho a un caractère de grandeur et de désolation que je ne retrouve point ailleurs.

Cette plaine s'étend entre les monts Moabs et les collines de la Judée : c'est du sable mêlé de cendre. Çà et là, on rencontre des pyramides de chaux friable qui s'effondrent sous le pied. Quand on fouille le sol du bout de son bâton, on trouve des morceaux de soufre à l'état pur, comme dans les carrières de Sicile. De distance en distance, et comme de puits souterrains, dont l'orifice resterait invisible, montent jusqu'au ciel des colonnes de vapeurs sulfureuses, mêlées de sable fin et de bitume impalpable. La terre, aride et sèche, se fend sous le soleil, et d'une extrémité à l'autre, la plaine est toute crevassée ; çà et là, comme des cadavres gigantesques, les troncs noircis des grands arbres, déracinés par les crues du Jourdain, et que le fleuve impétueux a laissés en se retirant, preuve visible de son passage.

Chaque année, après les pluies du printemps, quelque buisson essaie bien de pousser, puis la chaleur torride le brûle, et ses branches languissantes et sans feuillage, rampant sur le sol, servent d'abri à quelque gerboise effrayée par le pied du passant.

Eh bien, c'est ce sol ardent et ce ciel implacable que l'Arabe-Bédouin choisit pour se livrer à ses fantaisies équestres.

Jamais un Arabe à cheval ne voit une plaine sans songer à faire de la *fantasia :* leurs chevaux le savent bien. Dès qu'ils aperçoivent l'espace libre, ces *buveurs d'air* lèvent vers le ciel leurs naseaux ardents, leur œil se dilate et s'enflamme ; ils partent : rien n'égale la souplesse vigoureuse de leurs mouvements, la puissance de leur élan, la rapidité de leur course ; rien n'épuise les ressources de cette poitrine profonde ; leur poumon baigné d'air vif et pur suffit à tous les efforts. Après une course à fond de train nos Bédouins reviennent à nous ; ils nous pressent, nous entourent, s'éloignent encore pour revenir nous enlacer dans des orbes sans fin ; traversant nos rangs, effleurant nos groupes, fondant sur nous la lance à la main, et à dix pas, au milieu de l'élan le plus fougueux, arrêtant leurs chevaux sur les jarrets, ou faisant une volte au galop avec une prestesse sans égale ; tantôt, appuyant à terre le fer de leur lance, autour de sa pointe, prise comme centre, ils tracent sur le sable des circonférences régulières, dans lesquelles ils inscrivent les figures d'une géométrie compliquée.

La grâce des hommes ne brille pas moins que la vigueur des chevaux : elle éclate dans les *djérids* du javelot et du sabre. Ces braves Bédouins nous montrent avec une complaisance et une courtoisie parfaites comment ils percent une poitrine ou coupent une tête de chrétien. C'est fort élégamment fait : on ne peut pas mieux! Et puis, il faut voir avec quelle modestie aimable ils recueillent les applaudissements des amateurs: leur main gauche se soulève et leur bras s'arrondit pour mieux montrer le trophée sanglant, tandis que la droite vous envoie un salut flatteur et sentimental, en se posant tour à tour sur le cœur et sur le front.

Ces courses et ces jéux se poursuivent tout le jour : les Arabes sont infatigables, et leurs chevaux ne demandent jamais grâce.

Ces chevaux sont bien les plus fières et les plus nobles bêtes de la création; leur réputation est faite et je n'ai pas à les louer. Qu'on me permette seulement de les plaindre. J'ai vu de superbes étalons, jeunes encore et d'une perfection de formes vraiment idéale, déshonorés par les tares les plus infamantes, renversés sur les jarrets, couturés par le sillon du feu, les barres brisées, et le flanc labouré par le fer de l'étrier. Certaines gens prétendent que le cheval a été créé pour l'homme : c'est l'homme qui dit cela, le cheval n'en convient pas; mais enfin, j'admets le principe pour un moment. Que l'on demande au cheval tout ce qu'il peut donner : j'y consens ; mais du moins qu'on le lui demande poliment : c'est ce que les Arabes ne font point. Leurs attaques sont d'une violence cruelle, et leurs résistances d'une dureté brutale : ils n'obtiennent pas, ils arrachent. Les selles de Damas, si fort en honneur dans le sport oriental, ne laissent pas arriver la jambe; il en résulte qu'on ne se sert plus que de l'éperon comme *moyen*. C'est le contraire de ce que faisait notre ancienne école française, si correcte dans sa puissance et si forte dans sa grâce. Les Arabes ne sont pas des écuyers, ce sont des *casse-cous* sublimes !

Après deux heures de marche, ainsi égayées par les courses et le Djérid, nous arrivâmes en vue de *Jéricho*.

L'opulente cité des anciens jours n'est plus qu'un village misérable ; il y a peut-être une quarantaine de cabanes, faites de branches entrelacées, bois et feuillages, dont on garnit les interstices avec de la boue. Nos plus tristes huttes de paysans ont un moins triste aspect. La famille habite presque constamment son toit large et plat : l'intérieur est réservé aux provisions et aux récoltes. Chaque cabane est entourée d'une vaste cour, protégée d'une haie vive de nopals et d'arbustes épineux. La ville n'a pas d'autres remparts ; mais ceux-là du moins lui donnent une physionomie rustique assez agréable. Quelques cabanes privilégiées, celle du Cheikh ou de l'imam, a parfois pour abri et pour décoration quelque palmier à la taille souple et fragile, qui, au-dessus du toit misérable, fait briller, au milieu de son feuillage opulent, la couronne de ses beaux fruits d'or.

Ce village s'appelle aujourd'hui *Riha*, et, comme l'ancien nom de Jéricho, ce nom veut dire parfum.

Tout à l'entour de ce village, on trouve des vestiges qui attestent une ville jadis importante : des restes de voûte et d'aqueduc, des pans de murailles, des fondations aujourd'hui à fleur de terre. On voit encore un grand bâtiment carré, que l'on appelle la *tour de Jéricho,* il est au sud du village et un peu séparé de lui. On le fait remonter à la domination romaine, ou aux derniers rois de Juda ; les Turcs y envoient de temps en temps une petite garnison pour observer les Arabes. La garnison ne s'occcupe guère du pays, toujours livré au pillage et au meurtre, mais le drapeau de gueules au croissant d'argent étoilé flotte sur les murailles, et, dans plus d'un cas, le vainqueur affaibli se contente de cette ombre de son pouvoir !

On sait les récits de la Bible et les événements dont Jéricho fut le théâtre.

Josué arrivait du désert à la tête d'Israël — à une demi-lieue de la ville—le site s'appelle encore *Galgala* comme autrefois — un guerrier inconnu l'aborda tout à coup, une épée nue à la main et lui dit : « J'ai livré à tes coups Jéricho, son roi et tous ses défenseurs. Que toute l'armée fasse le tour des murailles au son de la trompette, une fois par jour, six jours de suite, le septième, vous ferez sept fois le tour de la ville, et les prêtres, marchant devant l'Arche d'alliance, sonneront de la trompette, puis, lorsque la voix des instruments aura fait entendre à vos oreilles de plus longs éclats, alors la multitude poussera un formidable cri d'ensemble ; les murailles de la ville tomberont d'elles-mêmes, et chacun entrera par la brèche qui sera devant lui. »

Et il fut fait ainsi ; et le septième jour, les remparts tombèrent, ouvrant une brèche devant chaque guerrier. Les Hébreux traitèrent Jéricho avec cette rigueur antique qui ne s'adoucissait jamais qu'après avoir semé du sel sur la ville conquise. Le glaive tua et le feu dévora, et, debout sur les ruines, Josué prononça contre celui qui rebâtirait Jéricho, des imprécations terribles : « Que son premier né meure lorsqu'il en jettera les fondements, et qu'il perde le dernier de ses enfants lorsqu'il en posera les portes ! » Et nous lisons plus tard, au livre des Rois : « Hiel rebâtit Jéricho ; il perdit Abiram, son fils aîné, lorsqu'il en jeta les fondements, et Ségub, le dernier de ses fils, lorsqu'il en posa les portes. » Cependant les Machabées, entre deux victoires, fortifièrent Jéricho ; Hérode l'embellit de théâtres et de palais ; elle tomba, avec le reste de la Syrie, au pouvoir des Romains ; Antoine mit les roses de Jéricho dans la corbeille de Cléopâtre. On ne retrouve plus le sycomore de Zachée. Le Christ y vint plusieurs fois ; il y guérit deux aveugles. Jéricho fut ruinée pendant le siége de Jérusalem, puis rebâtie par Adrien. Justinien y avait établi une hôtellerie pour les pèlerins. Au moyen âge, sous les rois chrétiens, la reine Mélisinde en avait fait don à l'abbaye de Béthanie : aujourd'hui, il ne passe plus à Jéricho que quelques pèlerins chrétiens allant au Jourdain, et les caravanes commerciales et religieuses qui viennent de Damas.

Moïse appelle quelque part Jéricho *la ville des Palmiers*, et l'historien Josèphe vante la fertilité de ses environs. « On y voit, dit-il, une quantité de très-beaux jardins, avec des palmiers de diverses espèces, et dont les noms, aussi bien que le goût de leurs fruits, sont différents. Quelques-uns donnent un miel qui ne diffère guère du miel ordinaire qu'on trouve en abondance en ce pays. On y voit aussi un grand nombre de cyprès et de mirobolans, de ces arbres qui distillent le baume, cette liqueur que nul fruit ne peut égaler. Aussi, peut-on dire qu'un pays où croissent tant de plantes si excellentes, a quelque chose de divin, et je doute qu'en aucun lieu du monde il y en ait un qui puisse lui être comparé. »

La grâce des jardins de Jéricho s'est évanouie, et la fertilité de sa terre a disparu : aujourd'hui, pour peindre Jéricho, les paroles du prophète seraient plus vraies que celles de l'historien : « Le vin est dans la honte, l'huile dans la langueur ; le figuier malade, le grenadier, le palmier, le pommier, et tous les arbres des champs sont desséchés, et la joie a fui le visage des hommes. »

Nous n'eûmes pas la bonne fortune de rencontrer, dans les jardins de Jéricho, la rose célèbre qui porte encore le nom de cette ville, et que nous avons retrouvée en Égypte, et dans quelques localités sablonneuses de la Syrie. C'est une plante de la famille des crucifères, qui se dessèche après la maturité de ses fruits; bientôt ses ramures délicates se rapprochent et se contractent : c'est un peloton un peu moins gros que le poing. Longtemps encore après qu'on l'a cueillie, si on l'expose à l'humidité, ses pétales s'entr'ouvrent et s'étendent; on dirait une floraison nouvelle. On assure qu'autrefois le désert entre l'Égypte était tout couvert de ces roses, et que cette fleur du sable s'épanouissait, partout où elle avait posé le pied, comme pour fleurir la trace de la Vierge. Pendant les siècles croyants du moyen âge, les pèlerins de Jérusalem ne manquaient jamais, la nuit de Noël, d'humecter leur rose de Jéricho, qui renaissait sous une goutte d'eau, pour offrir à Marie son parfum et sa beauté.

Nous trouvâmes, et en assez grand nombre, les fameuses pommes de Sodome; fruit trompeur, charmant aux yeux, amer au goût. Il pousse sur un arbuste épineux, aux longues feuilles aiguës. Souvent, la même branche porte en même temps des fleurs et des fruits : le fruit a le volume et l'éclat des petites oranges de Tanger. Quand leur maturité commence, si on entr'ouvre leur écorce, il en sort un suc âcre et corrosif, qui noircit l'acier du couteau; quelques semaines plus tard, au milieu d'une sorte d'ouate molle et blanchâtre, on trouve cinq ou six pepins noirs et couverts de cendre. Dans aucun cas, le fruit décevant n'offre à vos lèvres une pulpe savoureuse.

Quand on a franchi le bois de Jéricho, on se trouve en face de la montagne de la *Quarantaine*, au pied de laquelle jaillit la *Fontaine d'Élisée*, que les Arabes appellent la fontaine du Sultan, et que les Francs appelaient jadis la fontaine du Roi.

Il faut avoir marché tout un jour dans le désert, sans un fruit, sans un arbre, sans une goutte d'eau, sur le sable et sous le soleil, pour comprendre avec quel ravissement on découvre une fontaine qui jaillit, un ruisseau qui coule. Comme ce frais murmure vous réjouit l'âme ! quels diamants vaudraient ces perles liquides ! On sent mieux alors toutes ces comparaisons de l'Orient altéré, et ces belles images qui représentent l'âme ayant soif de Dieu comme le cerf qui brame après l'eau des sources pures.

Voici, maintenant, pourquoi cette fontaine s'appelle la *Fontaine d'Élisée*. Ses eaux étaient autrefois d'une salure et d'une amertume insupportables ; or, le prophète Élisée demeurait à Jéricho : les habitants vinrent donc à lui, en disant : « La situation de la ville est excellente, comme mon seigneur le voit ; mais les eaux y sont mauvaises et la terre stérile. Et le prophète leur dit : Prenez-moi un vase neuf, et mettez-y du sel. Lorsqu'ils le lui eurent apporté, il alla vers la source, y jeta le sel, et dit : Voici ce que dit Jéhovah : « J'ai guéri ces eaux ; et il n'en viendra plus la mort ni « la stérilité. » Ces eaux furent donc guéries jusqu'à ce jour, selon la parole que prononça Élisée. »

La source est reçue à sa naissance dans un petit bassin ombragé par un érable. Le ruisseau, de quelques centimètres de profondeur, a environ 3 mètres de large, et les bords les plus aimables du monde : il va se perdre dans un bois charmant, tout peuplé de ramiers, de colombes bleues, de guêpiers et de colibris étincelants, qui voltigent d'une branche à l'autre, comme des émeraudes et des topazes vivantes : pendant que des rossignols qui ne se taisent jamais, chantent, comme au printemps, dans les jujubiers en fleur.

Mes compagnons faisaient dans le bois des abattis de perdrix rouges : je m'assis, en les attendant, sous un de ces beaux arbres à feuilles étroites, que les Arabes appellent *Zakkum*, et dont la branche épineuse forma, dit-on, la couronne du Christ. Les Arabes savent extraire de son fruit l'huile précieuse que l'on appelait jadis le baume de Galaad : « N'y a-t-il plus de baume en Galaad ? » dit quelque part Jérémie. Je relus vingt pages de Josèphe, racontant le miracle d'Élisée et décrivant la fertilité de la terre de Jéricho.

Il faut, dit-il, en attribuer la cause à la chaleur de l'air et au pouvoir singulier qu'a cette eau de contribuer à la fécondité de la terre. La chaleur fait ouvrir les fleurs et les feuilles, l'humidité fortifie les racines par l'augmentation de la séve, durant les ardeurs de l'été, qui sont si extraordinaires, que, sans ce rafraîchissement, rien n'y pourrait croître qu'avec une peine extrême. Mais quelque grande que soit cette chaleur, il s'élève le matin *un petit vent qui rafraîchit l'eau;* on la puise avant le lever du soleil. Durant l'hiver, elle est toute tiède, et l'air est si tempéré, qu'un simple habit de toile suffit, alors qu'il neige dans les autres endroits de la Judée.

Cette fontaine coule dans le sable, entre des bouquets d'arbres, mais on ne voit sur ses bords ni fleurs ni gazon vert : l'Orient ne connaît pas ce luxe splendide de la nature septentrionale.

Pendant que l'on dressait nos tentes, nous allâmes voir la montagne de la Quarantaine.

L'ascension en est assez pénible ; un ravin, brusque et profond, coupe le sentier, et il faut un long détour pour retrouver sa route et atteindre la cime. Jamais la tristesse de la solitude n'a été plus voisine de l'horreur. Partout des rochers aigus et des précipices sans fond : à gauche, la ligne dure et sèche des monts Moabs ; à droite, les sommets crayeux et secs des montagnes de Juda ; devant soi, par-dessus la trop courte oasis de Jéricho, que le regard a bientôt franchie, la plaine aride, et, dans le lointain, les eaux de la mer Morte.

C'est là que Jésus, selon la parole de l'Evangile, « fut conduit par l'esprit pour être tenté par Satan. »

Et après avoir jeûné quarante jours et quarante nuits, il eut faim.

Et le tentateur s'approchant, lui dit : « Si tu es le Fils de Dieu, dis que ces pierres deviennent du pain. »

Jésus lui répondit : « Il est écrit : L'homme ne vit pas seulement de pain, mais de toute parole qui sort de la bouche de Dieu. »

Satan alors le transporta dans la ville Sainte, et le plaça sur le haut du temple et lui dit : « Si tu es le Fils de Dieu, jette-toi d'en haut ; car il est écrit qu'il t'a confié à ses anges, et qu'ils te porteront dans leurs mains, de peur que ton pied ne heurte contre la pierre. »

Et Jésus lui dit : « Il est encore écrit : Tu ne tenteras pas le Seigneur ton Dieu. »

Satan le transporta de nouveau sur une montagne élevée, et lui montra tous les royaumes du monde et leur gloire, et il lui dit : « Je te donnerai toutes ces choses si tu te prosternes devant moi et m'adores. » Alors Jésus lui dit : « Retire-toi, Satan, car il est écrit : Tu adoreras le Seigneur ton Dieu, et tu ne serviras que lui seul. »

Et Satan le quitta, et les anges s'approchèrent de Jésus, et ils le servaient.

Toute cette montagne est creusée de grottes sans nombre : on dirait les alvéoles d'une ruche d'abeilles gigantesque. On montre encore, parmi ces grottes, celle où le Christ passa les quarante jours de son jeûne. Cette montagne fut longtemps peuplée d'ermites. C'est là, dit-on, que fut inventé le rosaire, pour donner un aliment à la piété de ceux qui ne pouvaient pas lire les liturgies de l'Eglise : étrange prière, singulier, mais poétique mélange de monotonie et d'élan, qui ramène de temps en temps le nom divin sur les lèvres, et, par sa continuité toujours égale, permet à l'âme, préoccupée de Dieu, de planer, comme à son insu, dans la sphère des rêveries mystiques.

C'est au pied du mont de la Quarantaine qu'il faut placer la caverne des *Sept Vierges*, dont le souvenir vit encore dans les traditions de l'Orient.

La caverne est grande, et chacune des sept vierges avait son étroite cellule : on les amenait là toutes petites, et elles vivaient dans la mortification et dans la prière.

Quand une d'elles mourait, sa cellule devenait son tombeau. On creusait plus loin la cellule nouvelle d'une nouvelle vierge, et comme des lampes allumées devant l'autel et qui ne s'éteignent jamais, sept cœurs brûlants d'amour se consumaient devant Dieu sans jamais s'éteindre.

Nous revînmes avec le soir chercher sur la lisière du bois le vivre et le couvert.

VII

Sous la tente.

Il n'y a pas d'hôtel au désert; trop heureux quand on trouve un pan de vieux mur ou les ruines d'un khan abandonné, qui puissent abriter votre feu. Cela ne se rencontre pas tous les jours; mais on emporte sa maison avec soi ; on plante sa tente au pied d'une montagne, au bord d'une fontaine, le long d'un ruisseau, enfin où l'on peut! Pour un Parisien, accoutumé au corps de garde, c'est un bonheur de dormir sous la tente — du moins la première nuit.

Pour moi, ces nuits sous la tente seront toujours les souvenirs les plus pittoresques de ma vie voyageuse.

Ce soir-là, du reste, rien ne manquait de ce qui peut faire une mise en scène poétique. Notre petit camp s'appuyait au bois, le ruisseau baignait le pied des tentes qu'abritaient deux érables. Une faible brise se parfumait en passant dans les branches fleuries d'un jujubier, agitant à peine les feuilles en éventail d'un jeune palmier; la montagne, qui avait, au soleil couchant, les teintes fraîches et printanières du lilas, faisait comme le fond du tableau.

At-Allah, et Cheikh Mahmoud, avec leurs Arabes, nous accompagnaient toujours. Leur belle conduite ne s'était pas un instant démentie. Nous leur offrîmes de nous-mêmes le mouton de l'amitié, que nous avions refusé à Jérusalem. La nouvelle se répandit bien vite dans la montagne : le désert a aussi sa télégraphie électrique. Une vingtaine de Bédouins, noirs comme l'oncle Tom, mais beaucoup moins vertueux, crurent que le moment était bon de venir nous rendre leurs devoirs. Nous étions riches ce jour-là ; un second mouton fut sacrifié. Ce fut alors toute une tribu qui arriva. Nous fûmes entourés de toutes parts, salués, choyés, pressés — un peu trop pressés peut-être !

Enfin, nous tendîmes de cordes l'enceinte de nos tentes, en défendant à nos alliés, sous des peines sévères et immédiatement appliquées, de violer notre territoire. Les apprêts du souper nous assurèrent une trêve d'un instant. C'était une activité infatigable. Les deux moutons furent *déshabillés* en un clin d'œil : le dourah et le maïs, broyés entre deux pierres, que faisaient tourner des femmes voilées, se changeaient en farine et devenaient du pain : des arbres arrachés, des broussailles coupées à l'oasis prochaine, faisaient flamber partout les feux du bivouac. Un chêne vert émondé, fixé dans des fourches, et converti en broche homérique, suspendait les moutons tout entiers au-dessus du large foyer.

Le souper fut bientôt à point. Les Arabes de la plaine se rangèrent d'un côté, les Bédouins de la montagne se placèrent de l'autre, chacun autour de son mouton ; le feu de racines qui s'en allait mourant, tremblait dans le courant de l'eau, et jetait par intervalles sur les visages énergiques et basanés des lueurs fauves et rougeâtres, qui accusaient plus vivement encore les lignes nerveuses et l'ossature puissante de la face; les chameaux roux allongeaient au-dessus du foyer un cou démesuré et des lèvres dédaigneuses — le chameau est très-dédaigneux de sa nature — en secouant leurs colliers chargés de grappes de grelots. Je ne connais pas de palette dont ce tableau ne fût digne.

Les Arabes mangent vite; les deux moutons furent en un instant dévorés jusqu'aux os. Les Cheikhs nous avertirent que les danses allaient commencer en notre honneur.

Mon érudition chorégraphique n'est pas assez brillante pour me permettre d'analyser le ballet qu'on nous offrit. Je lui reconnus un grand avantage sur ceux de l'Académie impériale de musique : il n'avait pas de livret!

Ce n'était point cependant une improvisation. Les arabesques de la danse jetaient leur broderie fantastique sur un thème donné. Il y avait une action visible, un commencement, un milieu, et une fin. L'absence des femmes diminuait un peu l'intérêt du drame, et donnait parfois à la danse un caractère de sauvagerie et de férocité peu rassurant pour des voisins de nuit. Je me souviens particulièrement de deux pas d'*ensemble* fort expressifs en vérité : l'un s'appelle le pas du lion et l'autre le pas du singe.

Le pas du lion montre le Bédouin dans toute sa

force ; le pas du singe fait valoir toute son agilité.

Voici à peu près comment le premier pas s'exécute : un Bédouin, drapé dans un lambeau d'étoffe fauve, crie, hurle et bondit en cadence devant la foule des comparses, qui suit chacun de ses mouvements, s'avançant ou reculant, suivant que lui-même avance ou recule ; tantôt il les culbute et les renverse, tantôt, comme les mailles d'un réseau vivant, les autres l'enveloppent et l'enserrent. La musique est digne de la danse : c'est le cliquetis du sabre et les coups de pistolet qui notent le rhythme et marquent la mesure.

La danse du singe, qu'on appelle *skouradatis*, est un intermède grotesque d'un très-haut ragoût sur les bords de la mer Morte. Un Bédouin enchaîné, le plus leste de la bande, imite devant ses compagnons les faits et gestes du joko, de l'orang et du chimpanzé : cabrioles de clown désossé, gambades et crampes de saltimbanque, bonds fougueux, désarticulations impossibles, tout s'y trouve. Quant au mérite d'exécution, c'est une verve, un entrain, une furie qu'on ne peut rencontrer que chez les enfants de la libre nature.

Les Arabes avaient insensiblement oublié notre présence : ils avaient commencé en notre honneur, ils continuaient pour leur propre compte. Je les étudiais dans l'abandon du plaisir, profitant du moment où ils ne posaient pas ; les Arabes posent beaucoup : personne ne sait mieux qu'eux donner au masque humain une immobilité impénétrable; mais ils se livrent volontiers dans l'animation du jeu. Le type de l'Arabe est généralement beau : son visage régulier est d'un ovale un peu allongé, avec un nez aquilin, un front haut et d'une noble coupe, de grands yeux noirs, le plus souvent fendus en amande, parfois relevés aux coins, mais dont le regard a je ne sais quelle douceur pénétrante; la bouche aux lèvres minces, a des sourires douteux, qui laissent voir deux rangées de dents d'une blancheur nacrée; mais ces dents très-petites sont écartées comme celles du tigre, et les canines se faussent en crochets dont la pointe vipérine a je ne sais quoi de singulièrement cruel : leur barbe, brune et clair-semée, est fine, molle et soyeuse; leur taille est moyenne, leur contenance fière. Le respect chez eux n'est jamais servile. Leurs membres nerveux et maigres sont d'une rare élégance de formes, leur main est ferme et petite, leur jambe est sèche, comme chez tous les marcheurs; os et muscle sans chair; et leur pied presque toujours nu conserve une pureté de ligne et une souplesse d'articulation, inconnue sous nos enveloppes de cuir vernis: la cambrure aristocratique du cou-de-pied leur est commune avec les Arabes du Soudan; les jeunes gens et les femmes sautillent un peu en marchant; au lieu de poser le pied à plat comme les races occidentales, ils semblent ne se servir que de l'orteil, dont l'élasticité repousse le sol à peine foulé.

Leur langue, qui prête de si merveilleuses richesses à la poésie écrite, prend dans la bouche de ces enfants du désert je ne sais quoi de rauque et de guttural comme un idiome barbare.

Le costume arabe est assez simple, il se compose d'un large pantalon—qui absorbe plusieurs douzaines de mètres d'une étoffe légère et fraîche — d'une vaste chemise de laine, retenue aux flancs par une ceinture; le complément de ce costume est une sorte de sac informe, fendu sur le devant, et sans ouverture pour les bras; il est tissé en poil de chameau, avec des bandes alternativement fauves et blanchâtres; c'est le *machlah.* Le machlah se porte de différentes manières: sur la tête quand il pleut, sur les épaules quand il fait froid, roulé autour des reins quand il fait chaud. L'Arabe apporte le plus grand soin à préserver sa tête rasée des ardeurs du soleil. Le rayon a parfois une intensité mortelle. La coiffure de l'Arabe, est donc pour lui l'objet d'une préoccupation très-naturelle; elle est assez compliquée: c'est d'abord une petite calotte de lin blanc, qu'on appelle *téké*, puis un bonnet de laine rouge qu'on nomme *tarbousch*, enfin un voile de soie ou de coton, le *kouffieh*, posé par-dessus le tarbousch, flotte devant les yeux, retombe sur la moitié du visage, comme un masque mobile, et couvre les épaules. Le kouffieh est retenu autour du front, non point comme dans l'Hedjaz par un *hégaz* en bois, sorte de diadème incrusté de nacre, mais par une simple corde de poil de chameau, qui fait deux fois le tour des tempes. L'Arabe porte à la ceinture un *djembeah*, sorte de coutelas à la lame éprouvée, protégé par une gaîne de cuir ou de marocain, et une paire de pistolets à crosse ciselée. J'ai parlé ailleurs de son fusil cerclé de cuivre. Les armes sont les compagnes inséparables de l'Arabe: il les quitte encore moins que son cheval: il dort avec elles. Cette nécessité où l'on est sans cesse de veiller à sa propre défense et de se faire à chaque instant justice à soi-même, a le grave inconvénient de vous montrer un ennemi dans chaque homme, et de détourner vers la haine les tendances naturelles de l'homme à la sympathie.

Mais en revanche, en lui apprenant à ne compter que sur soi, elle augmente singulièrement le sentiment de sa dignité personnelle, et cette fierté d'allure, qui transporte dans les déserts quelque chose qui ressemble assez à la désinvolture martiale et à l'ancien point d'honneur de la chevalerie.

Bientôt les danseurs épuisés suspendent leurs jeux : ils s'enveloppent soigneusement dans leurs larges manteaux, se souvenant du proverbe arabe : « Un coup de sabre ou le froid de l'été, c'est tout un ! » Chacun regagne donc son foyer qui fume encore ; on se range en cercle serré ; le *baklous*, sorte de bouffon au bonnet pointu, comme le docteur de Molière, porte ses facéties d'un groupe à l'autre ; un vieux conteur, assis sur ses talons, entame une histoire connue—ce sont celles qui plaisent le plus — tandis que les dormeurs intrépides s'étendent entre les jambes de leurs chevaux immobiles.

Nous, cependant, nous posons nos sentinelles, et nous nous roulons dans nos couvertures et sur nos tapis, le fusil entre les jambes et le pistolet sous le cou ; enfin, le silence se fait : tout dort, excepté peut-être quelque rêveur attardé dans ses souvenirs ; et d'une colline à l'autre, la nuit sereine laisse flotter un large pan de son manteau bleu brodé d'étoiles.

VIII

Histoire naturelle.

Je profite de ce recueillement et de ce silence du campement de Jéricho, pour réunir et mettre en o dre quelques notes glanées çà et là dans le voyage, et auxquelles je donne peut-être un titre trop ambitieux. J'en ai cherché vainement un plus modeste, le lecteur me pardonnera celui-ci.

Quand le peuple juif entra dans la Terre-Promise, Dieu lui dit, par la bouche de Moïse :

« Le pays où tu vas entrer, pour en prendre possession, n'est pas comme la terre d'Égypte, d'où vous êtes sortis, et où tu jetais la semence et l'arrosais, par des machines, comme un jardin potager. Mais le pays dans lequel vous passez, pour en prendre possession, est un pays de montagnes et de vallées, qui s'abreuve d'eau par la pluie du ciel. »

Ces inégalités du terrain produisent la variété du climat et celle de la végétation. Vous trouvez, en effet, à quelques lieues de distance, les fruits des tropiques et ceux des zones tempérées. L'abondante rosée des nuits y rafraîchit l'atmosphère embrasée des feux de la journée. Les poëtes du livre sacré représentent, en plus d'un lieu, cette rosée comme une bénédiction du ciel : elle mouille comme la pluie. « Ouvre-moi, dit l'amant des Cantiques, ouvre-moi, ma sœur, mon amie, car ma tête est pleine de rosée. Les boucles de mes cheveux sont humides des gouttes de la nuit. » Du reste, les orages sont fort rares et l'été sans nuage. Les pluies ne commencent qu'à la fin d'octobre. Cette première pluie, qu'on appelle la pluie hâtive, est suivie d'un second été, pendant lequel on s'occupe des semailles d'hiver : l'orge et le froment. La seconde pluie arrive avec janvier. La neige couvre alors les hauts lieux. « Il envoie la neige comme la laine, il répand le frimas comme les cendres, qui pourrait tenir devant sa gelée? Les eaux se cachent comme sous une pierre, et la surface de l'abîme est solide. » La troisième pluie, la pluie tardive, tombe en mars et en avril, avant la récolte des fruits d'hiver. Cette pluie tardive prépare les semailles de l'été : le sésame, le dourah, le tabac, le coton, les fèves et les pastèques, qui mûrissent pour septembre.

Rien de plus régulier que la marche des vents.

Le vent du nord-ouest souffle à l'équinoxe d'automne, et dure jusqu'en novembre, alternant avec le vent d'est. Viennent alors les vents d'ouest et du sud-ouest, que les Arabes nomment *pères des pluies.* Mars subit trois ou quatre jours de tempêtes, avec les vents du sud. Le vent d'est, « qui dessèche la vigne et qui brise les vaisseaux de Tarsis, » traverse alors le désert, et, jusqu'au mois de juin, souffle sur la Palestine.

La Flore du pays est abondante et variée.

Salomon, dont tous les livres ne sont pas venus jusqu'à nous, avait parlé de toutes les plantes, depuis les cèdres du Liban jusqu'à l'hysope qui croît sur les murs.

Le froment est assez commun en Palestine. Les Hébreux le cultivaient et le faisaient venir aussi du pays des Ammonites. Salomon donnait de l'huile et du froment, en échange des cèdres et des cyprès d'Hiram. Les juifs portaient aussi leur froment sur les marchés de Tyr. On semait une autre espèce de froment, *l'épeautre*, sur la lisière des champs de blés : c'était comme l'encadrement brun des sillons dorés.

On mangeait souvent les épis cueillis avant leur maturité, et rôtis au feu : nous avons retrouvé cet usage sur les côtes de la Phénicie. On sait que les épis torréfiés étaient rangés parmi des offrandes du Temple ; on les présentait avec les prémices.

L'avoine est fort rare en Palestine, et l'orge, peu estimée, ne sert qu'à la nourriture des chevaux. On la coupe à la fin de mars. La Bible ne parle pas du riz que l'on cultive maintenant sur les bords du lac *El-Houla*. Ézéchiel avait nommé le dourah, espèce de millet dont on fait du pain insipide, de la bouillie et de l'empois. On connaît, par Ésaü, la saveur des lentilles, dont un seul plat ne sembla pas trop payé par l'abandon du droit d'aînesse et de la bénédiction paternelle. Samuel parle aussi, quelque part, d'un champ semé de fèves. Les fèves et les lentilles sont encore en grand honneur, aujourd'hui, parmi les Arabes de la Palestine. Nous retrouvons maintenant, comme autrefois, la laitue, accompagnement obligé de l'agneau pascal, l'endive, le poreau, l'ail et l'oignon, ce souvenir et ce regret de l'Égypte. Nous avons déjà cité avec éloge les pastèques de Jaffa, et nous savons qu'Isaïe compare la montagne déserte de Sion à la cabane du gardien dans un champ de concombres. C'est encore Isaïe qui parle de la nielle et du cumin, et Jésus-Christ lui-même mentionne l'aneth et la menthe comme des plantes dont les Pharisiens payaient la dîme. Saint Luc a cité la rue quelque part, et le petit grain du sénevé a passé dans les *Proverbes*, pour désigner les humbles commencements des grandes choses.

Ce sont là les plantes cultivées : celles qui croissent d'elles-mêmes, produit spontané du sol, ne sont ni moins intéressantes ni moins nombreuses. C'est d'abord l'hysope aromatique, ami du sol pierreux, qui pousse entre les ruines et sur les vieux murs. Pour les aspersions du sang des sacrifices et de l'eau lustrale, Moïse veut que l'on se serve d'un bouquet d'hysope : on se souvient encore des paroles de la liturgie : *Asperges me hysopo, et mundabor ; lavabis me hysopo, et super nivem dealbabor.* « Vous ferez sur moi des aspersions avec l'hysope, et je serai purifié; vous me frotterez avec l'hysope, et je serai plus blanc que la neige. » La câpre est mentionnée dans l'*Ecclésiaste*, et la saponaire dans Jérémie. On trouve l'*indigo* sur les bords du Jourdain, au pays de Bisan, et le *sésame* partout.

Nous avons rencontré, dans le désert, le genêt épineux, à l'ombre duquel avait dormi Élie fugitif ; nous nous sommes réchauffés à son feu vif et clair, et nous avons compris la justesse de cette parole du Psaume, qui compare à sa braise ardente la langue brûlante du calomniateur. Nous allions oublier le ricin de saint Jérôme, dont la graine donne l'huile, le papyrus de Pline et le roseau de marais, du Jourdain et du lac Mérôm, dont on faisait des flèches autrefois, dont on fait, maintenant, des bois de lance pour la guerre ou pour les jeux du *Djérid.*

La Flore malfaisante produit aussi des poisons : la ciguë, qui fait mourir, la zizanie, qui donne le vertige, et l'*arbre de Sodome* au sucs corrosifs, et l'absinthe et la coloquinte amère.

Les jardins de la Palestine étaient riches en fleurs et en parfums. Ici, c'est le copher au grain serré, dont la feuille, semblable à la feuille du myrte, ne tombe pas en hiver, et dont la fleur, qui pousse au bout des branches, forme une espèce de grappe ; le copher antique s'appelle aujourd'hui le *henné :* on sait le rôle qu'il joue dans la toilette des femmes ; c'est la mandragore, non plus comme au moyen âge, la mandragore qui *chante*, mais la mandragore « *qui répand ses parfums,* » dit l'amante des Cantiques. La *Genèse* nous apprend qu'au temps de Jacob les Orientaux demandaient à son fruit un remède contre la stérilité. Nous avons trouvé des roses dans le désert de Saint-Jean, des lis dans les vallées de Djennin, des narcisses et des giroflées dans la plaine de Sarons, des jacinthes, des jonquilles et des anémones au Carmel. On sait toute la célébrité du baume antique, recueilli dans les jardins de Jéricho et d'En-Gaddi : le baume est la sueur du baumier ; on l'obtenait au mois de juin, de juillet et d'août, en pratiquant des incisions dans l'écorce, au moyen d'un fragment de pierre tranchant ou d'un morceau de verre. Les Romains détruisirent les jardins de Jéricho et d'En-Gaddi, puis ils les rétablirent. Le baume figura dans le triomphe de Pompée. Depuis le XIIe siècle, on ne le trouve plus en Judée.

La Palestine produit encore le lin, le chanvre et le coton. Le lin était dans la Palestine avant les Hébreux. C'est sous des tiges de lin que Raha fit cacher les espions de Josué. Les vêtements des prêtres étaient de lin. Le chanvre, originaire de la Perse, ne fut pas cultivé par les anciens Hébreux, et le cotonnier ne fut introduit chez eux que sous les derniers rois de Juda.

La vigne fut longtemps la bénédiction d'Israël et la richesse de Juda. On retrouve la vigne dans les images et les comparaisons des poëtes : « Il attache à la vigne son ânon, et au cep le petit de son ânesse ; il lave son vêtement dans le vin, et son manteau dans le sang des raisins. Il a les yeux pétillants de vin, et les dents blanches de lait. »

C'est dans la tribu de Juda que l'on recueillait le vin le plus célèbre. On y trouve trois *crus* fameux : ceux d'En-Gaddi, de Sorek et d'Escol. On connaît aussi les vignobles de Themnath, dont parlent les *Juges*, ceux de Jesraël, teints du sang de Naboth et d'Achab, et ceux de Sibma, au pays de Moab. « Les maîtres des nations écrasent les ceps de Sibma qui touchaient Yaazer, allaient se perdre dans le désert, et dont les jets se répandaient au loin et passaient la mer, » comme parle Isaïe en sa brillante hyperbole. Même sous des maîtres qui ne boivent pas, la Palestine a toujours des vignes remarquables. Nous pouvons citer celles de Beit-Léhem et d'Hébron. Il y a aujourd'hui beaucoup de raisins blancs dans la Palestine : autrefois, on n'y voyait guère que du raisin rouge, c'est ce qui justifie les appellations fréquentes de la *Genèse*, du *Deutéronome* et d'*Isaïe :* « Le sang du raisin ! » — « Tes habits sont rouges comme ceux d'un homme qui foule la cuve ! » Parfois, le cep vigoureux s'élève jusqu'à trente pieds de hauteur, et ses bras, soutenus par des appuis, pareils aux arbres géants de l'Inde, couvrent tout un arpent d'un dôme mouvant de pampres et de raisins. C'est le commentaire touffu de la parole du prophète Michas : « *Ils demeurèrent chacun sous sa vigne et sous son figuier.* » La vigne se rencontre souvent dans les comparaisons des poëtes bibliques. Israël vertueux, c'est le cep de vigne transplanté d'Égypte ; coupable, c'est le vignoble qui trompe les espérances du vigneron. La même image se retrouve encore sur les lèvres du Christ.

La Palestine a, comme nous, le pommier, le poirier, le noyer, le cerisier, l'abricotier, l'amandier. Elle a aussi l'olivier, toujours verdoyant, l'olivier, cher emblème de la douceur et de la paix. Asser, béni par Moïse, devait *baigner son pied dans l'huile. Shèfihla*, au sud-ouest de la Palestine, était autrefois, et est encore aujourd'hui, la partie du pays la plus fertile en oliviers. Les anciens Hébreux exportaient l'huile de leurs olives en Égypte et en Phénicie. Le figuier de Palestine a des fruits pendant dix mois. On compte trois récoltes, de trois qualités différentes. Quand les dernières pluies sont tombées, le figuier *parfume ses fruits verts.* J'emprunte le mot au *Cantique* : il est bon d'écrire l'histoire naturelle avec les poëtes — surtout quand le poëte s'appelle Salomon. Ces figues de primeur, qui sont les plus goûtées, se cueillent au mois de juin : pendant que celles-ci mûrissent, les figues d'été commencent à pousser. Ce sont les *carmous* des Arabes, qui se récoltent au mois d'août et se conservent longtemps. Les figues d'hiver se montrent en septembre : elles mûrissent tard, et seulement quand l'arbre a perdu son feuillage. Quand la saison est douce, on les laisse à l'arbre jusqu'en janvier ; ces figues d'hiver sont ovales, violettes et plus grandes que les autres. Le sycomore est un figuier sauvage : son fruit est assez fade, et ses feuilles semblables à celles du mûrier ; son tronc est fort, ses branches horizontales, droites, lisses, longues et toujours vertes. Les Hébreux employaient son bois léger, mais durable, dans leurs constructions ; les Égyptiens s'en servaient pour le cercueil éternel de leurs momies. L'ombre du sycomore est un lieu de rendez-vous, fort agréable sous le ciel embrasé de l'Orient. Les Arabes font salon dans son feuillage. Ils reçoivent dans sa cime épaisse, rêvent, boivent frais et fument dans ses branches. C'est sur un sycomore que Zachée monta pour voir venir le Christ.

Tous les auteurs ont vanté le *palmier* de la Palestine. Le *palmier* fut toujours un des plus beaux ornements de la Judée ; le *Deutéronome* appelle Jéricho la *ville des Palmiers.* Dans les marches triomphales, on portait des branches de palmier — la palme est encore chez nous l'emblème et le synonyme de la victoire ; et, chaque année, les juifs d'Europe promènent dans leurs synagogues, au moment de la fête des Tabernacles, des branches de palmier desséchées ; au moyen âge, on distribuait des palmes aux pèlerins. Les *grenadiers* ont toujours été communs dans la Palestine. Salomon avait un jardin de grenadiers. On tirait une espèce de moût de la datte et de la grenade. La Bible ne parle ni du citronnier ni de l'oranger si abondants aujourd'hui, mais les livres de Moïse font mention du cédrat, sous le nom de *Hadar*, « le bel arbre, » l'arbre par excellence ; le pistachier fut en honneur dès les temps les plus reculés. Jacob envoie des pistaches, en Égypte, à son fils Joseph ; le térébinthe a une vallée pour lui seul ; il y avait un bois de térébinthes auprès de Mambré, non loin de la demeure d'Abraham. La parabole de l'*Enfant-Prodigue* fait allusion au fruit du caroubier, dont on nourrit les troupeaux. Les bois de construction n'étaient pas nombreux en Palestine, on ne cite guère que le chêne, mais on faisait venir des pays voisins le *sittim*, espèce d'acacia qui servit à la construction du tabernacle, le cyprès odorant et le cèdre incorruptible.

On trouve en Palestine tous nos animaux domestiques, auxquels il faut ajouter le buffle et le chameau à une seule bosse. On sait le rôle du bœuf et de l'âne, dans les familles patriarcales—qui parlent fort peu du cheval. Les meilleurs bœufs se trouvaient dans les pâturages du pays de Bisan, on s'en servait pour labourer la terre, pour porter des charges, pour traîner des chariots (il y avait des routes alors), et, comme maintenant, pour dépiquer le grain. On sait quelle est l'élégance de la taille, la beauté des formes et la richesse de robe des ânes d'Orient. L'âne sauvage a inspiré les poëtes sacrés : « Qui laisse aller l'onagre en liberté, et qui l'affranchit de tous liens ? Je lui ai donné, dit le Seigneur, pour maison la solitude, et pour tente le désert... Il méprise le tumulte des villes... il n'entend point l'injure d'un maître... Les montagnes qu'il découvre çà et là sont ses pâturages, et il va cherchant les retraites herbeuses. » L'âne, cependant, est considéré dans la Bible comme un animal impur. Le mulet devint commun à partir de David, et le cheval à partir de Salomon. Nous voyons, dans le *Deutéronome*, que Moïse n'aimait pas les chevaux. Salomon en tira beaucoup d'Égypte, malgré la parole du législateur. Il avait des haras superbes, quatorze cents chariots de guerre et une cavalerie de douze mille hommes : le luxe des chevaux, sous les successeurs de Salomon, scandalisa plus d'une fois les prophètes.

On sait la poésie éclatante de Job, quand il parle du cheval ;

« Le hennissement de ses naseaux est terrible... Il

creuse du pied la terre, il s'égaie en sa force, il vole au-devant des guerriers... Il se rit de la peur et ne se détourne point de l'épée... Il écume, il frémit, il dévore l'espace, il tressaille d'aise au bruit du clairon. Il entend la trompette, et il dit : Allons !... De loin il respire la bataille, la voix tonnante des chefs et le mugissement de l'armée. »

Le cheval *bébère*, que nous appelons le cheval *barbe*, supérieur au cheval arabe—s'il faut en croire Abd-el-Kader—et que tous les hommes supérieurs considèrent comme le modèle du cheval de guerre— est originaire de Palestine.

El Massoudi, affirme que les Bébères sont issus des *Béni-Ghassan ;* d'autres veulent qu'ils descendent des *Béni-Akhm*, ou des *Djouzam*. Quoi qu'il en soit, la Palestine fut leur première patrie. Un roi de Perse les en chassa ; ils émigrèrent en Egypte, où on ne les souffrit pas : c'est alors qu'ils passèrent le Nil, et vinrent s'établir sur les bords de la Méditerranée — l'*Ouest* pour ces races orientales « *el Magreb.* »

C'est d'un cheval de Palestine que parle dans ses chants, un siècle avant Mahomet, le poëte *Aamrou, el Kaïs :*

« Je t'en réponds, si je viens à être rétabli roi, nous ferons une course où tu verras le cavalier se pencher sur la selle pour augmenter la vitesse de son cheval : une course à travers un espace foulé de tous côtés, où l'on ne voit d'autres éminences pour diriger les voyageurs, que la bosse d'un vieux chameau nabathéen, chargé d'années et poussant de plaintifs mugissements... Nous serons, te dis-je, portés sur un cheval habitué aux courses nocturnes, un cheval de *race bébère*—aux flancs sveltes comme un loup de Gudu —un cheval qui presse sa course rapide, dont on voit les flancs ruisseler de sueur! Lorsque, lâchant la bride on l'excite encore, en le frappant avec les rênes de chaque côté, il précipite sa course rapide, portant sa tête sur ses flancs et rongeant son mors—et lorsque je dis : Reposons-nous! le cavalier s'arrête comme par enchantement, et chante, restant en selle, sur ce cheval vigoureux, dont les muscles des cuisses sont allongés et les tendons secs et bien séparés. »

Nous avons retrouvé plus d'une fois grimpant aux rochers et suspendues aux cistes fleuris,

Florentem cytisum sequitur lasciva capella,

les petites chèvres de Mambré, aux corps longs et minces, aux cornes effilées, au poil court et d'un rouge pâle, et ces béliers célèbres, dont la queue longue et grasse est portée sur un petit chariot que le bélier traîne après lui. Dans les sacrifices on regardait cette queue savoureuse comme la partie la plus délicate de la victime.

On sait l'horreur des Orientaux pour le porc, elle est presque aussi grande pour le chien, dont ils évitent l'attouchement comme immonde. Les chiens d'Orient vivent par troupes dans les villes, ils se cantonnent par quartier, par rue, par maison; une fois le soleil couché ils se chargent de la police des villes : il n'y a pas de patrouille grise plus vigilante et plus incorruptible. Leur voracité nettoie fort proprement la ville.

La Palestine avait autrefois des *lions*. Nous avouons n'en avoir rencontré dans aucune de nos excursions; mais on se rappelle la victoire de Samson, le lion déchiré de ses mains vaillantes, et l'essaim d'abeilles déposant son miel dans la gueule désarmée, image gracieuse de la douceur qui sort de la force. David et Bénaïa luttèrent aussi contre des lions et les tuèrent. Un prophète fut dévoré par un lion près de Béthel; un autre près d'Aphek, sur les côtes de la Phénicie. La Bible parle plusieurs fois des ours. David en tua un, et l'on sait comment ces terribles animaux vengèrent Elisée des railleries d'une troupe d'enfants qui l'avaient appelé chauve; injure impardonnable! On trouve des sangliers dans les fourrés du Jourdain; nous avons vu des chacals partout, des hyènes à Jéricho, des panthères dans l'Anti-Liban, et des onces au Carmel; les Arabes donnent à l'once le nom de *Namer*. Le lièvre est commun, le lapin rare; il y a du cerf dans les bois, des gazelles dans la plaine et des chamois sur la montagne. Salomon, dans les *Proverbes*, appelle la jeune femme aimante et fidèle : « Une biche pleine d'amour, une gazelle pleine de grâce. » Je ne connais rien de plus doux au monde que l'œil de la gazelle.

Nous avons trouvé dans la Palestine d'innombrables variétés d'oiseaux, depuis l'aigle jusqu'au petit *sucrier*, le plus élégant et le plus brillant des grimpereaux.

Nous y avons fait de véritables *abattis* de perdrix et de bartavelles, nous avons même à nous reprocher la mort de quelques colombes innocentes : c'était autrefois l'humble et pure offrande du pauvre. Marie présenta au temple « *deux petits de colombes.* » Le coq avait été dans les anciens temps banni de Jérusalem, il y rentra. Son clairon retentissant rappela saint Pierre au repentir. La sollicitude de Moïse s'était étendue jusqu'aux nids d'oiseaux. Le *Deutéronome* avait défendu de ravir à la fois la mère et les petits.

La Bible parle peu des poissons. Ils sont nombreux cependant et dans le Jourdain et dans le lac de Génésareth. On nous a servi à Capharnaüm une friture distinguée dont nous ne saurions dire le nom : c'était peut-être le *Coracinus* de Joseph ! On trouve encore quelques espèces du Nil, le silurus, le sparus et le mugil. On voit souvent des tortues, rarement des serpents, toujours des lézards. Nous citerons parmi les mollusques la pourpre précieuse, qui teignait la robe des rois.

Les insectes sont nombreux en Palestine : ils passent quelquefois à l'état de fléau. Plus d'une fois dans nos campements, nous avons trouvé d'énormes scorpions rampant entre nos tapis. Parfois les sauterelles s'abattent sur la Palestine et couvrent la campagne comme une nuée. Le prophète Joël a comparé leur arrivée à l'invasion d'un peuple ennemi.

Les vents d'est poussent les sauterelles dans la Méditerranée où elles se noient, et le pays est délivré. Plusieurs espèces de sauterelles sont bonnes à manger, crues ou cuites, rôties ou salées ; saint Jean s'en nourrissait dans le désert. On en sert encore au repas des

Arabes. Les mouches sont aussi parfois fort incommodes. Tout prend ici des proportions inconnues à nos climats, comme si cette nature, calme en apparence, mais recélant des trésors de vie, éclatait tout à coup en créations spontanées. Quand ces mouches, que l'on appelle *burgasch*, font invasion dans vos tentes, elles vous assaillissent avec une incroyable violence. Bêtes et gens sont à demi étouffés par ces insectes, qui vous entrent de vive force dans la bouche et dans le nez. Les Philistins avaient une divinité spéciale chargée de les protéger contre ce fléau, *Baal-Zéboub*, une sorte de *Dieu-chasse-mouche*. Deux rois Amorites furent expulsés de leur pays, par des frelons, et les Pharilites durent céder leur territoire à des essaims de guêpes qui s'y plaisaient trop. La Palestine est aussi riche en abeilles, abeilles privées qui bourdonnent familièrement dans les jardins, et même dans les maisons; abeilles sauvages qui déposent dans le creux des arbres et dans la fente des rochers, leur miel aux aromes piquants et parfumés.

Enfin, pour tout dire, la Bible parle encore d'une espèce de Kermès dont la piqûre tuméfie l'yeuse et lui fait produire une teinture cramoisie, qui se reflétait en vifs éclats, dit l'*Exode* sur les voiles du tabernacle.

IX

Le Jourdain.

Nous quittâmes le campement de Jéricho pendant la nuit, pour arriver au Jourdain avec le soleil.

Nous atteignîmes le fleuve à l'endroit deux fois célèbre où les Hébreux le franchirent sous la conduite de Josué, où le Christ fut baptisé par saint Jean. Quel fleuve roule de plus grands souvenirs ?

Nous cheminions en silence, à travers une vaste plaine de sable blanc et fin, tantôt soulevée en monticules, et tantôt creusée en ravines profondes.

Nous aperçûmes, aux premiers rayons, comme une lisière de bois, un vert rideau de tamarins, dont suinte une manne sucrée, des saules, des acacias et de grands roseaux. Nous hâtâmes le pas de nos chevaux, ranimés d'ailleurs par la fraîcheur de l'eau que pressentent, de loin, leurs organes délicats. Bientôt, à travers une déchirure du rideau vert, nous aperçûmes le Jourdain.

Le Jourdain roule, à flots rapides, entre des rives escarpées, une eau jaunâtre, sablonneuse et troublée. C'est un fleuve sacré pour les chrétiens, les juifs et les musulmans. Tous descendent dans ses ondes avec respect : les uns pour y renouveler les promesses oubliées du baptême, les autres pour faire les ablutions de la loi, les derniers, enfin, pour honorer la mémoire de Josué commandant à la nature, et les prodiges dont leurs pères furent témoins.

D'après l'étymologie hébraïque, Jourdain (Yarden) veut dire *fleuve du Jugement.*

Ce fleuve est formé par le confluent de trois petites rivières : le Hasbéni, le Dan et le Banias ; dans son parcours, il trouve une pente de plus de deux mille pieds. Il a donc parfois une rapidité torrentielle ; il ne se ralentit qu'à son embouchure dans les plaines de la mer Morte.

Le Jourdain coule d'abord dans le lac d'*El-Houla*, que la Bible appelle les eaux de *Mérôm*, puis, par un détour vers le sud, il traverse les vallées autrefois si florissantes de la Galilée ; à une demi-lieue d'El-Houla, il passe sous un pont de basalte à quatre arches, que l'on appelle encore le pont des *fils de Jacob*, parce que, si l'on en croit la tradition populaire, ce fut à cet endroit que Jacob, revenant de la Mésopotamie, traversa le Jourdain avec sa famille. Deux lieues plus loin, le fleuve tombe dans le lac de Tibériade ; il est reçu à sa sortie dans la vallée de Ghôr. A vingt-cinq lieues de là, il se perd dans la mer Morte. La largeur du fleuve ne dépasse guère 25 à 27 mètres : sa profondeur est souvent de 4 mètres. Le Jourdain a des sinuosités nombreuses et très-marquées, ce qui fait dire agréablement à Pline l'Ancien, « qu'il s'égaie et se promène quand il en trouve l'occasion. » Outre les roseaux, les tamarins et les acacias, on trouve encore sur ses rives des chênes, des cyprès et des saules. Tantôt c'est une ligne de verdure sans profondeur, tantôt c'est un bocage et un fourré, une retraite pour l'once et le chacal, un bosquet pour le rossignol.

Le Jourdain n'est pas navigable ; cependant M. Lynch, avec son canot de fer, l'a parcouru en 1848, du lac de Tibériade à la mer Morte. Le fleuve est interrompu par des bancs de rochers, semé d'écueils et souvent emporté par des courants rapides.

D'aussi loin que les Arabes aperçoivent le Jourdain, ils le saluent par des cris de joie et des coups de fusil ; puis ils courent se précipiter dans ses flots. Au moyen âge, les croisés et les pèlerins, après avoir visité Jérusalem, allaient cueillir des palmes dans la vallée de Jéricho, et boire de l'eau du Jourdain. Chaque année, le lundi de Pâques, d'innombrables pèlerins grecs viennent s'agenouiller au bord du fleuve, à l'endroit même de la manifestation du Christ, quand les cieux s'ouvrirent et qu'une voix se fit entendre, disant : « Voici mon Fils bien-aimé, en qui j'ai mis toutes mes complaisances, » et qu'une colombe, image de la douceur et de l'amour infinis, descendit sur lui, le couvrant de l'ombre de ses ailes.

Les rives du Jourdain furent longtemps peuplées de solitaires qui venaient pleurer sur ses bords consacrés à la pénitence.

Quand arrivait le temps de la *quarantaine* du monde chrétien, les portes du monastère s'ouvraient ; les religieux frappaient leur poitrine et se donnaient le baiser de paix, la procession sortait en chantant : « Le Seigneur est ma lumière et mon salut, qui pourrais-je craindre ? » On passait le fleuve, on se dispersait dans la solitude, et Dieu seul avait le secret des mortifications et des larmes.

Un jour, un de ces solitaires aperçut, non loin de lui, un fantôme ayant forme humaine, et qui semblait fuir devant ses pas. Il avança, mais le fantôme fuyait toujours; enfin, se cachant dans ces hautes herbes séchées : « Abbé Zozime, s'écria-t-il d'une voix effrayée, pour l'amour de Dieu, n'approchez pas... Je suis une femme, et je n'ai rien pour me couvrir, jetez-moi votre manteau, je vous prierai ensuite de me bénir ! » Et Zozime lui jeta son manteau et la bénit.

Or, cette femme était Marie l'Egyptienne, qu'une main invisible avait repoussée du Saint-Sépulcre, chaque fois qu'elle avait voulu s'en approcher.

Quand Zozime la rencontra, il y avait quarante-sept ans que Marie vivait au désert, fuyant les hommes et cherchant Dieu. C'était une de ces âmes dont l'énergie indomptable atteint les dernières limites du mal comme du bien. Quand elle eut vaincu l'attrait des choses sensibles, elle se retourna vers Dieu, et s'attacha à lui avec toute la puissance d'aimer de sa nature fougueuse, qu'excitait encore le souvenir de ses illusions insensées et le sentiment douloureux de ses fautes. Elle vécut dix-sept ans d'herbes et de racines, transie par l'hiver ou brûlée par l'été, mais plus cruellement éprouvée par les retours effrénés de sa pensée vers la vie mauvaise, et par une mémoire impitoyable, éveillant à chaque moment l'incendie des passions mal éteintes. Enfin, sa pénitence s'acheva, le temps des épreuves fut accompli, et Zozime, retournant au désert un an plus tard, trouva auprès d'un corps sans vie, ces mots écrits sur le sable : « Ensevelissez ici le corps de Marie la pécheresse, et, rendant la terre à la terre, priez pour moi ! »

Quelques-uns des prêtres qui nous accompagnaient, célébrèrent la messe sur des autels rustiques — rochers sanctifiés par la prière des anachorètes ! Le flot murmurait à nos pieds, et sur nos têtes les roseaux gigantesques formaient des arcades de feuillages mobiles. Les Arabes indolents, assis sur leurs talons, et tournant entre leurs doigts les grains rouges de leur *tesbih*, nous regardaient de loin, et cherchaient à deviner le sens de nos rites mystérieux.

J'ai été moins touché des pompes triomphales de l'Église, dans ses basiliques superbes, où j'ai vu défiler, sous les yeux du Pape, le cortége des évêques et tout le collége des cardinaux vêtus de pourpre !

Cette émotion, d'autres la partageaient, et plusieurs de nous, en se retirant, murmuraient encore la parole du Psalmiste : « Seigneur, mon âme est troublée... je me suis souvenu de vous dans la terre du Jourdain. »

X

La Samarie.

Jérusalem, qui vous effraye d'abord par ses tristesses et son deuil austère, finit insensiblement par vous prendre le cœur : à la longue, ses désolations mêmes deviennent un attrait; on sent qu'elle est la patrie mélancolique de tous ceux qui ont souffert !

Après nos courses au désert, à Jéricho, à la mer Morte et au Jourdain, nous y revînmes avec un vrai bonheur. Nous ne devions, cette fois, y passer que trop peu de jours... ils furent employés à revoir ce que nous avions déjà vu. Revoir est un des plus grands bonheurs de la vie de voyage. Enfin, il fallut partir; nous partîmes à regret, confiant quelques malades à la garde et à l'hospitalité du couvent.

Après avoir pris congé du patriarche et des Franciscains, visité une dernière fois les grands sanctuaires et recueilli tous ces souvenirs qui ne nous quitteront plus, nous sortîmes un matin par la Porte de Jaffa, que nous avions tant de fois franchie; un détour à droite nous amena bientôt sur la route de la Samarie et de la Galilée.

Au bout d'une demi-heure de marche, nous arrivâmes sur la hauteur qui domine la ville... Encore quelques pas, et un mouvement de terrain allait la dérober à notre vue. Nous nous retournâmes : on éprouve toujours une certaine émotion en quittant des lieux où l'on a vécu et qu'on ne reverra jamais. *Jamais!* n'est-ce pas là le mot le plus effrayant des langues humaines?

Ainsi aperçue à travers les brumes légères du matin, Jérusalem avait je ne sais quelles beautés attendries. Nous contemplions ses édifices, nous retrouvions ses sites bien connus : ici, la coupole du Saint-Sépulcre, à droite, le couvent des Franciscains; à gauche, la mosquée d'Omar, dont le croissant d'or étincelle sous le rayon; puis, plus près de nous, les oliviers de Gethsémani et le mont de l'Ascension.

Nous échangeâmes les dernières paroles de l'adieu avec les amis qui nous avaient accompagnés jusque-là et nous partîmes.

Ce chemin de la Samarie a été de tout temps une des routes les plus fréquentées de la Palestine : au nord, elle communique avec Saint-Jean-d'Acre, et à l'est avec Damas; au sud elle se prolonge en se bifurquant jusqu'à l'Egypte par la droite, jusqu'à l'Arabie par la gauche.

Quand la Syrie était un royaume florissant, ces routes, parfaitement entretenues, entendaient rouler sur leurs larges dalles de pierres les chars du monde antique; c'est à peine aujourd'hui si elles peuvent laisser passer le chameau silencieux des caravanes : personne ne les entretient, on a souvent peine à les reconnaître et toujours peine à les suivre.

A mesure que l'on avance vers la Samarie, la terre est mieux cultivée et semble plus fertile. On voit sur les collines des vignes opulentes, avec leur tour au milieu, des pêchers en plein vent laissent pendre au bout de leurs branches leurs petits fruits d'un brun velouté, pressés comme les raisins d'En-Gaddi, et les figuiers, qui produisent quatre fois l'an, cachent sous la feuille épaisse des grappes de figues azurées.

La journée est un peu moins chaude que les précédentes : de petits nuages, légers, argentés, pleins de lumière, pareils à ceux que les peintres placent sous les pieds de la Vierge et des anges, dans la gloire des apothéoses, traversent lentement l'azur du ciel, sans altérer sa douce sérénité. Ces nuages ne se résolvent pas en pluies; mais ils s'interposent, comme un écran mobile, entre le soleil et nous, et rien qu'en passant, ils semblent rafraîchir l'atmosphère. Je note les incidents du voyage. Nous rencontrons sur la route un paysan chargé de raisins : nous voulons en acheter, il refuse, alléguant un maître sévère; nos janissaires turcs, qui se croient en pays conquis dès qu'ils se sentent les plus forts, veulent enlever le raisin malgré l'homme; les autres esclaves applaudissent : ce pauvre homme sera battu... cela les fait rire!

Nous laissons sur la droite un escalier taillé dans le roc et une colonne mutilée : c'est tout ce qui reste de Gabaa. Passons vite : Gabaa fut maudite, il ne faut pas rappeler l'ombre indignée du Lévite d'Ephraïm. Gabaa fut aussi la patrie de Saül. Saül m'importe peu; mais c'était le père de Jonathas, cette grâce de la vertu et cette fleur du courage; ami dévoué, ennemi loyal, adoucissant par une tendresse charmante la rudesse de la valeur antique, un vrai chevalier au temps des rois juifs: Nysus dont David fut l'Euryale! cher couple d'amis, qui s'avance en souriant, et la main dans la main, vers la sereine immortalité.

Entre les dents aiguës de ce rocher, au nord de Gabaa, Jonathas, suivi d'un seul écuyer, traversa l'avant-garde ennemie, pénétra dans le camp des Philistins, en fit un grand massacre, et jeta la terreur dans leur armée. Nous n'avons point retrouvé auprès de Gabaa ce petit bois dont la terre était couverte de miel, et où Jonathas, condamné à mourir pour avoir trempé le bout de sa baguette dans un rayon, prononça ces tristes paroles, si souvent répétées depuis par ceux que la mort a cueillis au sein de leurs plus jeunes espérances: « Je n'ai fait que goûter un peu de miel, et voici que je meurs! » Nous n'avons pas non plus retrouvé le palmier de Débora, à l'ombre duquel la femme forte jugeait Israël, entre Béthel et Rama.

Nons voulions ménager nos forces pour les dernières courses: nous passâmes donc cette nuit à trois ou quatre lieues seulement de Jérusalem, près de la fontaine de l'antique Beeroth, ancienne ville des Gabaonites. Ce fut de tout temps la première station de repos pour ceux qui viennent de Jérusalem. C'est là que Joseph et Marie, au retour des fêtes de Pâques, s'aperçurent que Jésus n'était pas avec eux. Ils retournèrent donc à Jérusalem pour le chercher, et au bout de trois jours, ils le trouvèrent dans le temple, assis au milieu des docteurs, les écoutant et les interrogeant... Et sa mère lui dit : « Mon Fils, pourquoi avez-vous agi de la sorte envers nous? Voici que, bien affligés, votre Père et moi nous vous cherchions. » Mais lui : « Pourquoi me cherchiez-vous? ne savez-vous pas qu'il faut que je m'occupe de ce qui regarde mon Père ? » Puis il descendit avec eux et revint à Nazareth. Or sa mère gardait toutes ces choses dans son cœur.

Ce dernier trait n'est-il pas d'une grâce infinie?

Nous avons vu les restes très-reconnaissables d'une ancienne église, bâtie sur le lieu même, en souvenir de la douleur de Marie et de l'inquiétude de Joseph.

Au delà d'*El-Bir* — c'est le nom moderne de Béeroth — le sol change complétement d'aspect... on retrouve, comme au sud de Jérusalem, des défilés de montagnes dont les cimes sont dépouillées; mais au fond des vallées croissent l'olivier et le figuier, les ruines sont nombreuses, et, en plus d'une place, on découvre encore des tombeaux taillés dans le roc.

Nous sommes maintenant sur l'emplacement *probable* de Béthel, encore plein du souvenir des patriarches. Cette ville de Béthel était une des plus anciennes du monde; son ancien nom, Louz, veut dire *Amandier*.

Au temps où le ciel familier conversait avec la terre, Dieu apparut à son serviteur Abraham, non loin de Béthel, et lui promit, pour sa postérité, la terre de Chanaan; c'est à Béthel que le vieux patriarche se sépara de son neveu Loth, parce que le pâturage des mêmes vallées ne suffisait plus à leurs troupeaux trop nombreux; c'est là que Rébecca fit enterrer sa nourrice sous *le chêne des pleurs;* c'est là, enfin, que Jacob, fuyant devant la colère d'Ésaü, s'arrêta pour passer la nuit, posa sa tête sur une pierre, s'endormit et vit en songe cette échelle mystérieuse qui allait de la terre aux cieux, et qu'une troupe d'anges parcourait sans cesse, montant et descendant, pendant que Dieu lui parlait par la voix du songe, et promettait à sa race des générations nombreuses comme le sable de la mer. Jacob se réveilla, saisi de joie et d'effroi : « C'est ici, s'écria-t-il, la maison de Dieu et la porte du ciel! » Puis il se leva, prit la pierre sur laquelle il avait dormi, la dressa comme un monument, versa de l'huile sur les flancs rugueux, et la consacra au Seigneur.

Avant la construction du Temple de Jérusalem, les Hébreux venaient chaque année adorer à Béthel. Quand le schisme de Jéroboam eut arraché dix tribus à la maison de Juda, le nouveau roi d'Israël, posant un veau d'or sur la pierre de Béthel : « Voilà vos dieux qui vous ont tiré de l'Égypte! » dit-il à son peuple, et le peuple adora le veau d'or.

Je ne m'étonnais pas de ne plus retrouver Béthel; je me rappelais les paroles du prophète Amos : « Ne cherchez point Béthel : Béthel sera détruite. Je m'élèverai avec le glaive contre la maison de Jéroboam! »

Quand on a passé le petit village de Dyafna, sur les limites des anciennes tribus d'Éphraïm et de Benjamin, la terre prend un autre aspect, et la nature retrouve un sourire à travers ses larmes. Une vallée, riche et verdoyante, s'allonge entre deux rangées de collines; à gauche, les montagnes d'Éphraïm montrent leurs belles lignes pures, grandes et fières, mais « la gloire d'Éphraïm a disparu, » et leurs sommets sans verdure sont couverts de ruines : sur leurs flancs et dans leurs replis, on voit des forêts d'oliviers et de grenadiers, entremêlés de vignes. On buvait beaucoup à Ephraïm, mais les gens du pays avaient le *vin* méchant : « Malheur à la couronne d'orgueil et aux ivrognes d'Éphraïm ! »

L'usage veut que l'on fasse une halte dans la vallée de *Sebna*, où viennent boire les chameaux des caravanes. On a devant soi la colline fameuse de Silo qui s'avance comme un promontoire au-dessus de la vallée, ceinte, de toutes parts, d'un amphithéâtre de montagnes. C'est à Silo que Josué partagea la Terre Promise aux sept tribus qui n'avaient pas encore reçu leurs lots; c'est à Silo qu'il plaça le Tabernacle, en attendant qu'on pût bâtir le Temple promis au Seigneur; c'est à Silo que la femme d'Éliana, Anna, stérile et déjà avancée en âge, vint demander à Dieu avec des larmes un fils qui réjouît sa vieillesse. Dieu lui donna celui qui fut Samuel. Beaucoup de grands hommes en Israël ont été les fruits tardifs de la vieillesse désespérée, depuis Isaac jusqu'à Jean-Baptiste, le plus grand des enfants des hommes.

Quand on a marché trois ou quatre heures à travers

la plaine et la montagne, sur le territoire de Samarie, on pénètre dans une large vallée, dont le sol accuse la plus heureuse fertilité. D'autres vallées latérales débouchent dans celle-ci, comme des affluents dans un grand fleuve, ouvrant à l'œil de lointaines perspectives. Deux cimes dépouillées dominent au couchant toutes les autres montagnes : ce sont l'*Hébal* et le *Garizim*, deux noms célèbres dans les annales d'Israël : nous sommes ici dans le champ de Jacob, aux portes de l'antique Sichem.

Jacob habita longtemps Sichem ; il acheta, des enfants d'Hémor, le champ où il avait planté ses tentes ; il y éleva un autel et y creusa un puits. L'autel a été renversé, le puits subsiste encore : on l'appela longtemps le puits de Jacob, on l'appelle aujourd'hui le puits de la Samaritaine. Il fut le témoin d'une des plus touchantes histoires de l'Évangile.

« Jésus vint dans une ville de Samarie, qui est appelée Sichar, auprès de l'héritage que Jacob avait laissé à son fils Joseph. Il y avait là le puits de Jacob. Jésus, fatigué du chemin, s'assit sur le bord de la fontaine : c'était vers la sixième heure. Une femme de Samarie vint puiser de l'eau; et Jésus lui dit : Donnez-moi à boire. La Samaritaine lui dit : Puisque vous êtes juif, pourquoi me demandez-vous à boire, à moi qui suis Samaritaine, car les juifs ne communiquent point avec les Samaritains ? Jésus lui répondit : Si vous connaissiez le don de Dieu, et quel est celui qui vous dit : Donnez-moi à boire, peut-être l'auriez vous prié vous-même, et il vous aurait donné l'eau de la vie. Cette femme lui dit : Seigneur, vous n'avez rien pour puiser, et le puits est profond, d'où pourrez-vous donc avoir cette eau vive? Etes-vous plus grand que notre père Jacob, qui nous a laissé ce puits; et lui-même en but, et ses enfants et ses troupeaux? Jésus lui répondit : Quiconque boit de cette eau, aura encore soif; mais celui qui boira de l'eau que je lui donnerai, n'aura jamais soif; mais cette eau que je lui donnerai deviendra en lui une source d'eau jaillissante, jusqu'à la vie éternelle. Cette femme lui dit : Seigneur, donnez-moi de cette eau, afin que je n'aie plus soif et que je ne vienne plus à ce puits! Et cette femme lui dit encore : Seigneur, je vois bien que vous êtes prophète ; mais le Messie (qu'on appelle Christ) va venir, et lorsqu'il sera venu il nous apprendra toutes choses. Jésus lui dit : Le Messie ? c'est moi qui vous parle! »

Le Christ fut toujours envers les femmes d'une douceur infinie : il convertit la Samaritaine et releva la femme adultère, il consola les filles de Jérusalem, et permit à Madeleine de l'aimer !

Les légendes grecques donnent à la Samaritaine le nom de Photine, et racontent qu'elle alla en Afrique, où, sous le règne de Néron, elle convertit Carthage au christianisme.

Le puits de la Samaritaine est toujours profond, mais il n'a plus d'eau. Le sol, à l'entour, est jonché de débris de colonnes, derniers vestiges d'une église renversée.

Un peu plus loin, vers le nord, au milieu d'un bouquet d'arbres, et sous une coupole turque, on montre le tombeau de Joseph. Moïse, en quittant l'Égypte, emporta avec lui les os du patriarche selon la promesse que celui-ci avait exigée des enfants d'Israël ; Josué l'ensevelit dans le champ des fils d'Hémor, acheté autrefois par Jacob. Ainsi, l'histoire touchante de Joseph finit aux mêmes lieux où elle avait commencé : c'était aussi dans les champs de Sichem que ses frères, instruments aveugles de sa gloire, l'avaient vendu aux marchands d'Égypte. Les musulmans honorent son tombeau à Sichem, comme ils honorent à Beit-Léhem la douce et tendre mémoire de Rachel, sa mère.

L'antique Sichem s'appelle aujourd'hui Naplouse.

XI

Naplouse.

La vallée de Jacob s'avance jusqu'aux portes de la ville. Nous y arrivâmes bientôt, après avoir traversé un petit bois d'oliviers, qu'il faut, je crois, ranger parmi les plus beaux et les plus vieux de tout l'Orient.

Nous avions reçu, en quittant Jérusalem, d'assez mauvaises nouvelles de la Samarie, dont la population musulmane, fort exaltée, est toujours hostile aux Européens. Nous envoyâmes à la découverte le plus intelligent de nos drogmans, qui nous fit un rapport fâcheux. Le bruit de la guerre russe avait profondément irrité les habitants ; ils voyaient un ennemi dans tout ce qui portait un nom chrétien; c'est le résultat ordinaire d'une agression injuste. L'ordre de notre marche, observée du haut des murailles de Naplouse, nos armes apparentes et l'importance de notre caravane leur donnèrent quelque ombrage, et ils nous firent défendre l'entrée de la ville : c'était le premier outrage que nous avions à subir depuis notre arrivée en Syrie.

Je dois même avouer qu'on s'efforça de le rendre, dans la forme, le moins blessant possible.

Un Turc, coiffé d'un turban, vêtu d'une robe bleue à raies roses, et tenant à la main un tchibouck en bois de citronnier, dont le tuyau pouvait avoir cinq à six pieds de long, nous pria fort poliment de passer notre chemin et de ne pas entrer chez lui.

Turpius ejicitur quam non admittitur hospes!

Les murailles étaient hautes, et nous n'avions pas le temps de faire un siége; il fallut tourner la colline et poser notre camp vis-à-vis de l'autre porte ; — j'ai dit *camp :* c'était sans doute moins fortifié qu'un *castrum romanum,* mais le premier et le second retranchement ne laissaient pas que d'avoir une apparence assez respectable. — En Orient, il faut toujours se défier de ses voisins, et nous comptions passer là une nuit ou deux.

Nous traversâmes, chemin faisant, un village de lépreux... Quelle profonde pitié nous inspirent ces restes d'hommes, qui voient tomber chaque jour un lambeau de leur corps, sans que la plaie effrayante tarisse les sources de la vie, leur laissant ainsi tout ce qu'il faut pour mieux souffrir ! Hélas ! nous ne savons pas dompter les frémissements de la nature, nous n'avons pas cette divine charité du Christ qui guérissait en touchant:... nous jetâmes quelques pièces de monnaies, piastres et paras, d'une main trop hâtée et en détournant la tête !...

Nous établîmes notre camp dans la vallée d'Abraham, au bord des jardins de la ville, le long d'un ruisseau murmurant, entre les oliviers et les sycomores, au pied du mont Hébal.

Quand Josué fut en possession de la Terre Promise, il éleva, sur le mont Hébal, un autel de pierres non polies. On grava la loi, en profonds caractères, sur ces tables brutes ; on offrit des holocaustes ; les malédictions furent lancées contre les violateurs et les bénédictions appelées sur les observateurs fidèles.

Plus tard, et malgré l'anathème, Sichem devint le siége principal du schisme d'Israël : on n'allait plus à Jérusalem, on sacrifiait sur le mont Garizim.

J'aurais toujours regretté d'être venu si près de Naplouse sans y entrer. J'envoyai un Bédouin au *Mutzélim* qui gouverne la ville, avec des lettres bienveillantes du Pacha de Jérusalem. La réponse ne se fit pas attendre, elle fut toute favorable ; nous allâmes donc immédiatement rendre nos devoirs à cet excellent gouverneur, qui fut pour nous d'une politesse extrême, et nous assura des bonnes intentions de son gouvernement à l'égard des Français. Bientôt des *tossidges*, espèce de sergents de ville, en pantalon bleu, turban blanc et tunique rouge, brodée d'or, parcoururent Naplouse en criant que nous étions les amis du Sultan, et que l'on eût à nous respecter et à nous laisser circuler partout et librement. Ils ajoutaient, en manière d'avertissement, que nous avions d'excellents fusils qui portaient fort juste. Quand on vit au milieu de populations armées, un semblable avertissement n'est jamais inutile.

Naplouse a une physionomie originale, chaque maison a son jardin et sa fontaine, c'est une fraîcheur suave, c'est un murmure qui ne se tait jamais. Si l'on en excepte le bazar où la circulation est à peu près possible, les rues de la ville sont les plus étroites, les plus tortueuses et les plus impraticables qui se puissent voir. Tantôt c'est un mur qui les interrompt, et tantôt un fossé qui les coupe. Ici, il faut monter; là, il faut descendre; tantôt une poterne basse vous force à marcher pas à pas et courbé vers le sol, tantôt vous vous trouvez vis-à-vis d'une porte fermée, qui ne vous donne libre passage que moyennant finance.

Une chose qui frappe tout d'abord l'étranger arrivant à Naplouse, c'est la beauté de la population. Les hommes ont une tournure fière et une haute mine, les enfants une délicatesse de traits et une fleur de teint qu'on ne voit point ailleurs. Nous avons noté en passant, dans une rue un peu plus large que les autres, une maison tout européenne, façade ouverte, fenêtres à carreaux de vitre, toit pointu et pas de terrasse. C'est probablement une maison anglaise : il y a des Anglais à Naplouse, et ils y poussent assez activement la propagande de la mission protestante. Ils ont ouvert et ils entretiennent une école pour les jeunes Arabes. Plusieurs enfants nous ont adressé la parole ou donné des renseignements dans la langue que l'on parle à *Pall-Mall* ou à *Picadilly*... bien que l'accent fût un peu plus guttural.

Plusieurs choses nous intéressaient vivement dans

Naplouse; nous y visitâmes une *zouaiah*, sorte de mosquée libre, où viennent se coucher ou se reposer les musulmans en voyage, but de promenade dévote pour les femmes oisives et ennuyées. Sur la façade blanche de presque toutes les maisons, nous lisions des surates talismanesques, tirées du Coran, écrites à l'encre bleue ou peintes avec le henné. On assure que ces surates éloignent les piéges d'Éblis, et rompent le charme du mauvais œil.

Pendant les croisades, Naplouse fut une ville chrétienne.

Le Christ y passa quelques jours après la conversion de la *Samaritaine*, et plusieurs crurent en lui. Il y eut dès lors dans la ville une petite communion de fidèles : ce fut plus tard un siége épiscopal. Quand Tancrède s'en fut emparé, les croisés y bâtirent plusieurs églises dont, maintenant encore, nous retrouvons les ruines. Il y en a une fort ancienne à l'endroit où la tradition rapporte que Jacob, inconsolable, venait pleurer son fils Joseph : « *Fera devoravit Josepham.* » Il ne reste, de cette église, que quelques piliers et des voûtes aux fines nervures, où l'on découvre encore la trace d'anciennes peintures.

La cathédrale, autrefois sous l'invocation de saint Jacques, nous offre un magnifique portail du XIIe siècle, avec de larges ogives et de grands piliers en marbre, où l'on a mélangé les deux ordres ionien et corinthien. L'extérieur est à moitié ruiné : les musulmans s'en servent comme d'une mosquée. On aperçoit au milieu de la nef, qui n'est plus aujourd'hui qu'une vaste cour, un bassin de marbre blanc, d'une forme élégamment capricieuse, entouré de colonnes en siénite rose. Un ornement architectural que l'on retrouve partout ici, dans les églises et hors des églises, c'est la *coquille*, soit qu'on l'emprunte à la légende de saint Jacques, dont elle est l'attribut, ou qu'elle ne figure ici que comme tradition de l'architecture arabe, qui l'emploie si fréquemment.

Quoi qu'il en soit, quand on examine l'architecture ogivale sur le sol d'Orient, sa terre natale, on reconnaît bien vite à quel point, en passant sous notre ciel, elle a dépouillé sa simplicité native pour s'épanouir en frondaisons touffues et en efflorescences merveilleuses : pareille à ces plantes que la civilisation arrache au désert, et à qui le soin et la culture donnent bientôt la splendeur des formes et l'éclat et le parfum.

La population de Naplouse est presque exclusivement musulmane : elle compte cependant cinq cents Grecs schismatiques : ils ont un couvent, deux cents juifs, et environ soixante-dix familles samaritaines.

Les Samaritains descendent d'anciens peuples idolâtres, que les rois d'Assyrie envoyèrent au delà de l'Euphrate pour garder le pays. Les prêtres juifs les convertirent pour quelque temps au monothéisme; mais ils retournèrent toujours à leurs idoles.

Quand Manassès, frère du grand-prêtre Jaddus, eut épousé une fille étrangère, contrairement à la loi, les juifs orthodoxes murmurèrent. Manassès se retira et vint bâtir un temple sur le mont Garizim. Tous les Juifs qui se sentaient des inquiétudes de conscience, l'accompagnèrent et s'établirent avec lui en Samarie, s'attachant à son erreur et partageant son schisme.

C'est alors que les Samaritains reçurent l'exemplaire du *Pentateuque*, qu'ils conservent encore aujourd'hui.

Nous voulûmes visiter la synagogue des Samaritains; nous fûmes reçus à la porte par le *Grand-Prêtre*, Schalmah-Ben-Tabiah.

Il nous demanda un *backchich* pour nous ouvrir la porte de son temple. Nous donnâmes le backchich; mais quand il s'agit d'entrer, Schalmah voulut nous faire ôter nos chaussures. Vive contestation : querelle qui s'envenime des deux parts. Enfin, nous proposâmes un backchich supplémentaire, qui fut accepté, bien entendu, et nous entrâmes, éperonnés et bottés.

La synagogue est des plus simples : quatre murs blanchis à la chaux, une natte de paille grossière, quelques lampes en verre de couleur suspendues au plafond, et c'est tout.

Nous crûmes du moins que c'était tout.

Par bonheur nous avions en notre compagnie le savant abbé Bargès, qui occupe avec une si rare distinction la chaire d'hébreu à la Sorbonne. M. Bargès, il y a quelques années, avait traduit les plaintes et les réclamations adressées par le Grand-Prêtre au gouvernement français. Cette circonstance, rappelée avec à propos, rompit la glace entre nous — si j'ose me servir en Orient de cette comparaison boréale. —

Quoi qu'il en soit, Schalmah-Ben-Tabiah parut ravi : il s'assit gravement sur ses talons, et commença un long discours pour établir sa généalogie, qu'il fit remonter par une filiation directe jusqu'à un autre grand-prêtre, plus célèbre que lui, Aaron, frère de Moïse.

Nous étions trop bien élevés pour le contredire ; aussi, après un acquiescement muet, dont il voulut bien se contenter, nous le priâmes de nous montrer ce fameux exemplaire du *Pentateuque*, qui est probablement aujourd'hui le plus ancien livre du monde.

Il daigna y consentir.

Le livre était enfermé dans un étui d'ivoire vert — très-estimé en Orient, où l'on fait peu de cas de l'ivoire fossile. — L'expression de livre est inexacte, et si nous voulons parler correctement, c'est le mot antique de *volume* qu'il faut employer. Le Pentateuque des Samaritains est en effet une longue bande de parchemin, adaptée à un rouleau par chacune de ses extrémités : un mouvement du rouleau fait avancer ou reculer le volume selon les besoins de la lecture, jusqu'à ce que le manuscrit ait passé tout entier sous vos yeux.

Le Pentateuque de Naplouse ne remonte certes pas à une antiquité de trois mille ans. Il est écrit, non pas en caractères phéniciens, dont les Hébreux se servirent jusqu'à la captivité de Babylone, mais en caractères samaritains, ce qui lui attribue évidemment une origine différente de celle que réclame pour lui le vénérable Schalmah-Ben-Tabiah.

M. l'abbé Bargès lut, en vrai savant qu'il est, ces caractères étranges qui me donnaient des hallucinations. Le Grand-Prêtre approuvait de l'œil et scandait de la main le rhythme des lignes sacrées. Nous fûmes troublés plusieurs fois pendant la lecture par un bruit complexe, comme de pierres frottées l'une contre l'autre, et de chuchotements de voix entremêlés de rires. Nous étions cependant seuls dans la synagogue. Le bruit se renouvelant, je levai les yeux, et j'aperçus une douzaine de têtes, femmes et enfants, qui plongeaient dans notre groupe des regards curieux et moqueurs : c'était la famille du vénérable Schalmah-Ben-Tabiah, qui avait pris le toit d'assaut, et qui soulevait de temps en temps l'abaque mobile pour mieux nous voir. Schalmah crut qu'un geste énergique allait comprimer cette curiosité indiscrète; il n'en fut rien, et quand on vit notre attention attirée, une douzaine de mains, qui avaient l'air de descendre du ciel, se tendirent vers nous, tandis qu'autant de voix clapissantes criaient, sans trêve ni merci : *Backchich, bachckich!* Un des enfants descendit, et nous lui donnâmes quelques piastres. Sa joie fut courte; le vieux Samaritain, qui me semblait un peu juif, lui fit rendre gorge immédiatement, devant nous et sans aucune vergogne; puis il remit le Pentateuque dans sa cassette d'ivoire aux clous d'argent, et nous congédia par un geste grave.

Nous traversâmes encore une fois la ville : je remarquai qu'au moment où nous passions dans le grand bazar, un tanneur étendit des peaux de buffle devant nos pas. Je demandai au drogman si c'était pour nous faire honneur. — Pas le moins du monde, répondit-il, seulement comme il faut battre le cuir pour l'apprêter, il trouve plus simple de vous faire marcher dessus : votre pied économise la main-d'œuvre. Nous eûmes l'attention délicate de revenir deux fois par le même chemin, et d'accentuer le pas sur le cuir sonore, à la grande joie du marchand, qui fumait paisiblement, accroupi sur son comptoir.

Du reste, il faut bien le dire, partout dans notre visite, nous reçûmes l'accueil le plus courtois. Je pris une tasse de café dans une boutique en plein air; quand je demandai le prix : «Ce n'est rien! me dit le marchand : vois-tu? le café, c'est la bénédiction de Dieu! A ton service!» Je ne voulus pas être en reste de générosité vis-à-vis d'un mécréant, et j'eus le bonheur de lui faire accepter cinq ou six fois la valeur de sa tasse de café. A ma sortie de la ville, je trouvai aux portes dix cafetières qui bouillaient en mon honneur. Les boutiques me suivaient!

Dans l'après-midi, toute la ville voulut voir notre campement; nous étions le but de la promenade des oisifs et des élégants de Naplouse. On nous envoya la garde pour mettre un peu d'ordre parmi les curieux, comme on fait à Paris quand il y a quelque part une exhibition extraordinaire.

Tout allait pour le mieux dans le meilleur des camps possibles!

Cependant, nous reçûmes, vers le soir, un avis du mutzelim qui nous informait des sentiments au moins douteux des populations environnantes; il craignait beaucoup une attaque dans la nuit. Il eût été désolé qu'il nous arrivât rien de fâcheux... sur son territoire; en un mot, il nous saurait le plus grand gré de bien vouloir aller nous faire pendre ailleurs.

Nous n'aurions voulu, pour rien au monde, désobliger un aussi galant homme ; nous profitâmes donc des premières ombres pour décamper : on donna aux chevaux et aux mules une double ration d'orge, puis on sonna le bout-selle, et nous nous jetâmes dans la montagne où nous marchâmes bientôt, comme dit le poëte :

« *Per amica silentia lunæ.* »

La nuit paraît longue quand, après une journée de fatigue, au lieu du tapis moelleux qu'on avait espéré sous sa tente, on n'a, pour tout *comfort*, que la selle dure d'un cheval fatigué.

Cette nuit-là fut pénible, et je ne saurais dire avec quel sentiment de joie profonde et de bien-être intérieur, nous reçûmes les premières bouffées de l'air frais du matin et les premiers rayons de sa lumière rose.

Nous étions alors dans la plaine de Béthulie avec le souvenir de Judith. La plaine est vaste, fertile, légèrement ondulée, et bien que la moisson fût terminée, de nombreux indices nous disaient tout ce ue la culture peut demander à cette terre féconde.

Les ruines de Béthulie, que l'on aperçoit sur la gauche, sombres, hautaines, imposantes, semblent dominer encore la plaine. Les femmes fortes m'ont toujours inspiré une admiration mêlée de terreur. Je mis mon cheval au galop et j'entrai dans un petit bois, au pied d'une colline, qui me déroba la vue de Béthulie. Béthulie s'appelle aujourd'hui Sanour, et, de temps en temps, les pachas en révolte s'y font bombarder par l'artillerie du Grand-Seigneur.

On ignore généralement le sort du mari de Judith. Les femmes célèbres absorbent toute la gloire de la maison. Ce mari mourut d'un coup de soleil, « dans les jours de la moisson de l'orge; » c'est à peu près tout ce que l'histoire nous apprend de lui.

Ce soleil, qui tua Manassès — c'est le nom du mari — était déjà haut dans le ciel, et nous marchions en silence le long du chemin où Jéhu rencontra et fit égorger les frères et les parents d'Ochosias, roi de Juda.

Nous étions hors de danger en sortant de la Samarie. Nous fîmes une halte à *Djennin*, avec ce sentiment vif et joyeux de la sécurité reconquise.

Djennin est dans une position charmante : au pied des montagnes, au bord d'une plaine vaste et riante. Le village est bâti au milieu de vastes jardins qu'enferment des haies de nopals et de cactus; on voit, sur une colline aux pentes douces, les ruines d'une église chrétienne, et plus près du village, une mosquée d'assez belle apparence, dont l'éclatante blancheur se détache vigoureusement sur la verdure sombre des cactus, tandis que ses minarets aigus s'élancent entre les tiges des plus beaux palmiers de toute la Syrie. Les jardins de Djennin sont arrosés par des sources abondantes, près desquelles s'arrêtent les caravanes qui vont au Caire, ou qui reviennent de Damas.

Deux ou trois mille musulmans vivent dans ces jardins assez bien cultivés, guettant le passage des voyageurs auxquels ils viennent offrir des fruits, des œufs, du pain et le lait caillé de leurs chamelles.

Après la plaine du Jourdain, la plaine d'Esdrelon, qu'on nomme aussi plaine de Jesraël, est la plus vaste et la plus célèbre de toute la Palestine. Elle court, à l'est, vers le Jourdain, à l'ouest, vers la Méditerranée, dont le Carmel la sépare, entre les montagnes de Gelboé au sud, et celles de Nazareth au nord. Au centre de la plaine s'élève le mont Hermon, tout plein des souvenirs héroïques et de la poésie des comparaisons bibliques ; à quelques lieues plus loin, le mont Thabor où semble rayonner encore la gloire du Christ transfiguré. Ainsi enfermée dans un horizon de montagnes et coupée par de nombreux torrents, ardente et dorée sons le soleil, la plaine de Jesraël offre à l'œil de grands et fiers aspects. De temps en temps, une gazelle se lève entre les hautes herbes séchées, et bondit dans l'espace, poursuivie par quelques *slougbi* féroce, à l'œil fauve et au poil hérissé.

Au pied du mont Hermon, quelques pierres dispersées attestent l'antique cité d'Endor, où la Pythonise évoquait l'ombre des morts, et prédisait à Saül les malheurs du lendemain.

La scène, telle que la Bible l'a posée, est pleine de grandeur et de vague effroi.

Saül, ayant vu l'armée des Philistins, fut frappé d'étonnement, et la crainte le saisit jusqu'au fond du cœur.

Il consulta le Seigneur, mais le Seigneur ne lui répondit ni en songes, ni par les prêtres qui consultaient l'*Urim*, ni par les prophètes.

Alors, il dit à ses officiers : « Cherchez-moi une

femme qui ait un esprit de Python, afin que je l'aille trouver, et que, par son moyen, je puisse consulter. Ses serviteurs lui dirent : « Il y a à Endor une femme qui a un esprit de Python. »

Saül se déguisa donc, changea d'habits, et s'en alla accompagné de deux hommes seulement. Il vint la nuit chez cette femme, et lui dit : « Consultez pour moi l'esprit Python, et évoquez-moi celui que je vous dirai. »

Samuel apparut.

« Pourquoi, dit-il, avez-vous troublé mon repos ? Pourquoi vous adressez-vous à moi, puisque le Seigneur vous a abandonné, et qu'il est devenu votre ennemi ? »

« Car le Seigneur vous traitera comme je vous l'ai dit de sa part. Il déchirera votre royaume, et l'arrachera de vos mains pour le donner à David, votre gendre. »

« Il livrera même Israël avec vous, entre les mains des Philistins ; demain, vous serez avec moi, vous et votre fils, et le Seigneur abandonnera aux Philistins le camp même d'Israël. »

La mémoire de Gelboé n'est pas moins maudite, et sa cime est encore teinte du sang de Jonathas.

Le lendemain, en effet, l'ennemi présenta la bataille : les Israélites plièrent sous le choc. Saül et ses fils soutinrent longtemps l'effort des Philistins. Jonathas tomba et deux autres de ses frères avec lui. Resté seul debout : « Tire ton glaive et tue-moi, disait Saül à son écuyer, » et, l'écuyer n'osant pas, le roi se perça de sa propre main. Quand David apprit cette grande ruine, il déchira ses vêtements, et, dans une déploration sublime, il chanta la douleur d'Israël. « Vois, ô Israël! ceux que la mort t'a ravis en les frappant sur tes montagnes! L'élite d'Israël a succombé sur la colline : comment sont morts les braves? Ne le dites pas dans Geth, ne le dites pas sur les places d'Ascalon, de peur que les filles des Philistins ne s'en réjouissent, que les filles des profanes n'en triomphent d'aise. Qu'il ne tombe sur vous ni rosée ni pluie, ô montagnes de Gelboé! que vos coteaux restent sans moissons, parce que là fut laissé le bouclier des forts, le bouclier de Saül, comme si l'huile sainte n'eût point touché sa tête! La flèche de Jonathas n'est jamais retournée en arrière : elle se teignait du sang des morts, et perçait la poitrine des plus vaillants : le glaive de Saül n'a jamais été tiré en vain. Saül et Jonathas, aimables et grands dans la vie, plus agiles que les aigles, plus fiers que les lions, demeurent inséparables dans la mort. Filles d'Israël, donnez des larmes à Saül, qui vous revêtait d'écarlate parmi les délices, et vous offrait des ornements d'or pour votre parure. Comment les forts ont-ils péri dans la bataille? Comment Jonathas a-t-il succombé? Je te pleure, ô mon frère Jonathas! toi si beau et plus aimable qu'une aimable femme! Je te chérissais comme une mère chérit son fils unique. Comment sont morts les braves? Comment s'est éteinte la gloire de nos armes? »

Ici, du reste, chaque pierre a un nom, et chaque ruine un souvenir. Sur notre droite, un peu à l'est de Djennin, voici les remparts de Jesraël, égalé au sol.

C'est près de ce rempart, non loin du palais d'Achab, que le pauvre Naboth avait sa vigne. C'est là que les chiens vinrent lécher son sang... et, bientôt après, le sang d'Achab lui-même. C'est dans ce champ que fut dévoré le corps de Jézabel.

La légende dorée mêle la poésie de ses traditions aux austères récits de l'histoire. Un jour, saint Sabas traversait la plaine d'Esdrelon : il entra pour se reposer dans la caverne d'un lion. Le maître était absent : le saint s'endormit. Le lion revint, et, prenant délicatement cet hôte inattendu par le bas de sa robe, il traîna quelques pas. Saint Sabas se réveilla, et se mit à réciter son office : puis, quand il eut dit le *propre du jour*, il s'endormit de nouveau. Ce sommeil inquiétait le lion : il reprit le moine, toujours par sa robe, en lion qui sait vivre, et commença à le tirer dehors; mais saint Sabas se réveillant : « Voyons ! lui dit-il doucement, que te faut-il ? cette caverne n'est-elle pas assez grande pour deux ? » Le lion ne trouva rien à répondre, et il se coucha paisiblement à côté du solitaire.

En face du mont Hermon, on va visiter deux colonnes et trois maisons. Ces trois maisons sont tout ce qui reste de la ville de Naïm ; ces deux colonnes indiquent la place où le Christ rendit un fils à sa mère.

Indépendamment de tous ces grands souvenirs, la plaine d'Esdrelon a des beautés de paysage que l'on admirerait partout.

Le terrain, comme soulevé par une houle intérieure, ondule en plis larges et calmes d'une montagne à l'autre; çà et là, des maquis de plantes sauvages, de broussailles, d'épines et de chardons gigantesques offrent des fourrés impénétrables aux serpents, aux léopards et aux sangliers : le sabot des chevaux fait sonner la pierre blanche dans le lit des torrents à sec. De temps en temps, une crevasse large et profonde nous oblige à quelque long détour ; pendant des lieues entières, on ne trouve ni un arbre ni une goutte d'eau. Parfois, une tribu d'Arabes pasteurs passe à côté de nous, chassant devant elle des troupeaux sans nombre, bœufs, moutons et chameaux. En tête et sur les flancs, quelques cavaliers, montés sur de belles juments, marchent en éclaireurs, échangeant avec nous des regards superbes. De temps en temps, c'est un camp de Bédouins, ville de toile, maisons flottantes, dont les habitants endormis ne se trahissent ni par un bruit ni par un mouvement ; ou bien encore un hameau isolé aux cabanes de terre, dont l'aire aplanie expose aux rayons du soleil une moisson de gerbes d'or ; puis, au-dessus de cette plaine et de ces amphithéâtres de montagnes, un ciel étincelant, une lumière vive et nette, un éther profond et bleu, une atmosphère embrasée et sereine.

En face de la plaine brûlante, sur les flancs de l'Hermon, au milieu des rochers et des précipices, deux villages — deux oasis — entourés d'une enceinte vive de figuiers et d'orangers. Un de ces villages est l'antique *Sunam*, la patrie d'Abisag, cette belle servante du roi David, dont l'histoire nous a conservé le nom. C'est à Sunam que le prophète Élisée, descendant du

Carmel, ressuscita le fils d'une pauvre femme, en se couchant sur son corps et en se rapetissant à la mesure de ses membres.

On rencontre souvent dans la plaine d'Esdrelon, au milieu des buissons épineux, cette fleur aimable dont parle l'Évangile, le lis des champs qui ne prend ni le souci de semer, ni la peine de filer sa robe, et pourtant plus magnifique dans sa parure d'une saison que Salomon dans toute sa gloire; le rayon brûlant épargne sa grâce délicate, et, jusqu'au dernier jour, elle conserve son frais et doux éclat.

Les montagnes de Nazareth bornent, au nord, la plaine d'Esdrelon; quand on a franchi leur col étroit et gravi leurs cimes escarpées, on débouche sur le plateau où s'assied la ville de Saint-Joseph.

XII

Nazareth.

C'était le soir et un dimanche, comme à Beit-Léhem. A quelque distance de la ville, autour d'une fontaine antique, des muletiers, des chameliers et des pasteurs faisaient ranger leurs bêtes altérées, qui attendaient impatiemment leur tour; les Cheikhs et les principaux du village fumaient, gravement assis sur de grandes pierres blanches, les femmes causaient entre elles au pied des cactus ou sous les érables; de beaux enfants, aux yeux noirs, s'ébattaient en criant, dans la poussière du chemin.

Nazareth est une ville chrétienne — une ville catholique — le bruit de notre arrivée nous avait précédés. La foule se joignit à notre caravane, et nous entrâmes dans la ville, accompagnés d'une escorte volontaire qui donnait à notre marche je ne sais quel air de triomphe. En hébreu, Nazareth — Nasra — veut dire fleur : ce nom ne semble-t-il pas s'approprier merveilleusement au rustique village où devait s'épanouir et germer la fleur mystique qui fut la grâce et le salut du monde?

La ville blanche a l'éclat des beaux lis d'Esdrelon; elle est dominée par des hauteurs qui se réunissent à leur base et se détachent à leur cime, comme les pointes d'une couronne ou les lobes d'une fleur : on ne retrouve ici, dans l'aspect comme dans le souvenir, que des impressions de poésie, de douceur et de grâce : pas de fossés, de portes, de tours ou de murailles crénelées, qui rappellent l'image sinistre des assauts ou des batailles... La ville n'est défendue que par des bouquets de nopals, de cactus, de figuiers et de grenadiers; elle n'est protégée que par une haie touffue, muraille vivante que fleurit chaque printemps. Autour des maisons, distribuées en groupes, comme des archipels de pierre, courent de petites rues sinueuses et animées, pleines de chant, de bruit et de gaieté. On ne se croirait plus en Syrie, sous le joug pesant du vainqueur; c'est une autre atmosphère, un autre souffle, une autre vie. Le bazar n'a plus l'indifférence hautaine et morne du commerce oriental; dans les marchés et sur les places, on fait le même bruit que dans nos foires de Bretagne et de Normandie. Cependant, les couvents ont grand air et fière mine; on traverse, pour y arriver, de longs portiques et de vastes cours; une foule dévote et nombreuse assiége les églises; les Turcs mêmes ont un faux air de chrétiens, et le muezzim, qui chante la prière du haut des minarets, ne demanderait pas mieux que de sonner l'*Angélus*.

Je goûtai un charme extrême dans les premières heures de mon séjour à Nazareth. Les Franciscains y conservent une influence plus heureuse que dans les autres villes : on leur confie plus volontiers l'éducation de l'enfance et de la première jeunesse. Beaucoup d'hommes et quelques femmes parlent assez couramment l'italien. On peut faire le tour de la ville sans drogman : le drogman est, comme on sait, le fléau de la conversation.

Les catholiques latins sont en majorité à Nazareth, où l'on rencontre aussi des Maronites, des Melchites, ou Grecs-Unis, des Grecs schismatiques, des Arméniens et, comme dans tout ce pays, des musulmans.

On a conservé à Nazareth d'antiques souvenirs de la France, on y a rappelé devant moi le « *bon roy sainct Loys* » entrant dans l'antique cité la veille de l'Annonciation, à pied, le cilice aux reins, jeûnant au pain et à l'eau après une marche fatigante, et allant entendre avec dévotion dans la chapelle, la messe, les vêpres et les matines ; puis la jeune gloire se mêle aux vieilles traditions, et après les grands coups de lances des croisés on parle aussi des canonnades du Mont-Thabor.

Ici, comme dans toute la Terre-Sainte, nous logeâmes à la *Casa-Nuova* des Franciscains, empressés à nous servir.

La tristesse de Jérusalem ne pesait plus sur nos âmes : quelques-uns de nos compagnons songeaient déjà à la France et au retour désiré, au retour attendu ! Nous disposâmes joyeusement nos logements, sans trop attendre la distribution des bons Pères, qui nous regardaient faire, souriants et pleins d'indulgente complaisance.

Le lendemain nous commençâmes nos visites.

La première, on le comprendra sans peine, fut pour la maison de Marie et de Joseph ; pour le sanctuaire où le Fils de Dieu s'est incarné dans le sein d'une vierge.

Je me rappelais en y allant le début sublime de l'évangile de saint Jean :

« Dans le principe était le Verbe, et le Verbe était en Dieu, et le Verbe était Dieu... Toutes choses ont été faites par lui, et rien n'a été fait sans lui. Et le Verbe s'est fait chair, et il a habité parmi nous, plein de grâce et de vérité. »

L'humble maison de Marie a fait place à une assez belle église, enfermée tout entière dans le couvent des Franciscains. Cette église est courte et large, le chœur est beaucoup plus élevé que la nef ; on y monte par un escalier à double rampe, garni de balustrades dorées, puis, quand on l'a traversé, un autre escalier, à sa gauche, vous conduit, par dix-sept degrés, dans la chapelle souterraine : c'est le sanctuaire de l'Incarnation. Un assez bel autel indique la place où se tenait la Vierge ; au-dessous, sur le marbre blanc des pavés, on lit ces mots, gravés en gros caractères :

VERBUM CARO HIC FACTUM EST.

« C'est ici que le Verbe s'est fait chair. »

Des lampes ardentes brûlent sans cesse autour de cet autel. Deux colonnes en granit s'élèvent à quelque pas. Une d'elles, celle de gauche, indique la place où se tenait l'Ange.

« L'ange Gabriel fut envoyé de Dieu dans une ville de Galilée, appelée Nazareth, à une vierge qui avait épousé un homme nommé Joseph, de la maison de David; et le nom de cette vierge était Marie, et l'Ange, venant vers elle, dit : Je vous salue pleine de grâce ; le Seigneur est avec vous... Voici que vous concevrez dans votre sein, et vous enfanterez un fils, et vous l'appellerez du nom de Jésus.... Le saint qui naîtra de vous sera appelé Fils du Très-Haut, et le Seigneur lui donnera le trône de David son père, et règnera éternellement sur la maison de Jacob et son règne n'aura point de fin... La vertu du Très-Haut étendra sur vous son ombre, c'est pourquoi celui qui naîtra de vous sera nommé le Fils de Dieu. »

Et Marie répondit :

« Voici la servante du Seigneur; qu'il me soit fait selon votre parole. »

Le sanctuaire de l'Annonciation n'est autre chose qu'une voûte taillée dans le roc même, et à laquelle on a ajouté un autel, un pavé de marbre et deux colonnes. Une de ces colonnes, la colonne de l'Ange, est brisée par le milieu, de telle sorte que les deux parties sont entièrement séparées. On croit généralement que la partie supérieure adhère à la voûte par une force surnaturelle. Je fis part au R. P. Franciscain qui m'accompagnait, de cette tradition bien connue ; il se contenta de me montrer en souriant des barres de fer assez solides qui retiennent le miracle à la voûte.

Derrière le sanctuaire de l'Annonciation une seconde grotte, plus petite que l'autre, mais également taillée dans le rocher, est regardée généralement comme la chambre qu'habitait Jésus. J'ai remarqué dans cette arrière-grotte un assez joli tableau, d'un genre un peu bâtard — cela m'a fait penser tout naturellement à l'école de Dusseldorff — *il Bambino*, comme disent les Italiens, est assez nul : on ne pressent dans cette tête rondelette, ni le roi de gloire, ni le sauveur du monde; la Vierge est allemande, c'est tout ce que j'en puis dire; mais la figure de saint Joseph a un véritable mérite : elle est pensive, modeste, résignée et gravement mélancolique. On a rarement reproduit en traits plus heureux la physionomie de ce doux gardien de la vertu d'une Vierge-Mère. Le tableau est bien éclairé, d'une lumière à la fois fine et chaude; on aperçoit dans un assez joli fond, délicatement traité, la ville de Nazareth, telle qu'elle est aujourd'hui... telle qu'elle était peut-être au temps de Jésus et de Marie... Est-ce que rien change dans l'Orient immobile ?

L'église de l'Annonciation est assez bien tenue et passablement décorée; plusieurs tableaux représentent les scènes de la vie de Jésus à Nazareth, pendant qu'il croissait en grâce et en sagesse. Au-dessous d'un de ces tableaux, une sainte famille de l'école italienne, on a écrit cette légende : *Il leur était soumis.*

Ces deux mots-là ne résument-ils pas éloquemment l'histoire de toute une jeunesse bénie ?

Le sanctuaire de l'*Annonciation* est la partie *souterraine* de la maison de Marie. Cette maison même, remplacée par l'église, n'existe plus aujourd'hui à Nazareth.

Ce fut un des premiers lieux honorés par les chrétiens.

Sainte Hélène, après les persécutions, l'enferma dans une magnifique église, avec cette inscription d'une emphase un peu byzantine : « C'est ici le sanctuaire où a été jeté le premier fondement du salut des hommes. »

Saint Paul et, treize siècles plus tard, notre roi saint Louis, vinrent visiter cet auguste sanctuaire.

A la fin des croisades, quand les chrétiens furent expulsés de la Terre-Sainte, l'église de Sainte-Hélène fut détruite par les musulmans. La petite maison de la Sainte-Vierge allait sans doute éprouver le même sort.

Or, voilà qu'un matin, c'était le 10 mai 1291, les Dalmates furent fort étonnés de trouver au bord de la mer, en un lieu où il n'y avait rien la veille, à Rauniza, entre Tersatz et Fiume, une maison en pierres rouges d'une nature inconnue au pays, bâtie à l'orientale et posée simplement sur le sol, sans qu'aucuns fondements l'y rattachassent. Cette maison n'avait qu'une seule porte et qu'une seule fenêtre; les murs à l'intérieur étaient recouverts de peintures qui reproduisaient les scènes merveilleuses de l'histoire de Nazareth : à l'une des extrémités se trouvait un autel en pierre, surmonté d'un crucifix, peint sur une toile collée au bois; une statue en bois de cèdre, placée dans une niche, représentait la Vierge portant l'Enfant-Jésus entre ses bras; près de l'autel, une armoire renfermait quelques vases.

Grand fut l'étonnement, grande l'admiration du peuple : on criait miracle! Cependant l'évêque Alexandre, que l'on savait malade, parut au milieu de la foule joyeux et plein de santé. Il raconta comment une révélation lui avait fait connaître que cette demeure était celle *où le Verbe s'était fait chair;* que l'autel était celui que saint Pierre avait élevé pour y célébrer les Mystères, et qu'enfin la statue de cèdre était l'image même sortie des mains de saint Luc, le premier artiste chrétien.

L'empereur Rodolphe Ier envoya des *experts* à Nazareth; ils rapportèrent que la maison de la Vierge avait été effectivement détachée de ses bases qui existaient encore; qu'il n'y avait aucune différence de nature entre la pierre des fondements de Nazareth et celle de la maison trouvée en Dalmatie; les dimensions se correspondaient d'un édifice à l'autre; *de tout quoi* on dressa un rapport authentique, lequel fut de plus confirmé par serment.

Les mêmes faits furent encore attestés par plusieurs personnages qui firent le voyage de Nazareth.

Cependant la maison ne resta pas à Rauniza, elle en repartit au bout de quatre ans; elle s'en alla comme elle était venue, la nuit; le lendemain on trouva la place vide et le sol nu. L'étrange voyageuse s'était posée dans un bois de lauriers, près de Recanati; elle n'y fit qu'une halte pour aller bientôt sur une montagne du voisinage, et enfin à Lorette, dans la marche d'Ancône où on l'honore et où on la garde avec toutes sortes de respects et de précautions.

Voilà six cents ans qu'elle y reçoit les hommages pieux des fidèles.

Cette tradition, généralement acceptée en Italie, n'est pas *un article de foi.*

Nous allâmes visiter tout près de l'église l'atelier de saint Joseph. On en a fait une chapelle, mais çà et là, sous le plâtre qui tombe, on retrouve la muraille antique. Dans cette maison, sous cet humble toit, le Christ vécut jusqu'à trente ans, obscur, ignoré, et comme le dernier des artisans, gagnant sa vie par le travail de ses mains.

Il y a deux manières de comprendre l'enfance et la jeunesse de Jésus : une, tout extraordinaire, semée de miracles, pleine d'apparitions, les cieux ouverts pour le contempler, et les anges descendant pour le servir !

L'autre au contraire, naturelle et simple : l'enfance et la jeunesse du fils d'un artisan, travaillant auprès de son père adoptif, contraignant aux œuvres serviles ses mains divines et pleines de miracles, ses mains, qui sauveront le monde ! cueillant les fruits ou arrosant les fleurs de son jardin — comme Overbeck nous l'a montré dans cette suite de tableaux, où il unit la pureté classique des maîtres à la naïveté et aux grâces retrouvées de Giotto et de Cimabüe.

Pour moi, c'est cette seconde enfance, où l'homme attendait humblement l'heure de Dieu, cette jeunesse écoulée dans la grâce calme et la vertu obscure, que je me représentais plus volontiers en visitant l'atelier de Nazareth.

Nazareth était une ville de la tribu de Zabulon : l'Ancien Testament n'en parle guère ; sa célébrité date du Christ. *Peut-il venir quelque chose de bon de Nazareth?* était un proverbe usité chez les anciens juifs. Jusqu'au règne de Constantin la ville ne fut habitée que par les juifs. Au VIIe siècle elle avait deux grandes églises, celle de l'*Annonciation* et celle de l'*Ange Gabriel.* Quand Zimiscès prit Nazareth, trois cents ans plus tard, il ne voulut point la ravager, « parce que, disait-il, la Vierge y avait reçu l'annonce de la part de l'Ange. » Les Sarrasins, moins sensibles aux souvenirs chrétiens, la pillèrent au XIIe siècle. Tancrède rebâtit ses églises et gouverna le pays avec autant de douceur que de sagesse. Les fils de Saladin la ruinèrent une seconde fois. Edouard d'Angleterre vint y planter sa croix à la fin du XIIIe siècle ; on tua un grand nombre de musulmans, il en revint davantage. Pendant longtemps la ville ne fut qu'un monceau de ruines. Au XVe siècle il n'y restait plus qu'un prêtre et deux chrétiens. Ces deux chrétiens, grâce à Dieu, ont cru et multiplié : leurs descendants forment aujourd'hui les trois quarts de la population. Les Franciscains ont reconstruit en 1620 l'église de l'*Annonciation*, qui est à peine le tiers de l'ancienne basilique de Sainte-Hélène, dont on voit encore quelques arceaux et une portion de pavé. Le couvent actuel porte la date de 1730 ; nous n'avons absolument rien à en dire.

Les sanctuaires ne sont pas très-nombreux à Nazareth, ce qui s'explique par la vie cachée que le Christ y menait. Cependant il revint dans sa ville natale après sa Résurrection ; il prit, dit-on, plusieurs repas avec ses disciples sur un immense bloc de pierre de forme ronde, irrégulière, creusée de fentes et hérissée d'aspérités, que l'on appelle encore aujourd'hui la Table du Seigneur, *Mensa Domini*. Les Franciscains ont bâti une chapelle autour de cette Table qui ne pourrait sortir par la porte qu'on lui a faite.

Un autre sanctuaire est l'ancienne synagogue de Nazareth, aujourd'hui l'église des Arméniens. Une scène de l'Évangile rend cette église à jamais célèbre. On sait qu'après le jeûne du désert, Jésus retourna en Galilée et revint à Nazareth où il avait été nourri, et étant entré dans la synagogue, au jour du Sabbat, selon sa coutume, il se leva pour lire. Et le livre du prophète Isaïe lui fut donné ; et ayant ouvert le livre, il trouva le passage où il est écrit : « L'Esprit du Seigneur est sur moi ; c'est pourquoi il m'a oint pour évangéliser les pauvres, il m'a envoyé pour guérir ceux qui ont le cœur brisé, pour annoncer aux captifs leur délivrance, et aux aveugles le recouvrement de la vue, pour soulager les opprimés et prêcher l'année de grâce du Seigneur et le jour de la justice. » Et ayant fermé le livre, il le rendit à celui qui présidait dans la synagogue et s'assit ; et les yeux de tous ceux qui étaient dans la synagogue étaient fixés sur lui. Or, il commença à leur dire : « Aujourd'hui cette parole de l'Ecriture que vous avez entendue est accomplie. »

Et tous lui rendaient témoignage, et dans l'admiration où ils étaient des paroles pleines de grâce qui sortaient de sa bouche, ils disaient : « N'est-ce pas là le Fils de Joseph? » Et il leur dit : « Vous m'alléguerez sans doute ce proverbe : — Médecin, guéris-toi toi-même; toutes les choses que nous avons ouï dire que tu as faites à Capharnaüm, fais-les aussi dans ta patrie. — Mais je vous dis en vérité, ajouta-t-il, que nul prophète n'est bien reçu en son pays... » Et tous ceux qui étaient dans la synagogue furent irrités et, entendant ces paroles, se levèrent, le chassèrent de la ville et le conduisirent jusqu'au sommet de la montagne sur laquelle leur ville était bâtie, pour le précipiter; mais Jésus, passant au milieu d'eux, disparut tout à coup.

Cette montagne, dont parle l'Écriture, est située au sud de la ville, entre Nazareth et la plaine d'Esdrelon, elle est bordée de rochers et de précipices. La ville aujourd'hui s'étend un peu moins loin qu'autrefois de ce côté.

Tout près de là, sur une colline, on montre les ruines d'une église dédiée à la Vierge sous l'invocation de Notre-Dame-de-l'Effroi, *Santa Maria del Timore*. On dit que la Vierge était accourue jusqu'au sommet de cette colline, quand les juifs voulurent précipiter son Fils. Cette église fut longtemps sous la garde d'un couvent de femmes, maintenant dispersé.

La Sainte Famille quitta Nazareth après la scène de la synagogue, pour éviter l'irritation des juifs, et se retira à Capharnaüm.

Nous voulûmes visiter, après cette synagogue, où

Jésus enfant avait étudié la loi, où Jésus devenu homme s'était déclaré plus grand qu'Abraham, l'humble église des Maronites, une des plus humbles et des plus pauvres vraiment que je connaisse, entretenue pourtant avec un soin qui voudrait être du luxe; là, pas de tableaux sur l'autel de bois, pas de tapis précieux sur les escabeaux antiques : il y a cependant un trésor pour les fidèles de Nazareth, croyants au cœur pur et simple : c'est une relique de saint Maron, le fondateur de leur rite, un *humérus*, si je ne me trompe, exposé sous verre, noirci par les ans, mais délicatement placé sur un coussin de velours nacarat, dans une niche blanchie à la chaux, et voilée comme un tabernacle sous des flots d'indiennes roses.

Non loin de la maison de saint Joseph, on visite une jolie fontaine où la Vierge venait souvent, et que les chrétiennes de Nazareth appellent encore la *Fontaine de Marie*.

Elle est dans un site charmant, tout près de la ville, sur le penchant d'une colline et dominant une belle et vaste plaine; un palmier, couronné de ses fruits d'or, secoue au-dessus d'elle ses éventails de verdure. Les femmes de Nazareth y viennent encore aujourd'hui comme au temps de l'Évangile. Nous-mêmes nous allions chaque soir y passer quelques heures, dessinant ou lisant. Nous aimions voir arriver à nous ces belles jeunes filles, semblables à la Rebecca des récits bibliques; un de leurs bras s'arrondissait au-dessus de leur tête, soutenant légèrement l'amphore rebondie, tandis que l'autre se campait fièrement sur la hanche : le masarah relevé découvrait leur visage bruni, et laissait voir leurs grands yeux noirs pleins de soleil. Elles savaient qui nous étions et s'approchaient sans crainte; parfois elles se penchaient curieusement sur notre livre, admirant ses lignes bizarres et ses caractères étranges à leurs yeux; ou bien, feuilletant familièrement notre album, elles se montraient du doigt un costume reconnu, ou quelque profil aquilin d'une sœur ou d'une amie dessinée la veille; puis, elle s'enhardissaient jusqu'à nous parler, et s'étonnaient visiblement de notre peu d'intelligence à comprendre une langue qui leur semblait si facile. Alors, comme le serviteur d'Abraham, nous leur demandions à boire—c'était une des premières choses que nous ayons su faire dans un pays où l'on a toujours soif—mais elles, avec la malice inoffensive des jeunes filles, elles se plaisaient à nous faire répéter la demande, comme pour entendre le son de leurs paroles dans une bouche étrangère—puis elles approchaient l'amphore de nos lèvres et bientôt s'éloignaient insouciantes et rieuses.

Nous, cependant, nous cherchions à rassembler nos souvenirs, tour à tour feuilletant l'histoire ou interrogeant les traditions.

C'est auprès de cette fontaine que Jésus enfant accomplit son premier miracle: il avait alors douze ans, nous disent les traditions pieuses. Il jouait avec d'autres enfants de son âge: prenant l'argile souple au bord de la fontaine, ils en faisaient de naïves ébauches de petits oiseaux, qu'ils rangeaient ensuite sur le sol; et Jésus faisait comme eux. Mais voilà que tout à coup les oiseaux façonnés de ses mains pleines de vie commencèrent à s'animer; l'argile se couvrit de plumes; un souffle frissonna dans les ailes palpitantes, puis les oiseaux prirent joyeusement leur volée; les uns montèrent en chantant vers le ciel, les autres peuplèrent les rameaux des grands arbres penchés au-dessus des eaux, d'autres enfin, voltigeant autour de l'Enfant-Jésus, effleuraient son front de leurs ailes, ou, doucement familiers, venaient se poser sur ses épaules et becquetaient ses joues.

Nous restâmes plusieurs jours à Nazareth, courant la campagne, fouillant les environs et rentrant le soir à la ville, recevant toujours et partout l'accueil le plus aimable et le plus empressé. Tous les catholiques latins, alliés entre eux, ne forment, pour ainsi dire, qu'une seule grande famille; son Cheikh, honoré comme un patriarche, nous ouvrit son divan, où nous trouvions toujours le café chaud et le tchibouck allumé. Ce divan était une grande pièce carrée, avec un siége bas tout autour, tendu de perse rayée; des filets d'un rose tendre ou d'un bleu sentimental dessinaient de fines arabesques sur le mur blanc; les fenêtres étaient encadrées dans une ornementation élégante et légère; les poutres et les solives du plafond peintes en couleurs vives.

Quand nous étions là, le divan était ouvert pour tout le monde; venait qui voulait : on ne refusait à personne le tabac ou le café. C'était à peu près ce qu'est chez nous une réunion officielle, eu égard aux mœurs différentes des deux pays; mais, ces réunions étaient silencieuses et souverainement calmes. On touchait notre main, on baisait celle du Cheikh, puis on s'asseyait en absorbant son café par petites gorgées, et l'on fumait avec un recueillement profond.

Un autre personnage important de la ville, c'est l'agent consulaire de France, Koubroussi, petit-fils d'un capitaine des janissaires d'Égypte, au service du général Bonaparte, et mort — suivant l'expression énergique de son petit-fils — dans les blessures de la France.

Koubroussi aime les Français, et, au besoin, il sait les protéger : j'en ai eu la preuve. Pendant tout le temps de notre séjour à Nazareth, il se mit gracieusement à nos ordres, sa maison devint la nôtre : ils nous apporta les papiers de son grand père, nobles archives de sa famille. Nous y trouvâmes une lettre de Duroc, grand maréchal du palais, qui autorisait un des fils à porter la croix du père. Le ruban rouge de la légion d'Honneur se transmet comme le cordon noir de Malte... à Nazareth. Nous vîmes chez Koubroussi trois ou quatre générations abritées sous le même toit, et entourant de respect une aïeule centenaire, à laquelle nous eûmes l'honneur d'être présentés. La peau, transparente et finement ridée, couvrait à peine les os de ses bras et de ses mains diaphanes ; le visage était comme un parchemin sec, avec deux trous noirs, au fond desquels l'œil scintillait encore sous la paupière clignotante ; à côté d'elle ses deux brus, l'une de treize et l'autre de quatorze ans, apportaient là, sans y penser, le contraste de leur jeune et fraîche beauté — une touffe de fleurs sur une ruine. — La vieille au chef branlant nous fit demander si nous étions médecins, question bien naturelle à cet âge!

Je parlais tout à l'heure d'une bru de treize ans : on se marie jeune à Nazareth, trop jeune peut-être : la raison ne se forme pas aussi vite que le corps. Avec le despotisme musulman, la chose paraît avoir moins d'inconvénients. La séquestration et la force assurent les priviléges du mari. La liberté des unions chrétiennes a besoin d'un peu de sagesse : quand le mari vient avant la raison, le mariage n'est plus qu'un jeu d'enfant; on se boude sans motifs, on se quitte sans sujet, on se reprend sans réflexion : ici, une des plus graves occupations des prêtres, c'est de remettre la paix dans le ménage. Pour l'homme qui passe et qui regarde le monde comme un tableau, plus épris de la beauté que de la vertu, artiste plus que philosophe, rien n'est charmant comme ces jeunes mères au doux regard, au doux sourire, assises sur le seuil de la porte antique, et jouant à la poupée avec des enfants potelés et joufflus comme des chérubins.

Du reste, la beauté des femmes n'a pas le même caractère à Nazareth que dans les autres villes de la Palestine; ce n'est pas la sauvagerie provocante des femmes arabes; ce n'est pas non plus la simplicité et la grandeur biblique des femmes de Beit-Léhem. Mais les artistes du Nord, si souvent affligés dans le Midi de la nostalgie du blond, y retrouvent un type qui leur est plus sympathique et plus cher. Elles sont plus charmantes que belles, ces jeunes Nazaréennes, avec leurs lèvres minces, leur nez un peu trop fin, et leurs yeux confiants et timides à la fois. Elles portent des robes de tons clairs et de nuances *voyantes*, comme on dit dans je ne sais quel jargon barbare, des ceintures bleues ou violettes, qu'elles appellent *zonar*, et une mante noire, moins grande que le *massarah* de Beit-Léhem, et qu'elles ôtent et remettent à volonté. Elles vont toujours pieds nus, et, pour peu que l'on ait quelque compassion dans l'âme, on se sent fortement tenté d'enlever la pierre et la ronce du chemin, qui vont déchirer leurs membres délicats.

Il y a, dans la toilette de ces femmes, un détail trop caractéristique pour que j'aie le droit de l'oublier : c'est le tatouage, que l'on pratique ici avec une science profonde. Une couche légère de henné relève le rose de l'ongle : du reste, cela se voit partout : un second cercle entoure, comme un bracelet, les articulations mêmes du poignet, cela se voit encore autre part. Quant au visage, il est l'objet d'une étude toute particulière; pour lui, c'est la couleur bleue que l'on préfère : un pinceau fin et sûr, trace donc sur l'incarnat des lèvres une foule de petites divisions qui répondent à la séparation des dents, tandis que les *mouches*, également bleues, voltigent sur le visage et se posent aux endroits marqués par les traditions de l'élégance orientale, à peu près comme chez nous : l'*assassine* sur le front, la *provocante* au bord de l'œil et l'*engageante* au coin de la lèvre; ajoutez un collier de verroteries d'Hébron et une guirlande de piastres dans les cheyeux, et vous aurez une idée à peu près juste d'une jeune fille de Nazareth; il n'y manquera plus que l'animation de la vie, le charme de l'expression et l'éclair du regard.

J'ai pourtant rencontré, à Nazareth quelques types de la beauté brune, correcte et sévère. Une fois, entre autres, au seuil même de l'église de l'Annonciation, je vis une femme, sur le visage de laquelle je reconnus la beauté de l'Orient : c'était une pâle fiévreuse, tout amaigrie par le mal, et qui portait au temple, comme dans les anciens jours, une couple de colombes blanches.

Mais le mal lui-même n'avait pu effacer complétement l'empreinte du type originel, et l'on pouvait encore, à travers ses ravages, retrouver le fier profil, la courbe gracieuse et l'ovale un peu allongé de la plus pure race caucasique; mais l'œil immobile dans sa prunelle agrandie avait une fixité étrange et, malgré soi, l'on revenait toujours à ce beau visage, qui reposait déjà dans le calme de la mort.

Plus d'une fois nous sommes entrés dans des maisons où nous accueillait l'hospitalité confiante. Nous voyions avec je ne sais quel épanouissement d'âme, trop rare dans nos climats, une douceur affectueuse dans les relations qui de l'homme s'étendait jusqu'aux animaux; ici c'étaient la chèvre, le bœuf et la brebis admis dans l'intimité de la famille; parfois c'était l'oiseau du ciel entrant et sortant librement par la fenêtre sans vitres, tantôt un essaim d'abeilles, qui logeait ses rayons dans un trou du plafond, se suspendant aux poutres et aux solives, comme une grappe bourdonnante et parfumée.

Quand on dit aux femmes de Nazareth qu'elles sont belles—parfois on le leur dit—elles répondent modestement que c'est à la Vierge Marie qu'elles doivent leur beauté.

XIII

Les environs de Nazareth.

Le voyageur, touriste ou pèlerin, doit établir ses quartiers à Nazareth pour faire quelques excursions aux environs.

La première est celle du Mont-Thabor.

Le Mont-Thabor, que nous avons laissé sur notre droite en traversant la plaine de Jesraël, s'élève, comme un dôme de forme ovale, à peu près isolé dans la plaine ; il se soude vers le nord, et par des articulations presqu'invisibles, aux montagnes de la Galilée ; puis il s'avance vers le mont Hermon, avec lequel il forme un contraste frappant, par la douceur et la pureté de ses lignes, le charme de ses aspects, l'abondance et l'éclat de sa végétation.

Il faut trois ou quatre heures pour atteindre le sommet du Thabor.

C'est un plateau d'une demi-lieue de circonférence, légèrement incliné vers le couchant. Ce plateau, dans sa plus grande partie, est couvert d'arbres et de plantes odorantes, lierres grimpants, vertes yeuses, baumes, sauges parfumées et menthes sauvages. On désigne le *sud-est* du plateau, comme la partie de la montagne où le Christ s'est transfiguré.

« Jésus, prenant avec lui Pierre, Jacques et Jean son frère, les conduisit à l'écart sur une montagne élevée, et se transfigura devant eux. Son visage resplendit comme le soleil, et ses vêtements devinrent blancs comme la neige. En même temps leur apparurent Moïse et Elie, s'entretenant avec lui. Or Pierre dit à Jésus : « Seigneur, il nous est bon d'être ici : si vous voulez, faisons-y trois tentes, une pour vous, une pour Moïse et une pour Elie. » Il parlait encore, lorsqu'une nuée lumineuse les couvrit; et voilà qu'une voix sortit de la nuée, disant : « Celui-ci est mon Fils bien-aimé en qui j'ai mis mes complaisances, écoutez-le. » Et les disciples entendant, tombèrent la face contre terre et furent saisis de frayeur. Et Jésus s'approchant, les toucha et leur dit : « Levez-vous et ne craignez point. » Alors, levant les yeux, ils ne virent plus que Jésus seul. Et comme ils descendaient de la montagne, Jésus leur fit cette défense : « Ne dites à personne cette vision, jusqu'à ce que le Fils de l'Homme soit ressuscité d'entre les morts. »

Saint Pierre avait donc le droit de s'écrier : « Ce n'est point en suivant d'ingénieuses fictions, que nous avons fait connaître la puissance et l'avénement de Notre-Seigneur Jésus-Christ, mais après avoir été nous-mêmes les spectateurs de sa majesté. Nous avons entendu la voix qui venait du ciel, lorsque nous étions avec lui sur la montagne sainte. »

Le Thabor, avec ses flancs parés de fleurs et de verdure, avec les fontaines qui murmurent à ses pieds, et son sommet aplani comme la table des sacrifices, semble un autel que Dieu s'est dressé de ses mains, sous le dôme étincelant des cieux.

Le Christ n'éleva point trois tentes sur le Thabor, selon le vœu des apôtres, mais les chrétiens y ont élevé trois autels sous de petites voûtes qui les protégent.

Des sommets du Thabor, on découvre une des plus belles perspectives qui soient au monde ; vers le midi, l'œil plongeant à travers les cimes dentelées de Gelboé va se reposer sur les lignes bleuâtres de Juda et d'Ephraïm; à l'Ouest, le Carmel aux teintes sombres, ferme l'horizon, et cache la Méditerranée, qui mugit derrière son infranchissable barrière. Au nord, la Galilée tout entière s'étend devant vous, riante et fertile, s'abaissant en vallées profondes, et remontant graduellement jusqu'aux flancs de l'Anti-Liban et du grand Hermon qui porte au front une couronne de nuages et un diadême de neige éternelle; puis encore ce sont les déserts de l'Haouran, le lac de Tibériade, encadré dans les collines qui lui font comme une bordure ciselée; puis le fleuve sacré et la vallée du Jourdain, et enfin la plaine d'Esdrelon, dont le sol brûlant s'est abreuvé tant de fois du sang des nations.

Le Christ en descendant du Thabor, guérit un possédé. Raphaël a voulu comprendre ces deux sujets dans l'unité un peu complexe de son beau tableau de la *Transfiguration*. Raphaël a deviné le site vrai de la scène, qu'il reproduisait avec la sûreté de pressentiment qui fut un des traits de son génie.

Depuis le jour où il vit la gloire du Christ, le Thabor tient une place importante dans l'histoire de la Palestine. Les Arabes l'appellent aujourd'hui *Djeb-el-Nour*, « montagne de lumière. » Vraie montagne de lumière, en effet, dont la cime radieuse semble suivre partout le regard du voyageur dans la plaine d'Esdrelon. Flavius Josèphe, pendant la révolte des juifs, entoura de murailles le sommet du Thabor, d'où ces malheureux furent bientôt chassés. On voit encore les vestiges de la muraille de Josèphe. Trois cents ans plus tard, sainte Hélène y bâtit une église; au VIIIe siècle, on y trouve un couvent consacré à Moïse et à Élie. A l'époque des croisades, la montagne était couverte de cellules et peuplée de religieux. Le sultan Bibars tua et brûla beaucoup sur le Thabor. Aujourd'hui, les tabernacles du Thabor sont abandonnés aux bêtes fauves. Les croisés avaient bâti, sur la montagne, un château pour les pèlerins, qu'on appelait le *château du Fils de Dieu.* Les Sarrasins le détruisirent, prétendant qu'ils ne pouvaient, dans son voisinage, semer ni moissonner en sûreté.

Nous retrouvons le Thabor dans nos annales, à une date beaucoup plus récente.

En 1799, pendant que l'armée française était occupée au siége de Saint-Jean-d'Acre, les populations indigènes se soulevèrent et prirent les armes. On envoya des colonnes expéditionnaires pour les soumettre et s'opposer à l'armée turque, qui accourait de Damas. Trois mille Français, commandés par Kléber, attaquèrent trente mille musulmans. On se battait depuis cinq heures; lutte inégale du courage et du nombre. Un coup de canon retentit sur les hauteurs de Nazareth : c'est Bonaparte ! les Musulmans éperdus sont enfermés dans un cercle de fer et de feu, et, bientôt, le jeune général date un de ses merveilleux bulletins du Mont-Thabor. Nous sommes d'un pays où l'on comprend la solidarité de la gloire ; la grande ombre vaincue des croisés dut tressaillir, consolée dans sa mort, par ce courage heureux et par ce fier exploit qui vengeait leur revers.

On trouve dans les fourrés du Mont-Thabor des chacals, des onces et des léopards, des faucons blancs et de grands aigles volant d'un rocher à l'autre, tandis qu'à ses pieds, dans la clairière de bois, paissent innocemment des troupeaux de daims rouges.

Quand on va du Mont-Thabor au lac de Tibériade, on atteint bientôt le petit village d'*El-Sabt*, sur l'emplacement de l'ancienne ville chananéenne de Béthanath. A partir de ce village, on aperçoit, de temps en temps, les roches volcaniques qui soulèvent la terre et percent la mince écorce du sol, préludant ainsi aux scènes de désolation et de grandeur sauvage qui entourent la mer de Tibériade.

Nous traversons maintenant la plaine d'Hittin, si douloureusement célèbre dans l'histoire de nos défaites.

C'était à la fin du XIIe siècle : les chrétiens s'étaient amollis dans la victoire. La dissension s'était mise dans leur camp; Saladin, à la tête de quatre-vingt mille musulmans, avait franchi le Jourdain et s'avançait vers Tibériade. Guy de Lusignan, roi de Jérusalem, vint à sa rencontre. On se choqua au pied de la colline d'Hittin. L'avant-garde était commandée par le comte de Tripoli. Les barons et seigneurs de la Terre-Sainte, avec leurs chevaliers, étaient placés sur les ailes; le roi de Jérusalem marchait au centre, avec un corps d'élite qui escortait la vraie croix; les chevaliers du Temple et les Frères de Saint-Jean-de-Jérusalem formaient l'arrière-garde.

Le roi se troubla dès la première attaque, et prononça ces mots de fâcheux augure : « Hélas! hélas! tout est fini pour nous, nous sommes tous morts, et le royaume est perdu! »

La chaleur était accablante; la disette d'eau faisait cruellement souffrir le soldat : il avait épuisé, selon la belle parole de l'historien arabe, jusqu'à l'eau de ses larmes; demain, disaient-ils, nous aurons de l'eau avec nos épées! Pendant la nuit, Saladin fit mettre le feu aux broussailles et aux herbes sèches. On enferma les chrétiens dans un incendie. L'action du lendemain fut décisive. Au commencement, les croisés se battirent comme des lions, à la fin, ce fut un troupeau de brebis dispersées. Le combat fut rude partout; il fut héroïque autour de la croix. Plus d'une fois les musulmans, victorieux partout, plièrent devant la sainte relique. — « Faites mentir le diable! » s'écriait Saladin. — « Ils fuient! ils fuient! » disait son fils. — « Tais-toi, tais-toi, reprenait le Sultan, ils ne seront vraiment vaincus que lorsque le pavillon du Roi tombera. » Le pavillon du Roi tomba; l'évêque de Ptolémaïde tomba aussi avec la croix qu'il portait. Ce fut la fin de tout: la croix fut prise, le croissant victorieux et la déroute complète. Saladin descendit de cheval et rendit grâces au ciel : il était maître de la Palestine.

Ici, tous les souvenirs se mêlent, et sur cette montagne d'Hittin, témoin de la défaite des chrétiens, le Christ lui-même prononça une de ces paroles qui devaient changer la face du vieux monde : je veux parler du sermon des *Béatitudes*, que l'on appelle aussi le *Sermon sur la montagne.*

« Bienheureux les pauvres en esprit, parce que le royaume des cieux leur appartient.

« Bienheureux ceux qui sont doux, parce qu'ils posséderont la terre.

« Bienheureux ceux qui pleurent, parce qu'ils seront consolés.

« Bienheureux ceux qui ont faim et soif de la justice, parce qu'ils seront rassasiés.

« Bienheureux les miséricordieux, parce qu'ils obtiendront miséricorde.

« Bienheureux ceux qui ont le cœur pur, parce qu'ils verront Dieu.

« Bienheureux les pacifiques, parce qu'ils seront appelés enfants de Dieu.

« Bienheureux ceux qui souffrent persécution pour la justice, parce que le royaume des cieux leur appartient. »

Les grandes scènes de la vie du Christ se sont toujours passées sur les montagnes. C'est sur une montagne qu'il a jeûné quarante jours, et qu'il a été tenté par le diable; c'est sur une montagne qu'il a institué l'Eucharistie, qu'il a pleuré Jérusalem, qu'il fut transfiguré et qu'il est mort; c'est sur une montagne qu'il a pris congé des disciples et des apôtres pour retourner au ciel; c'est sur une montagne qu'il reviendra au dernier jour pour juger les hommes.

Le sommet de l'Hittin présente comme une double pointe que l'on nomme les cornes de l'Hittin. On trouve en montant deux plateaux superposés : le plus élevé, qui n'a que trois cents pas de circonférence, est celui sur lequel Jésus a prononcé le sermon des Béatitudes. Les traditions rapportent qu'il était tourné vers le Thabor. C'est encore sur cette montagne que le Christ choisit ses apôtres, et qu'il leur apprit cette prière, la prière par excellence : « Notre Père qui êtes aux cieux, » qui met chaque jour des accents sublimes dans des millions de bouches ignorantes.

On traverse lentement et tristement la plaine d'Hittin, au milieu des orges malingres et des avoines sauvages qui poussent avec la bruyère.

C'est à l'extrémité orientale de la plaine d'Hittin que se trouve le beau lac de Gennézareth.

Le calme de ses eaux—une nappe d'azur immobile, inondée de lumière étincelante—contraste avec l'âpre sévérité de ses rives, cratère de volcan, semées de rochers et de laves.

Autour de cette mer, des villes nombreuses ont

fleuri, il n'en reste plus que des ruines : c'était Corozaïm qui ferma l'oreille à la parole du Christ ; c'était Capharnaüm, sur ce promontoire vert, où de grands arbres mirent leur front superbe dans les eaux ; c'était Magdale, première patrie de cette belle et tendre Marie, et qui lui donna son nom de Madeleine, quand elle vint demeurer à Béthanie; c'était Bethsaïde, patrie de Simon-Pierre et d'André ; c'était enfin Tibériade, la ville d'Hérode-Antipas, qui voulut ainsi élever un monument éternel de sa reconnaissance envers Tibère. Le site était charmant et d'une fécondité merveilleuse; la terre portait toutes les plantes et réunissait les produits de tous les climats, depuis le noyer des terres froides jusqu'au palmier ami des sables brûlants ; les saisons semblent s'y réunir plutôt que s'y succéder, et la plupart de leurs fruits se conservaient toute l'année: à l'est, un lac poissonneux la mettait en rapport avec la basse Syrie, à l'ouest, elle était abritée par des collines fertiles, et dans ses environs on trouvait des eaux thermales, cette nécessité de la vie antique.

La mémoire de Tibère protégea mal Tibériade contre les Romains ; elle fut ruinée sous Vespasien.

Après la prise de Jérusalem par Titus, les docteurs juifs se retirèrent à Tibériade, où ils fondèrent une école célèbre, d'où sortirent plus tard la *Mischa*, qui est le texte du *Talmud*, et la *Massora*, qui veut être la critique de la Bible. Tibériade, comme Jérusalem, Hébron et Sased, est considérée par les juifs comme une ville sainte. Eux seuls eurent le droit de l'habiter jusqu'au règne de Constantin. C'est sous le règne de ce prince que l'on découvrit dans le trésor des juifs l'Évangile de saint Jean, et les *Actes* des apôtres traduits du grec en hébreu, ainsi que l'Évangile de saint Matthieu dans son texte hébreu.

L'ancienne ville s'étendait entre le lac et les montagnes.

On découvre, sur un emplacement considérable, des fondements d'édifice, des débris nombreux et variés, et quelques beaux tronçons de colonnes d'architecture gréco-romaine. La ville nouvelle s'avance un peu plus vers le nord. Un tremblement de terre l'a renversée en 1837; c'est à peine si elle commence à se relever.

Le lac de Tibériade, que l'on appelle aussi lac de Génézareth ou mer de Galilée, a cinq lieues de long et deux de large: il se ressent de la dépression de la vallée du Jourdain et son niveau est inférieur de plus de six cents pieds à celui de la Méditerranée. Ce beau lac s'endort sur un lit de sable, que les volcans bouleversent de temps en temps dans leurs catastrophes tumultueuses: on trouve de nombreuses espèces de poissons dans ses eaux limpides et douces.

Le Christ a fécondé de ses enseignements divins les belles rives de la mer de Galilée: de ses pêcheurs grossiers il fit des pêcheurs d'hommes; tour à tour il se promena sur ses flots tranquilles, ou apaisa leurs tempêtes d'un geste de sa main; il y chassa les démons, il y guérit les malades, il y nourrit tout un peuple avec cinq pains innombrablement multipliés, et il y prononça des mots que nous méditons encore : « Il y a des tanières pour les renards et des nids pour les oiseaux du ciel, mais le Fils de l'homme n'a pas où reposer sa tête ! »

Quinze villes, comme une ceinture vivante, pressaient jadis les flancs du lac de Tibériade ; on n'en retrouve pas toujours les traces.

Etiam periere ruinæ !

L'antique végétation a perdu sa splendeur et son éclat, et l'on ne voit plus aujourd'hui que quelques rares palmiers, des roseaux et des lauriers-roses dont l'ombre fait mourir.

Magdala n'est plus habitée que par des colombes qui donnent leur doux nom à sa petite vallée « *Wadi-hama.* »

Quand le Jourdain a quitté les belles eaux du lac de Tibériade, il se creuse un lit de pierre, où il coule avec fracas, puis il va s'ensevelir au loin dans le bitume, le soufre et la fange.

Quand on a quitté les *Cornes d'Hittin* et les blocs de basalte noir, appelés les *douze trônes,* que sainte Hélène fit apporter sur l'emplacement traditionnel de la multiplication des pains, on s'avance à travers des campagnes aussi fertiles que peu cultivées, où le découragement du Fellah recueille à peine de quoi ne pas mourir de faim ; on arrive, après trois heures de marche, au *champ des épis,* où les disciples scandalisèrent la conscience timorée des Pharisiens, parce qu'ils avaient arraché quelques épis le jour du sabat. Ce champ est tout près du petit village de *Torran*, et à trois quarts de lieues de Cana.

Cana est bâti en amphithéâtre sur une petite éminence qui est comme le centre d'un horizon de collines.

Le miracle de Cana est dans toutes les mémoires : ce fut la première manifestation éclatante de la gloire de Jésus. On voit encore les ruines d'une grande et belle église, construite sur l'emplacement de la maison où les noces furent célébrées. Les six urnes de pierres conservées longtemps sur les lieux, furent transportées en Occident pendant les *Croisades*. Une d'elles, fut longtemps gardée dans l'abbaye de Port-Royal—ce qui n'empêche pas les moines grecs, de les montrer encore *toutes les six* au voyageur — la fontaine où l'on puisa l'eau du miracle est à deux cents pas de Cana : la source est reçue dans trois bassins de pierre.

Une route onduleuse, à travers des montagnes crayeuses et nues, vous mène en deux heures au village de Séphoris. On trouve à mi-chemin la fameuse fontaine de Séphoris, près de laquelle les rois de Jérusalem rassemblaient leurs armées quand ils préparaient une expédition contre la Syrie. Les croisés s'y désaltérèrent plus d'une fois, et Kléber y campa la veille de la bataille du Mont-Thabor.

Séphoris n'a pas de souvenirs bibliques, mais ce fut la patrie de sainte Anne et de saint Joachim, les parents de la Vierge. On y voit encore les belles ruines d'une église à trois nefs, sous l'invocation de sainte Anne. Ces ruines, comme celles de l'église de Cana, appartiennent aux Franciscains, et portent les armes de leur couvent, la croix de gueules, potencée et cantonnée de quatre petites. Le chœur de l'église est entouré de débris de murailles et de tronçons de colonnes renversées. Les Musulmans ont encombré la nef de petites masures misérables. Les Arabes de ce village sont durs et inhospitaliers pour les chrétiens, ce sont les plus farouches que j'aie rencontrés dans la Palestine.

Nous arrivâmes à Séphoris vers deux heures de l'après-midi, après une longue et pénible marche, par un de ces soleils torrides qui vous dessèchent le gosier.

. . . . . Cum spuit ore viator
Aridus. . . . .

L'air était embrasé. On respirait du sable chaud, et il *faisait si soif*, que cette fois encore Cléopâtre eût offert sa couronne pour une coupe fraîche — une perle pour une goutte d'eau !

Une femme passa, portant sur sa tête vaillante une de ces gracieuses amphores, comme on les voit, dans les tableaux bibliques, entre les mains de Rébecca à la fontaine.

— Un peu d'eau ! demanda une voix défaillante.

On dit que la femme est naturellement bonne : et

pour mon compte je l'ai toujours cru, celle-ci approcha la coupe des lèvres altérées.

— Pourquoi, dit une voix rude — une voix d'homme — pourquoi donnes-tu à boire à un chien de chrétien ?

— Et toi, répondit le chrétien qui savait assez bien l'arabe, pourquoi m'insultes-tu ? Ne sais-tu point qu'il faut donner à boire à tous ceux qui ont soif ? L'eau ne se refuse point au désert... Que ta gorge se dessèche !

Cette dernière phrase est une imprécation arabe qui paraît terrible à des gens qui ont toujours envie de boire. Le Bédouin entra en fureur; il poussa un cri d'alarme, et bientôt tout le village fut sur pied. On prit fait et cause pour le délinquant : il plut des pierres; et il nous fallut opérer un mouvement de retraite sous la mitraille des femmes, des enfants et de ces quelques drôles qui sont toujours, à Séphoris comme ailleurs, du parti de ceux qui battent les autres.

Notre premier soin, en rentrant à Nazareth, fut de porter plainte près de l'agent consulaire qui représente la France.

Je l'ai déjà dit : Kobroussy est fils d'un capitaine de l'empire aux mamelouks d'Égypte, et frère d'un soldat mort en Afrique. Il prit notre affaire à cœur, et nous proposa de nous mener chez le naïb — sorte de juge de paix — pour faire nous-mêmes notre déposition devant lui. Nous n'eûmes garde de refuser; c'était une trop précieuse occasion d'avoir un échantillon de la justice turque.

Il était déjà tard : nous n'en fûmes pas moins admis immédiatement auprès du juge. C'était un beau vieillard à cheveux blancs, dont l'œil noir et vif pétillait sous un épais sourcil grisonnant. Il était assis, ou plutôt accroupi dans le coin de son divan, sur une pile de carreaux, fumant délicatement le vingtième tchibouck de la journée. Nous nous répandîmes autour de lui, en des poses diverses, sur les nattes et sur les coussins.

Le naïb nous écouta dans un impassible silence. Quand nous eûmes fini, il posa solennellement l'index de sa main droite sur ses lèvres, et parut un instant livré à des réflexions profondes.

Il appela son greffier.

Celui-ci, plus vieux encore, accourut d'un pas tremblant, s'agenouilla au milieu du divan, posa une paire de besicles sur un nez *accentué*, tira de sa ceinture une écritoire qui contenait avec l'encre le papier et les plumes, et écrivit quelques lignes chevrottantes, sous la dictée du naïb : celui-ci trempa son anneau dans l'encre, l'apposa, en guise de seing, au bas du papier qu'il remit tout ouvert à deux cavaliers éperonnés.

Puis, nous congédiant de la main, avec cette dignité superbe et un peu théâtrale qui n'abandonne jamais tout à fait les Orientaux, il nous donna rendez-vous pour le lendemain à midi.

Le lendemain, toute la ville de Nazareth était en émoi. Une escorte de cavaliers venait d'amener à la prison dix Cheikhs du village de Séphoris. Je noterai en passant, et comme trait de mœurs, qu'on les avait conduits d'abord à la mosquée pour faire leurs prières — c'était un vendredi, et le vendredi est, comme on sait, le dimanche des Musulmans. — A midi, nous entrions dans le divan transformé en salle d'audience. Le naïb nous fit asseoir derrière lui : on nous apporta du café et des pipes.

Bientôt on introduisit les dix prévenus : c'étaient dix hommes d'un âge mûr, graves comme des statues, et incapables vraiment de jeter des pierres aux passants. Je me permis de faire observer à Son Excellence qu'elle n'avait devant les yeux aucun des délinquants de la veille.

— Que voulez-vous ! répondit le naïb, il faut pourtant bien prendre quelqu'un... et puisque vous ne connaissez pas les autres, ceux-ci payeront à leur place.

Cette façon d'interpréter le dogme mystérieux de la réversibilité humaine ne laissait pas que de troubler un peu ma conscience naturellement timorée — pas comme celle des Pharisiens -- mais on ne raisonne point avec un juge sur son siége. Celui-ci adressa aux dix malheureux accroupis devant lui un discours foudroyant. Il leur reprocha amèrement l'énormité de leur crime vis-à-vis d'une nation amie de *notre seigneur le Sultan*... Il parla de la grandeur de la France et de bien d'autres choses encore, que notre consul écoutait avec des signes de visible approbation.

Cependant, un des Cheikhs accusés, profitant du moment où l'éloquent orateur, légèrement suffoqué, s'arrêtait pour reprendre haleine, lui tint à peu près ce langage :

— Magnanime Cadi, tu parles comme le Koran, c'est certain ; mais pourtant que Ton Excellence considère que nous ne savons pas encore au juste de quoi il s'agit. Nous dormions tranquillement cette nuit dans nos maisons, quand tes cavaliers sont venus nous prendre : on a jeté des pierres aux seigneurs chrétiens : c'est mal... Si les seigneurs chrétiens nous reconnaissent, qu'on nous punisse... Ils sont là, qu'ils parlent ! Sinon, qu'on nous renvoie.

Je n'aurais trop su, je l'avoue, que répondre à cela, mais le naïm est un plus grand clerc ! Puisant donc une nouvelle énergie dans la contradiction, il reprocha aux habitants de Séphoris tous leurs méfaits passés, et, entre autres choses, le peu de soin qu'ils mettaient à surveiller leurs femmes et leurs enfants.

— Pour moi, magnanime Cadi, reprit le plus jeune des accusés, je suis célibataire et je n'habite Séphoris que depuis fort peu de temps.

— Il ne fallait pas y venir, reprit le juge impatienté, voilà ce que c'est que de fréquenter les méchants...

Et, pour éviter toute discussion oiseuse, il déclara les débats terminés ; et, après avoir consulté le prophète, dans un recueillement de quelques minutes, il condamna les dix Cheikhs présents à dix jours de prison et à *quatre-vingts coups de bâton.* Les dix Cheikhs se levèrent, saluèrent le Cadi et ne prononcèrent que ces seuls mots : « Dieu est grand ! qu'il soit fait à son plaisir! » On les ramena en prison.

— Eh bien! êtes-vous contents, et que direz-vous de moi en France? fit le juge en se retournant vers nous.

— Que tes jugements égalent ceux de Salomon, et que nous voulons savoir ton nom pour le dire à nos amis qui le rediront aux leurs.

— *Cheikh-Amîn-Effendi*, répond-il en s'inclinant avec une grâce pleine de majesté.

— Eh bien! Cheikh-Amîn-Effendi, tu as fait éclater ta colère contre les méchants : c'est bien! laisse-nous maintenant faire éclater notre générosité envers des malheureux. Nous sommes les fils d'un Dieu qui pardonne; remets la peine aux condamnés.

— J'y consens! dit le Cheikh. Cela dépend de vous: signez la grâce.

Nous signâmes.

— Et les frais? demanda le greffier.

— Vous savez bien, greffier, qu'on ne fait jamais grâce des frais, répondit le juge incorruptible.

Le soir même, les Cheikhs rentraient à Séphoris après une assez chaude alerte; mais notre dernier souvenir en Palestine était, du moins, un souvenir de clémence et de pardon.

Le lendemain, nous quittions Nazareth et nous prenions la route du mont Carmel. C'est une journée de marche.

XIV

Le Carmel.

Arrivés sur les dernières hauteurs des montagnes de Galilée, et avant de redescendre dans la plaine d'Esdrelon, nous aperçûmes dans le lointain un miroitement bleu, qui paraissait et disparaissait tour à tour, suivant les caprices du terrain : un éclat humide, une pointe de rayon renvoyée en éclairs brisés, des étincelles mouillées.

C'était la mer Méditerranée, éclatante sous le soleil. Je ne saurais dire avec quelle joie nous découvrîmes cette mer, dont les flots lointains avaient baigné la France.

De mon pays ne me parlez-vous pas ?

Nous nous arrêtâmes un instant pour la contempler, la poitrine dilatée, comme si ses brises fraîches eussent pu parvenir jusqu'à nous.

Un instant après, nous nous retrouvions dans la plaine d'Esdrelon qui passe entre le col des montagnes, au sud-ouest des monts de la Galilée, au nord-est du Carmel.

A mesure que l'on approche de la mer, on trouve la campagne mieux cultivée, et l'on ressent déjà comme une influence européenne. Des bois nombreux et assez petits entrecoupent la plaine ; parfois, des héritages plantés d'arbres drus, et défendus par des fossés bordés de doubles haies, donnent au paysage je ne sais quel aspect normand.

Mais bientôt la plaine s'étend de nouveau sous vos pas, sans obstacles comme sans limites. Les croupes onduleuses du Carmel se détachent en teintes sombres avec un relief vigoureux.

Nous franchissons une dernière fois le Cison desséché, dans son lit ombragé de lauriers roses et de roseaux géants, à l'endroit où Déborah — encore une femme forte ! — entonna son chant de victoire.

Déborah exerçait alors la suprême magistrature. Elle fit venir Barac de la tribu de Nephtali et lui dit :

« Jehovah te dit : Conduis l'armée d'Israël sur le Mont-Thabor. Tu prendras avec toi dix mille combattants des fils de Nephtali et des fils de Zabulon. Je t'amènerai vers le torrent de Cison, Sisarah, général de l'armée de Jabin, et ses chariots et toutes ses troupes, et je les livrerai en tes mains. »

« Écoutez, rois, princes, prêtez l'oreille ; c'est moi, c'est moi qui chanterai un cantique au Seigneur, qui consacrerai des hymnes au Seigneur, le Dieu d'Israël.

« Jehovah, lorsque tu es sorti de Seir, lorsque tu es venu des champs d'Edom, la terre a tremblé, les cieux se sont fendus et les nuées ont versé des eaux.

« Les chefs d'Israël avaient défailli, mais je me suis levée, moi, Déborah ; je me suis levée, moi, mère d'Israël.

« Lève-toi, lève-toi, Déborah ! lève-toi, chante un cantique ; lève-toi, Barac, et emmène tes captifs, fils d'Abinoïm.

« Les rois sont venus, ils ont combattu... ils n'ont pas emporté de butin...

« Le ciel aussi a combattu, les étoiles, de leurs routes dans les cieux, ont combattu contre Sisarah.

« Le torrent de Cison a roulé leurs cadavres... O Déborah, foule aux pieds les braves. »

..... Puis un trait plein de force et de grâce en même temps, comme Pindare serait heureux de le rencontrer dans ses élans sublimes, termine ce tableau lyrique.

« Bénie soit, entre les femmes, Jahel, épouse d'Haber ! qu'elle soit bénie ! Sisarah lui demandait de l'eau; elle lui présenta du lait dans un vase riche et digne d'un prince. Puis elle prit un clou de la main gauche, de la main droite un marteau d'ouvrier, et, choisissant sur la tête de l'ennemi la meilleure place, elle frappa courageusement Sisarah et lui perça les tempes. Il succomba, il perdit sa force, il mourut à ses pieds ; il était étendu devant elle, il gisait misérable et sans vie. Cependant, sa mère soupirait en regardant par la fenêtre de sa chambre, et elle disait : « Pourquoi son char tarde-t-il à revenir ? D'où vient que les pieds de ses chevaux sont si lents ? Une des femmes de Sisarah, plus sage que les autres, répondit à sa belle-mère : Peut-être il partage en ce moment les dépouilles, et on lui choisit la plus belle d'entre les captives; on lui donne pour butin des vêtements de diverses couleurs, et on lui réserve de précieux ornements qui brilleront sur sa poitrine. »

Et, sans daigner même démentir cette joie trompeuse et cette vaine espérance, le poëte inspiré reprend...

« Qu'ainsi périssent tous vos ennemis, Seigneur, et que vos amis resplendissent comme le soleil dans l'éclat de son lever ! »

Nous traversâmes de nuit l'antique Caïpha, où nous attendaient pour le retour, ou pour de nouveaux voyages, les vaisseaux de Turquie et d'Egypte, et conduits par nos chevaux au pied sûr, à travers une route de rochers et de précipices, nous arrivâmes enfin au couvent du mont Carmel, où se terminent les Pèlerinages de Terre-Sainte.

Il serait difficile de mieux finir.

Le lendemain nous offrit une vue charmante au réveil.

Nous étions dans le beau couvent des Carmes, au sommet de la montagne projetant sa grande ombre sur les flots immobiles, qui prennent au matin les nuances pâles et glauques des émeraudes transparentes. Nous fîmes dans la montagne une excursion matinale; tout était calme, fraîcheur, solitude et silence. Les grands arbres au feuillage vigoureux, laissaient tomber, comme une pluie, de larges gouttes de rosée brillante, tandis que des plantes aromatiques, écrasées sous nos pieds, s'élevaient des bouffées de senteurs pénétrantes; cependant à mesure que nous avancions, le canal semblait reculer en horizons indéfinis, profilant devant nous les grandes lignes de sa beauté sévère. Je me rappelai la parole de l'Écriture: « Je lui donnerai la beauté du Carmel et la gloire du Liban. »

Le Carmel fut regardé de tout temps comme une montagne sacrée. Pythagore, vint souvent y rêver à l'harmonie des nombres, et y méditer les pures maximes des *Vers dorés;* Vespasien y demanda des conseils au prêtre Basilide: il n'y avait alors ni temple ni statues sur la montagne, mais seulement un autel, et comme dit Tacite: « La vénération du lieu. » Les païens l'avaient divinisé, comme toutes leurs admirations, et Suétone parle quelque part du *Dieu-Carmel.*

Les prophètes ont toujours désigné le Carmel comme un lieu de délices: ils trouvent pour le louer les expressions les plus délicates et les formes les plus exquises... C'est au Carmel que l'on compare, dans le Cantique des cantiques, la tête charmante de l'Épouse. « Ta tête est comme le Carmel, et ta chevelure comme le diadème des rois! »

Souvent les Hébreux vinrent sur le Carmel pour y adorer Dieu. Il fut longtemps la demeure des prophètes. C'est là que se retirèrent, avec leurs disciples, Elie et Elisée, préludant au recueillement austère des anachorètes chrétiens et donnant au monde comme un avant-goût de ce spiritualisme détaché de la terre, qui se complaît dans les rêveries mélancoliques et ne veut nourrir son âme que d'espérances immortelles.

Le prophète avait une existence à part au milieu du peuple juif. C'était un sage, menant une vie retirée et contemplative, un patriote qui rappelait au peuple oublieux le texte de la loi et le respect des institutions antiques, enfin un envoyé de Dieu, protestant contre les crimes des grands et l'impiété de tous, et annonçant les gloires et les malheurs de l'avenir. Avec quelle liberté d'esprit et quelle sublimité de paroles, la Bible — le livre des livres — est là pour le dire !

Elevés au-dessus de ce monde et soutenus par la main de Dieu, ils découvraient, comme on fait en montant, le plan des horizons successifs, incessamment reculés devant leurs yeux, et dans ces visions ardentes et lumineuses, qui les faisaient passer à travers des sphères inconnues, leur imagination se revêtait de formes splendides, et leurs lèvres, touchées par les charbons embrasés des chérubins, trouvaient des accents surhumains pour exprimer la pensée même de Dieu et les secrets de l'éternité. Les villes tremblaient en voyant venir à elles ces pieds nus, ces visages pâles aux yeux sombres et ces robes funèbres ; elles aimaient et elles redoutaient tout à la fois ces prédicateurs patriotes qui vengeaient les opprimés, mais qui vengeaient Dieu, et qui n'épargnaient pas plus les peuples que les rois !

La plupart de ces prophètes vivaient dans les grottes du Carmel : l'isolement de la montagne leur faisait oublier la terre ; sa sérénité les rapprochait du ciel.

Le plus célèbre de ces prophètes fut Élie.

La principale grotte du Carmel porte son nom. C'est une salle carrée, haute et vaste, taillée de main d'homme et regardant la mer; non loin de là, sur la pente embaumée, entre les arbres toujours verts, jaillit une fontaine qui retombe dans des bassins de roc vif. Plus de deux mille grottes sont ainsi creusées dans les flancs du Carmel.

C'est sur le Carmel, qu'Élie confondit les prêtres de Baal; et, quand il eut été ravi au ciel dans un char de feu, c'est encore sur le Carmel que se retira son disciple Elisée.

Dès le premier siècle de notre ère, des anachorètes chrétiens, successeurs des anciens prophètes, et comme eux dévorés du zèle de Dieu, vinrent peupler le Carmel. Ils y construisirent une chapelle sous l'invocation de la Vierge ; on croit aussi que sainte Hélène y fit bâtir une église.

Le moyen âge eut ses couvents sur le Carmel; bientôt le Carmel et les Carmélites se répandirent dans les sites poétiques et sauvages de l'univers chrétien, cherchant le silence et pratiquant la charité.

En 1825 — j'arrive aux mauvais jours — Abdallah, pacha de Saint-Jean-d'Acre, renversa de fond en comble le couvent du mont Carmel, et avec les matériaux se bâtit un palais d'été.

La France réclama.

Le sultan rétablit les Carmes dans leurs anciens droits et ordonna au pacha de rebâtir le couvent à ses frais. Il eût fallu peut-être attendre bien longtemps. Le frère Jean-Baptiste et le frère Charles parcoururent l'Europe; Paris, Londres, Vienne et Berlin les virent tour à tour, « fins comme des serpents et simples comme des colombes ; » ils avaient pour eux le charme et la persuasion, ils eurent bientôt le succès. La charité ingénieuse organisa le plaisir pour les mieux servir. On dansa et on chanta pour eux ; pour eux, les mains les plus aristocratiques et les plus fines demandèrent le louis d'or du banquier, le denier du pauvre et l'obole de l'artiste. Ils revinrent au Carmel avec une moisson abondante. A ces ressources matérielles, apportées de l'Europe, ils joignirent la volonté forte et l'inébranlable patience, sans laquelle, en Orient, on ne peut rien. Ils firent les ouvriers avant de faire la maison, devenant eux-mêmes architectes, maçons et tailleurs de pierre, et aujourd'hui, sur la dernière pointe du Carmel, s'élève enfin, comme le donjon du christianisme, un couvent fortifié et parfaitement disposé pour la résistance : les portes sont revêtues de fer, défendues par un flanquement et des feux de protection ; on a ouvert dans toutes les directions des créneaux et des meurtrières, et, comme on dit en langage militaire, la terrasse est défilée des hauteurs qui la dominent. Jamais la paix ne s'est entourée d'un appareil plus guerrier. Cette forteresse est un couvent : cette citadelle n'est défendue que par une douzaine de Carmes déchaux.

L'église du mont Carmel est assez belle. Le chœur est bâti sur la grotte même d'Élie. Cette grotte est également vénérée par les Turcs et par les Druses, par les Grecs et par les latins. Les moines l'ouvrent, avec une parfaite courtoisie, aux pèlerins de toutes les communions.

Nous y avons vu un jour un cortége de Druses, de deux ou trois cents personnes; les hommes, coiffés du turban blanc, et les femmes de la corne d'argent. Des joueurs d'instruments ouvraient la marche: « Votre cœur sera dans la joie, comme au jour où vous allez, au son des instruments, à la montagne du Seigneur. » Une troupe de jeunes hommes et de beaux enfants traînait à sa suite une vieille sorcière, contrefaçon dérisoire des sibylles antiques ; ses jambes nues et ses bras décharnés étaient couverts d'anneaux de cuivre, et elle portait des amulettes aux oreilles et des talismans sur sa poitrine, autour d'un cœur d'argent. C'est à peine si les plus sages purent l'arracher à l'empressement compromettant de cette jeunesse folle. La pauvre vieille alla s'asseoir sur une pierre de la terrasse, pendant que les pèlerins, entrant dans l'église, faisaient leurs dévotions à la grotte du prophète Élie.

Nous passâmes au mont Carmel des heures rapides et douces, au sein d'une hospitalité aimable; la générosité de l'Orient et la grâce de la France. Nous y retrouvions, du reste, tous les souvenirs de la patrie, et, pendant que nous reprenions des forces pour de nouveaux voyages, nous avions sous nos yeux les tertres funèbres de nos morts de 1799, abrités dans leur repos éternel, comme nous-mêmes dans notre repos d'un jour, par les plis mouvants du drapeau de la France. Pour les morts comme pour les vivants, le drapeau, c'est la Patrie.

FIN.

RENSEIGNEMENTS PRATIQUES

POUR LE VOYAGE.

Passe-port. — Le passe-port est, comme on sait, le préliminaire indispensable de tout voyage. C'est à la *Préfecture de police* qu'il faut demander ce passe-port, dont le prix est de 10 fr.; on doit ensuite le faire viser au ministère des affaires étrangères. Ce passe-port est indispensable pour sortir de France; il faut le faire viser au port d'embarquement et l'envoyer la veille à l'officier de bord. C'est, nous le répétons, une formalité indispensable; elle est gratuite. Il est également prudent de demander un *visa* à l'ambassade ottomane, bien qu'en général on vous laisse circuler assez librement dans toute la Syrie. Si l'on tient à être en règle avec tout le monde, il faut, en arrivant à Jérusalem, demander un *laissez-passer* au Pacha, qui vous l'accorde très-gracieusement pour tout le pays.

Argent, vêtements, armes, équipement, précautions, provisions. — Les billets de banque n'ont pas cours; les lettres de crédit ne trouveraient pas à qui s'adresser. L'argent perd au change, l'or seul est bon. Il en faut apporter le plus possible!

L'unité monétaire de la Syrie est la *piastre*. Le change n'a pas un taux égal et unique pour tout l'empire : à Jérusalem, en 1853, le *Napoléon* de 20 fr. valait 92 piastres, à Beyrouth 95, à Smyrne 99, à Constantinople 120. La piastre se subdivise en *paras;* douze paras font un sou (5 centimes).

Comme vêtement, prenez surtout des étoffes de laine, de la laine partout; de grands vêtements très-amples, blancs; chapeau de feutre recouvert d'une étoffe blanche. Portez des armes apparentes, des armes à feu; le fusil à deux coups est très-redouté des Arabes. Ne vous embarrassez pas de bagages; vous trouverez à Jérusalem tous les effets nécessaires à vos campements, demandez-les au bazar de M. Schembri. Tous les trajets se faisant à dos de cheval ou de mulet, il est bon d'avoir une selle de France avec un faux panneau, autrement l'Arabe ne mettrait pas votre selle sur son cheval. La selle arabe est pour l'Européen un véritable instrument de supplice.

Vous trouverez à Jérusalem, à prix modérés, le rhum, l'eau-de-vie, le thé, le sucre et le café. Ce sont des stimulants nécessaires au milieu des fatigues du voyage, et de puissants réactifs contre l'énervement produit par le climat.

La pharmacie est la partie la plus négligée à Jérusalem comme dans tout l'Orient.

Il sera bon d'emporter :

1° De l'arnica suisse pour les coups et blessures;

2° De l'alcali volatil, remède énergique contre la piqûre des serpents;

3° Enfin, du sulfate de quinine en poudre (les pillules se dessèchent trop vite.)

Les fièvres sont fréquentes en Orient, *coupez* dès le premier accès. La *médecine* expectante n'a jamais rien valu en voyage.

Le départ, bateaux à vapeur, chevaux et mulets, escorte, nourriture, indications diverses. — Ainsi muni de toutes vos provisions et le passe-port en règle, vous arrivez à Marseille.

La compagnie des *Messageries-Impériales* vous transporte à Jaffa en douze ou treize jours.

Voici le tarif des passages :

1re Classe	493 fr.
2e Classe	314
3e Classe	211
4e Classe	133

Nourriture. — Dans les tarifs de passage ne sont pas compris les frais de nourriture qui sont obligatoires et fixés à 6 francs par jour pour les passagers de 1re classe, et 4 francs pour ceux de 2e classe. Les passagers de 3e et de 4e classe traitent de gré à gré pour leur nourriture.

Billets de Retour.— Les voyageurs qui acquitteront d'avance les prix des voyages d'aller et retour, jouiront d'une remise de 20 0/0 sur le tout. Les billets de retour sont valables pour quatre mois.

Billets de Famille. — Les Familles composées de trois personnes au moins, jouiront également de la remise de 20 0/0. Dans le cas de combinaison de *famille* et *retour*, la réduction sera de 30 0/0.

Si l'on forme une compagnie assez nombreuse, on traite de gré à gré avec une administration toujours prête à favoriser les excursions lointaines et à faire descendre aussi bas que possible l'échelle de ses tarifs.

La table des *premières* est recherchée ;

Celle des *secondes*, confortable.

Arrivé à *Jaffa*, le voyageur s'adresse directement au couvent des Franciscains *toujours ouvert aux voyageurs*, ainsi que tous les autres couvents de Terre-Sainte. L'hospitalité du couvent est gratuite. On offre son obole en partant; trois francs par jour sont suffisants ; avec cinq francs on passe pour généreux.

Les Pères vous procurent assez aisément un guide et des chevaux pour vous rendre à Jérusalem. C'est là que vous prendrez vos arrangements définitifs.

J'ai déjà dit que les trajets se faisaient toujours à dos de cheval ou de mulet. Les distances se comptent par heures; une heure équivaut à un peu moins d'une lieue. Les étapes d'une journée sont ordinairement de six à sept heures, jamais de plus de douze.

Il faut partir avant le lever du soleil, faire halte à dix heures et repartir à quatre.

En général, il n'y a pas d'hôtels, et quand il y en a, ils ne vous logent pas. J'ai été refusé à la porte d'une auberge à Jérusalem sous le fallacieux prétexte que nous n'étions point dans la semaine de Pâques.

Le couvent vous accueille toujours.

Dans les villes où il n'y a pas de couvent, vous vous faites conduire au *khan*, établissement peu confortable où l'on ne vous prête que quatre murs à ciel ouvert.

Une tente est indispensable.

Vous en louerez une à Jérusalem pour une centaine de francs par mois.

Les chevaux se louent de 2 fr. 50 c. à 3 fr.; c'est aussi le prix des esclaves. On paye 5 fr. un guide qui parle italien.

L'escorte se paye à raison de 3 fr. par homme et par jour. On en a besoin tantôt pour une localité, tantôt pour une autre, selon l'état du pays. Ces renseignements vous seront très-exactement donnés par les Pères du couvent latin. Le pacha fournit l'escorte à la première réquisition.

Pour aller à Jéricho, au Jourdain et à la mer Morte, on traite à forfait avec les chefs de tribus : les prix varient. Notre petite troupe paya environ un millier de francs.

Le vin n'est pas bon en Palestine, le pain est tolérable, la viande saine, le poisson à peu près inconnu. On n'y voit jamais de bœuf, quelquefois du chevreau, souvent du poulet, toujours du mouton rôti ou bouilli ; on ne sort pas de là.

Les œufs sont bons, les fruits exquis et abondants.

Faites le café léger et prenez-en souvent ; on arrive sans inconvénient à douze ou quinze tasses par jour.

Quand vous êtes en voyage à la mer Morte, le long des fleuves, au bord des lacs, ne sortez jamais à jeun.

Dans les excursions en pleine campagne, on couche sous la tente ; il n'y a pas moyen de faire autrement. Il faut se garder des scorpions. La moustiquaire n'est pas à dédaigner ; je la conseille aux délicats.

Qu'on soit seul, ou que l'on se réunisse en petites troupes de quatre ou cinq, il n'est pas possible de réduire au-dessous de quatre le nombre de ses serviteurs, sans compter le guide qui ne fait rien. Les Orientaux travaillent peu, et on divise la besogne entre une foule de mains.

On peut du reste visiter complétement la Palestine, et ne coucher que huit ou dix nuits sous la tente.

Ce que l'on aurait de mieux à faire, ce serait d'acheter trois ou quatre chevaux en arrivant ; on les aurait assez bons pour deux ou trois cents francs pièce, et l'on ne perdrait guère au départ.

Si vous n'avez pas le désert à traverser, ne vous embarrassez pas du chameau, animal lent et faible. Je n'estime le chameau que comme accessoire pittoresque. Le chameau vous donne le *mal de mer;* c'est pour cela qu'on l'appelle le *navire du désert.*

Beaucoup d'objets, pieuses reliques de voyage, se recommandent à l'attention et aux souvenirs du voyageur.

Nous citerons notamment :

Les pierres du torrent de Térébinthe,

La terre de Josaphat,

Les olives de Getsémani,

Les chapelets de Jérusalem,

Les palmes de Jéricho,

Les roses du Jourdain,

L'eau du Jourdain et de la mer Morte,

La nacre travaillée à Beit-Léhem,

Et les amulettes d'Hébron, souvenir profane, mais souvenir caractéristique d'un pays où tout est grand.

Retour. — Notre récit a conduit le voyageur à travers tous les sanctuaires de la Terre-Sainte, et l'a mené de Jaffa au mont Carmel.

Caïpha, au pied du Carmel, est une station de bateaux à vapeur où l'on trouve, à des intervalles rapprochés, les *steamers* de plusieurs compagnies européennes. Nous recommandons particulièrement ceux de nos *Messageries-Impériales*, qui correspondent avec tous les points importants du littoral méditerranéen. Trois voies également attractives s'offrent pour le retour : L'Égypte, l'Asie-Mineure et la Grèce, ou les côtes d'Italie.

Si l'on peut disposer de quelques mois et de quelques centaines de louis, on pourra combiner son voyage de la manière suivante :

On prendra les bateaux de la côte d'Asie à Caïpha, et l'on visitera ainsi la Phénicie, l'Anatolie, la Troade, les Dardanelles, la mer de Marmara et Constantinople. Un autre bateau faisant escale à Smyrne, et dans les principales îles de l'archipel Grec, vous mettra bientôt à Syra, d'où vous gagnez le Pirée, Athènes, la Grèce. Les automnes de Grèce sont les plus beaux du monde.

Une correspondance du *Lloyd* autrichien vous mènera de

Nauplie à quelque port d'Égypte, Alexandrie, par exemple, d'où vous gagnerez le Nil qui n'est jamais plus agréable que pendant les deux mois de janvier et de février. Les bateaux de nos Messageries-Impériales vous reprendront à Alexandrie, et vous mèneront par Malte en Sicile et en Italie.

Vous serez à Rome pour la semaine sainte.

Ce programme est aussi complet que facile à suivre, et il vous conduit à travers les plus belles et les plus poétiques contrées du monde.

La rapidité des communications simplifie de jour en jour les voyages.

On peut voir convenablement la Terre-Sainte en six ou sept semaines, avec un peu de fatigues il est vrai.

Nous donnons ici le programme, jour par jour, d'une excursion détaillée qui, s'il ne survient aucun obstacle, peut s'accomplir en *trente-six jours*.

Nous ne croyons pas qu'on puisse réduire davantage.

Trente-six jours en Terre-Sainte.

Ier JOUR. — Arrivée et repos à Jaffa. — Réception des pèlerins au couvent des Pères Franciscains. — *Déjeuner.* Visite à la maison de Simon le corroyeur. — *Dîner et coucher* à Jaffa.

IIe JOUR. — Jaffa. — Départ dans l'après-midi pour Ramleh (anc. Arimathie). — Lydda; tour des 40 martyrs; citerne de Sainte-Hélène. — Arrivée à 7 h. au couvent des Franciscains. *Dîner et coucher au couvent.* (4 h. de marche à cheval.) *Toutes les heures de marche sont comptées comme se faisant au pas.*

IIIe JOUR. — Départ de Ramleh à 6 h. m. — Plaine de Saron. — Latroûn (village du bon Larron). — *Halte* à Bir-Ayoub (Puits de Job) vers 11 h. — *Déjeuner.* Départ à 1 h. Village d'Abou-Gosh ou Kuriat-el-Aneb (église de Saint-Jérémie). — Vallée de Térébinthe. — Arrivée à Jérusalem à 4 h. 1/2. — *Dîner et coucher* à l'hospice latin de *Casa nuova.* (8 h. de marche environ à cheval.)

IVe JOUR. — Jérusalem. — Visite à l'église du Saint-Sépulcre. Ruines de l'hôpital des chevaliers de Saint-Jean. — Bazars. — Lieu des Lamentations des Juifs. — Quartier musulman. — Couvent des Ethiopiens. — Citerne de Sainte-Hélène. — Porte judiciaire. — Grand couvent franciscain du Saint-Sauveur.

Ve JOUR. — *Fête de la Nativité de la sainte Vierge.* — Jérusalem. — Dans l'après-midi, sortie par la porte de Damas. — Grotte de Jérémie. — Tombeaux des rois. — Tombeaux des juges. — Piscine de Babilla. — Retour par la porte de Jaffa.

VIe JOUR. — Jérusalem. — Le matin : porte de Damas; anciennes églises de Saint-Pierre, de Sainte-Marie-Madeleine (maison de Simon-le-Lépreux), de la Nativité de la sainte Vierge et de sainte Anne. — Piscine probatique. — Eglise catholique de la Flagellation. — Prétoire de Pilate. — Chapelle du Couronnement d'épines. — Vue de l'enceinte de l'ancien temple (mosquée d'Omar). — Arche de l'*Ecce Homo* et Voie douloureuse jusqu'à la 8e station. — Dans l'après-midi, sortie par la porte de Josaphat ou de Saint-Etienne. — Gethsémani ; église du tombeau de la sainte Vierge ; grotte de l'Agonie. — Mont des Oliviers. — Mosquée et minaret de l'Ascension. — Crypte de l'église des Deux-Anges *(viri Galilæi).* — Grotte de Sainte-Pélagie ; ruines de l'église du *Credo ;* tombeaux des prophètes ; jardin des Oliviers.

VIIe JOUR. — Départ pour Saint-Jean-du-Désert. — Couvent de Sainte-Croix. — Aïn-Karim, Couvent des PP. Franciscains ; église de la Nativité-de-Saint-Jean. — *Dîner et coucher* au couvent. (3 h. à cheval.)

VIIIe JOUR. — Excursion à la grotte de Saint-Jean, à une heure du couvent. Au retour, visite des ruines du monastère de la Visitation. — A 3 h., départ pour Beit-Léhem par la fontaine de Saint-Philippe, le couvent de Saint-Georges, les Piscines de Salomon et Ortas *(Hortus conclusus).* — Arrivée à 7 h. Couvent, église et crypte de la Nativité. — *Dîner et coucher* au couvent des PP. Franciscains. (2 h. de marche à pied, 4 h. de marche à cheval.)

IXe JOUR. — Beit-Léhem.

Xe JOUR. — Départ de Beit-Léhem à 6 h. m. — Grotte du Lait. — Village et champ des Pasteurs ; église des Saints-Anges. — Arrivée à Saint-Saba, couvent grec. — Départ à 3 h. pour Jérusalem ; arrivée à 6 h. (6 h. de marche à cheval.)

XIe JOUR. — Jérusalem. — Le matin, visite au Saint-Sépulcre. — Dans l'après-midi, sortie par la porte de Jaffa. — Piscine inférieure de Gihon. — Aqueduc de Pilate. — Tombeaux de la vallée de la Géhenne ; Haceldama ; Puits de Néhémie. — Lieu du martyre d'Isaïe ; piscine de Siloé ; village de Siloé ; fontaine de Siloé ou de la Vierge. — Tombeaux de Zacharie, de saint Jacques-le-Mineur, d'Absalon et de Josaphat. — Porte Dorée. — Retour par la porte de Josaphat.

XIIe JOUR. — Jérusalem. — Le matin, Tour de David (tour des Pisans). — Emplacement du palais d'Hérode-le-Grand. — Maison de saint Thomas. — Maison de Jean-Marc (église des Jacobites Syriens). — Emplacement de la porte de Fer. — Maison du grand-prêtre Anne (couvent des religieuses arméniennes) ; grand couvent des Arméniens et église du Martyre de Saint-Jacques-le-Majeur. — Quartier des lépreux. — Porte de Sion. — Sortie en dehors de la ville actuelle. — Maison de Caïphe. — Cénacle. — Lieu de la mort de la sainte

Vierge. — Cimetières chrétiens. — Retour par la porte de Jaffa. — Dans l'après-midi, excursion au dehors de la ville.

XIIIe JOUR. — Jérusalem. — Nouvelles excursions. Tour de la ville par les murailles en suivant le chemin de ronde.

XIVe JOUR. — Départ à 6 h. m. — 6 h. 3/4, Béthanie ; tombeau de Lazare. — Fontaine des Apôtres. — Atroûn (lieu de l'histoire du bon Samaritain). — Arrivée à midi à la Fontaine d'Elisée. — Montagne de la Quarantaine. — Jéricho. — Tour de Riha. — *Dîner et coucher sous la tente.* (7 h. de marche.)

XVe JOUR. — Départ pour le Jourdain 2 heures avant le lever du soleil. — Arrivée au Jourdain au lever du soleil. — *Halte de plusieurs heures.* — Du Jourdain à la mer Morte. 1 h. de marche. — *Halte.* — Retour au campement de Jéricho. — *Dîner et coucher sous tentes.* (6 h. de marche.)

XVIe JOUR. — Retour à Jérusalem. (6 h. de marche.)

XVIIe JOUR. — A Jérusalem.

XVIIIe JOUR. — A Jérusalem.

XIXe JOUR. — Départ de Jérusalem à 6 h. pour Nazareth. — *Halte* à Aïn-el-Haramieh à 11 h. m. — A 3 h., départ pour Leban. — Arrivée à 6 h. — *Dîner, campement.* (8 h. de marche à cheval.)

XXe JOUR. — Départ à 6 h. — Arrivée à 10 h. au puits de la Samaritaine ; à 10 h. 1/2 à Naplouse (Sichem). — *Halte jusqu'à 1 h.* — Arrivée à 3 h. à Sébaste (ancienne Samarie). — *Halte d'une heure.* — Départ pour Djebba. — Arrivée à 6 h. 1/2. *Dîner, campement.* (9 h. de marche à cheval.)

XXIe JOUR. — Départ à 6 h. m. — Sanoûr (ancienne Béthulie). — Arrivée à Djennin à 10 h. *Halte.* — Départ pour Nazareth à 1 h. Plaine d'Esdrelon. — Arrivée à Nazareth à 6 h. *Dîner et coucher* à l'hospice des PP. Franciscains. (9 h. de marche à cheval.)

XXIIe JOUR. — Nazareth. — Couvent franciscain et église de l'Annonciation. — Atelier de saint Joseph. — *Mensa Christi.* — Synagogue où Notre-Seigneur enseigna (église des catholiques grecs). — Eglise maronite. — Dans l'après-midi promenade au précipice. *Dîner et coucher* à l'hospice de Nazareth.

XXIIIe JOUR. — Départ à 6 h. — Arrivée à 9 h. au Thabor. — Départ à 2 h. — Arrivée à 5 h. à Tibériade. — Maison de saint Pierre. — Lac de Génésareth. *Dîner, coucher* sous la tente. (6 h. de marche à cheval.)

XXIVe JOUR. — Tibériade. — Excursion à la sortie du Jourdain.

XXVe JOUR. — Tibériade. — Excursion à Capharnaüm.

XXVIe JOUR. — Retour à Nazareth par Hittin (lieu de la bataille de Tibériade, où la vraie Croix et le roi de Jérusalem tombèrent au pouvoir de Saladin) ; le Champ de la Multiplication des Pains et la montagne des Béatitudes. (7 h. de marche à cheval.)

XXVIIe JOUR. — Séjour à Nazareth.

XXXVIIIe JOUR. — Départ de Nazareth pour Saint-Jean-d'Acre par Séphoris (patrie des parents de la sainte Vierge) et Cana. — Passage du Bélus. — Arrivée à Saint-Jean-d'Acre, au couvent des Franciscains. (7 h. de marche à cheval.)

XXIXe JOUR. — Saint-Jean-d'Acre.

XXXe JOUR. — Saint-Jean-d'Acre et ses environs.

XXXIe JOUR. — Départ de Saint-Jean-d'Acre à 2 h. s. — Arrivée à Caïffa à 6 h., et au Carmel à 6 h. 3/4. *Dîner et coucher* au couvent des PP. Carmes. (5 h. de marche.)

XXXIIe JOUR. — Carmel. — Couvent et église de Saint-Elie. — Notre-Dame du Carmel et du Scapulaire.

Du **XXXIIe JOUR** au **XXXVe**, séjour au Carmel et dans ses environs pour ceux des pèlerins qui veulent suivre le retour par Alexandrie.

XXXVIe JOUR. — Embarquement dans la soirée ou le lendemain à Caïffa pour le retour par Alexandrie.

Dépense, saison du voyage, derniers conseils. — Si l'on est seul, ce voyage coûtera, tout compris, de trois à cinq mille francs, selon les goûts, les habitudes, le confortable et l'aisance du voyageur. On obtient par l'association des avantages matériels considérables; et si l'on n'a pas l'âme solidement trempée, la solitude est terrible sur cette terre qui dévore.

La connaissance de l'italien est *indispensable* · c'est la seule langue que l'on parle dans les couvents; c'est la seule, bien souvent, que l'on puisse parler avec ses guides.

L'humilité n'est pas de mise en Orient. Soyez fier de votre titre d'Européen, faites-le sonner haut; n'échangez pas le chapeau contre le turban. L'Orient est le seul pays du monde où j'apprécie le chapeau; c'est un porte-respect. Soyez ferme dans les commencements; un coup de cravache bien appliqué ne fait de mal qu'à celui qui le reçoit.

Cela coûte un peu de le donner, quand on a les mœurs douces; mais il faut se conformer aux usages.

Le printemps et l'automne sont les deux saisons les plus favorables pour un voyage en Terre-Sainte.

Si vous êtes libre, choisissez l'automne de préférence. La température est plus égale, les fièvres moins intenses.

Prenez beaucoup de café, peu de vin, pas d'eau-de-vie pure,

pas d'eau pure non plus; accoutumez-vous à la soif. Quand l'eau vous semble douteuse, humectez votre bouche ardente, mais ne buvez pas; ne dormez jamais à l'ombre des lauriers roses.

Nous avons suivi en partie ces prescriptions de nos aînés, nos successeurs se trouveront bien de les suivre à leur tour.

TABLE DES MATIÈRES.

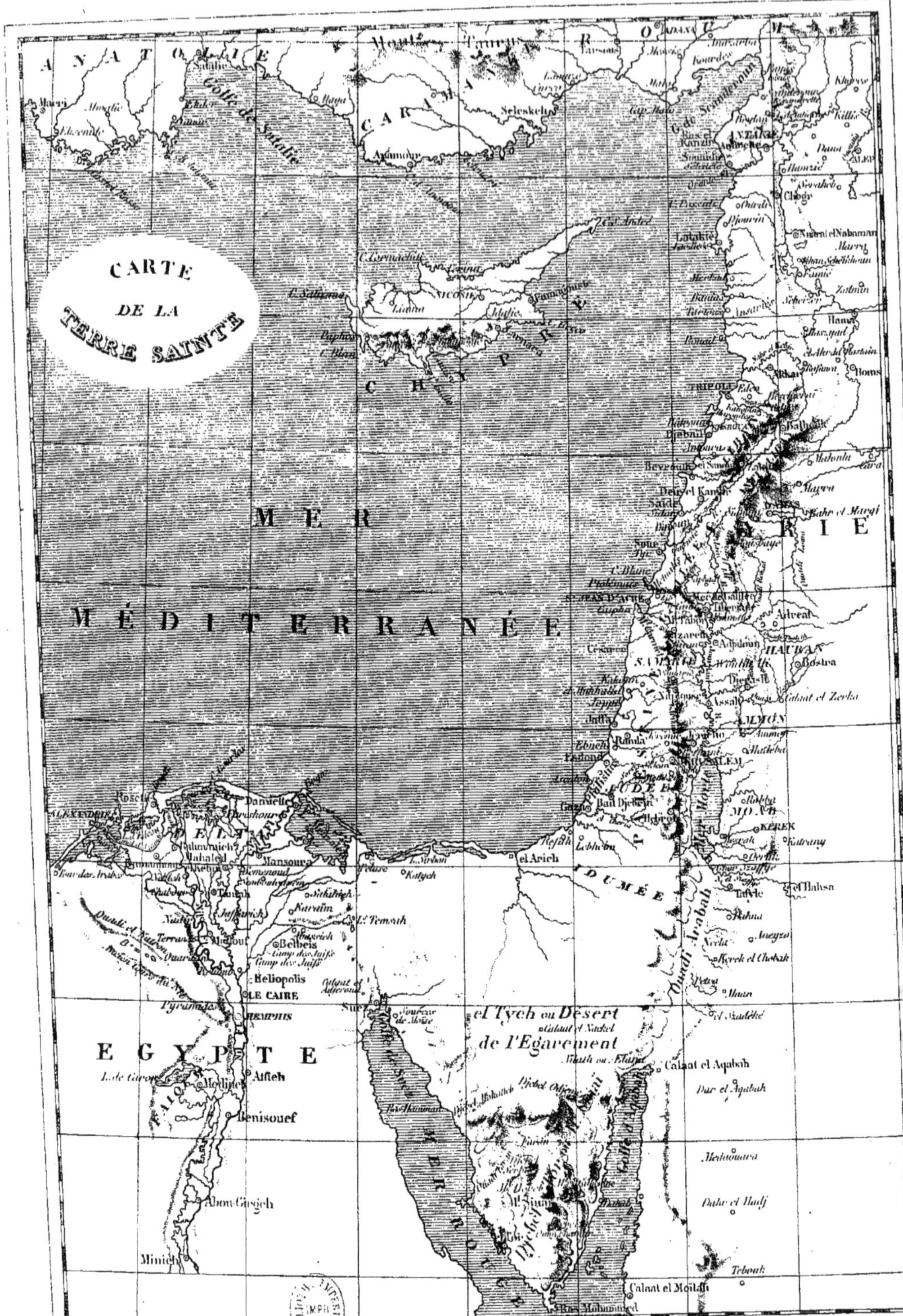

Gravé par Regnier et Bourdet, S.te Marie a Paris

Lith. de

www.ingramcontent.com/pod-product-compliance
Ingram Content Group UK Ltd.
Pitfield, Milton Keynes, MK11 3LW, UK
UKHW012004240726
13965UKWH00001B/141